高等职业教育"十三五"精品规划教材（机械制造类专业群）

Pro/ENGINEER Wildfire 模具设计项目化教程

主　编　杨晓伟

中国水利水电出版社
www.waterpub.com.cn

内 容 提 要

本书以 Pro/ENGINEER Wildfire 5.0 中文版为平台，按照工学结合的理念，通过典型的项目化设计，让学习更生动、简洁，做中学，学中做。

全书共五部分，内容由基础到高级，逐步推进，全面掌握 Pro/Moldesign 模具设计的主要功能与设计技巧。主要内容有：Pro/ENGINEER Wildfire 5.0 模具设计基础、单型腔模具设计、多型腔模具设计、模具设计的变更、EMX 模架设计。

本书可作为 Pro/ENGINEER 初学者和大中专院校学生使用，也可供从事机械设计及相关行业的人员学习和参考使用。

图书在版编目（CIP）数据

Pro/ENGINEER Wildfire模具设计项目化教程 / 杨晓伟主编. -- 北京 : 中国水利水电出版社, 2016.4
高等职业教育"十三五"精品规划教材. 机械制造类专业群
ISBN 978-7-5170-4266-2

Ⅰ. ①P… Ⅱ. ①杨… Ⅲ. ①模具－计算机辅助设计－应用软件－高等职业教育－教材 Ⅳ. ①TG76-39

中国版本图书馆CIP数据核字(2016)第078942号

策划编辑：石永峰　责任编辑：张玉玲　加工编辑：孙 丹　封面设计：李 佳

书　名	高等职业教育"十三五"精品规划教材（机械制造类专业群） Pro/ENGINEER Wildfire 模具设计项目化教程
作　者	主　编　杨晓伟
出版发行	中国水利水电出版社 （北京市海淀区玉渊潭南路 1 号 D 座　100038） 网址：www.waterpub.com.cn E-mail: mchannel@263.net（万水） 　　　　sales@waterpub.com.cn 电话：（010）68367658（发行部）、82562819（万水）
经　售	北京科水图书销售中心（零售） 电话：（010）88383994、63202643、68545874 全国各地新华书店和相关出版物销售网点
排　版	北京万水电子信息有限公司
印　刷	三河市铭浩彩色印装有限公司
规　格	184mm×260mm　16 开本　15 印张　371 千字
版　次	2016 年 4 月第 1 版　2016 年 4 月第 1 次印刷
印　数	0001—3000 册
定　价	32.00 元

凡购买我社图书，如有缺页、倒页、脱页的，本社发行部负责调换

版权所有·侵权必究

前言

Pro/ENGINEER 是美国参数技术公司（Parametric Technology Corporation，PTC）的产品，于 1988 年问世，在目前的三维造型软件领域中占有着重要地位，广泛应用于机械、模具、工业设计、汽车、航天、家电、电子、玩具等行业。目前 PTC 公司发布的最新版本是 Pro/ENGINEER Wildfire 5.0，功能更加强大，能够将设计到生产全过程集成在一起，实现并行工程设计。

模具是重要的基础工艺装备，在电讯、汽车、摩托车、电机、电器、家电、建材等产品中，70%～90%的零件都要依靠模具成形。我国模具工业从起步到飞速发展，历经了半个多世纪。1997 年以来，国家相继把模具及其加工设备列入了《当前国家重点鼓励发展的产业技术和技术目录》。近年来，我国模具设计与制造水平有了较大提高，大型、精密、复杂、高效和长寿命模具技术跨上了新台阶。我国模具工业发展迅速，现有模具制造企业约 20000 家，并且以每年 10%～15%的速度快速增长，模具生产年产值已达 500 亿元。

本书以 Pro/ENGINEER Wildfire 5.0 中文版为平台，按照工学结合的理念，将工作岗位的典型工作任务融入教学元素，使之成为训教项目，使读者在完成训教项目任务的过程中获取知识、掌握技术技能、养成良好的职业素质。本书针对不同类型的模具设计案例，设计典型工作任务，详细介绍了模具设计工作界面、设计模型、参照模型、工件模型、分型面、抽芯、斜顶、单型腔模、多型腔模、主流道、分流道、侧抽芯、冷却系统、顶杆、标准模架等 Pro/ENGINEER 模块功能。全书采用图文结合方式，一改过去多单元、多章节，先理论、后实践的系统化的教学模式，通过典型的项目化设计让学习更生动、简洁，更易于理解，让学生做中学、学中做，在兼顾"适度、够用"的原则下注重专业技能的提高，在项目设计上考虑了认知的规律，循序渐进、逐步深入，同时照顾到学习能力强的读者，适度增加了项目的广度与深度。

全书共分五部分，每个章节都经过精心设计，挑选模具设计典型案例，内容由基础到高级，由浅入深，逐步推进，全面掌握 Pro/Moldesign 模具设计的主要功能与设计技巧。第 1 部分主要介绍 Pro/ENGINEER 模具设计基础，内容包括 Pro/Moldesign 主操作界面、模具设计基本术语、模具设计文件管理；第 2 部分主要介绍单型腔模具设计，内容包括单一分型面模具设计、多分型面模具设计、带有孔结构的模具设计，强调模具设计基础能力；第 3 部分主要介绍多型腔模具设计，内容包括型腔尺寸相同的多型腔模设计、同模异穴的多腔模设计，强调多型腔模具设计能力；第 4 部分主要介绍模具设计的变更，内容主要是通过对设计零件的两种不同的设计变更，说明如何利用 Pro/Moldesign 进行相应的模具设计变更，强调模具设计的实用及应变能力；第 5 部分主要介绍 EMX 模架设计，内容主要通过两个具体的模具设计实例，介绍标准模架调用与设计、浇注系统设计与元件选用、冷却系统设计与元件选用、顶出机构设计与元件选用、侧抽芯机构设计与元件选用，强调模具设计的综合能力运用。

本书结构严谨、内容全面实用、应用性强，适合初学者、大中专院校学生及工程技术人员学习和参考使用。

本书建议学时60学时，各章节根据需要自行选学，各章节学时分配见下表（供参考）。

章次	内容	理论	实践	合计
1	Pro/ENGINEER 模具设计基础	4	4	8
2	单型腔模具设计	10	10	20
3	多型腔模具设计	4	4	8
4	模具设计的变更	4	4	8
5	EMX 模架设计	8	8	16
	合计	30	30	60

本书由杨晓伟任主编，主要参与本书编写与收集工作的还有清远工贸职业技术学校的翁惠清、陈望、石品德、余晓新、陈广胜、张伟雄、刘折、方少强、孙姿姣等同志，在此一一致谢。

由于编者水平有限，书中难免存在不妥之处，希望广大读者提出宝贵的意见与建议。

编 者

2016 年 1 月

目录

前言

第1章 Pro/ENGINEER Wildfire 5.0 模具设计基础 1
1.1 Pro/Moldesign 操作界面 1
1.1.1 启动 Pro/Moldesign 模块 1
1.1.2 Pro/Moldesign 模块操作界面 2
1.2 Pro/Moldesign 模具设计术语 3
1.2.1 设计模型 3
1.2.2 参照模型 4
1.2.3 工件模型 6
1.2.4 分型面 7
1.3 Pro/ENGINEER 模具设计文件管理 7
1.3.1 文件类型 7
1.3.2 文件管理 7
1.4 Pro/Moldesign 模具设计基本流程 8

第2章 单型腔模具设计 9
2.1 单一分型面模具设计 9
2.1.1 按钮零件模具设计 9
2.1.2 托盘零件模具设计 23
2.1.3 蘑菇头零件模具设计 32
2.2 多分型面模具设计 45
2.2.1 饮水杯零件模具设计 45
2.2.2 周转箱零件侧抽芯模具设计 66
2.2.3 底盖零件斜顶抽芯模具设计 92
2.3 带有孔结构的模具设计 114
2.3.1 盖零件模具设计 115
2.3.2 帽零件模具设计 124
2.3.3 座机壳零件模具设计 142

第 3 章 多型腔模具设计 151
3.1 型腔尺寸相同的多型腔模具设计 151
3.2 同模异腔模具的多型腔模具设计 165

第 4 章 模具设计的变更 181
4.1 模具设计变更流程 181
4.2 托盘零件模具变更设计 181
4.2.1 变更托盘容量的模具设计 181
4.2.2 变更托盘使用功能的模具设计 185

第 5 章 EMX 模架设计 198
5.1 鼠标滚轮多型腔模具模架组件设计 199
5.2 方盒零件斜抽芯模具模架组件设计 220

参考文献 234

1

Pro/ENGINEER Wildfire 5.0 模具设计基础

Pro/Moldesign 模块的工作界面是设计人员和计算机信息交互的窗口。因此，熟悉 Pro/Moldesign 模块的工作界面会极大地提高模具设计人员的设计效率。自 PTC 公司推出 Pro/ENGINEER Wildfire 以来，它的窗口操作界面深受用户的喜欢，许多常用的命令以图标的形式布置在窗口周围，不仅使窗口更加人性化，也使初学者更加容易熟悉模具设计命令的操作。

1.1 Pro/Moldesign 操作界面

1.1.1 启动 Pro/Moldesign 模块

启动 Pro/ENGINEER Wildfire 5.0 后，在菜单栏中选择"文件"→"新建"命令，或者直接单击系统工具栏上的 □（创建新对象）按钮，在"类型"中选"制造"，在"子类型"中选"模具型腔"，输入文件名 cup_mold，如图 1-1 所示，取消选中"使用缺省模板"，单击"确定"按钮。在打开的"新文件选项"对话框中选中"mmns_mfg_mold"，如图 1-2 所示，单击"确定"按钮，进入 Pro/Moldesign（模具设计）模块。

子类型：在该栏中列出 Pro/ENGINEER Wildfire 5.0 提供的 9 类功能模块，与模具设计相关的有 4 种。

（1）"NC 组件"：加工编程模块。
（2）"铸造型腔"：用于设计铸造模具。
（3）"模具模型"：用于设计塑料模具。
（4）"模面"：用于设计冲压模具。

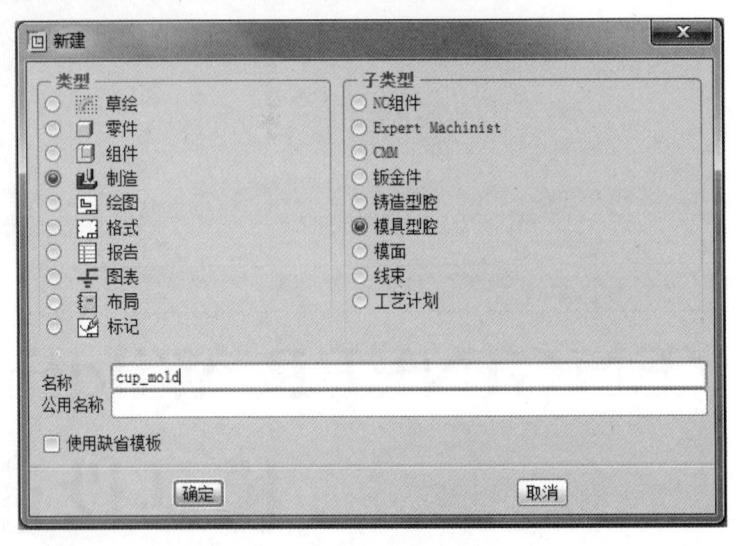

图 1-1 "新建"对话框

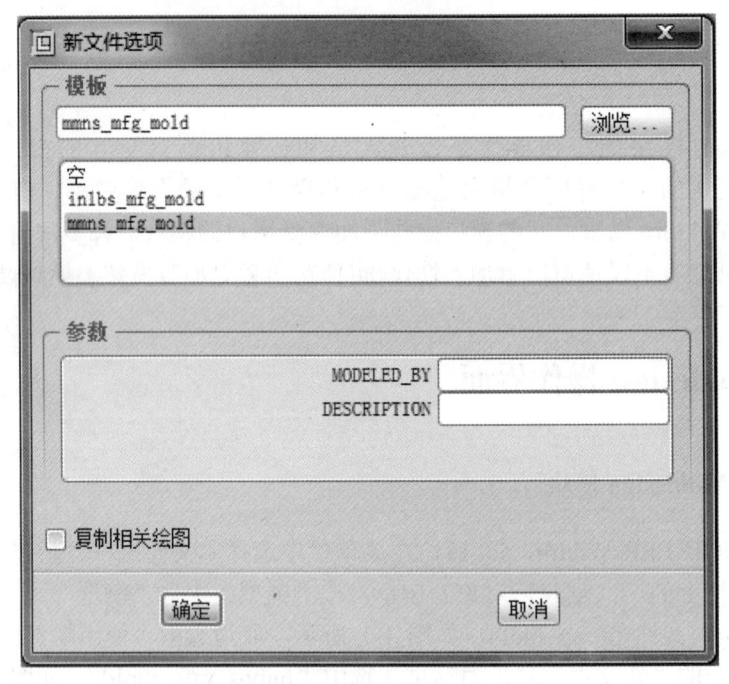

图 1-2 "新文件选项"对话框

新文件选项：在该栏中列出相应选项类型。

（1）"空"：表示不使用模板。

（2）"inlbs_mfg_mold"：表示采用英制单位进行模具设计。

（3）"mmns_mfg_mold"：表示采用公制单位进行模具设计。

1.1.2 Pro/Moldesign 模块操作界面

Pro/Moldesign 启动后，弹出 Pro/Moldesign 模具设计模块的操作界面，如图 1-3 所示。

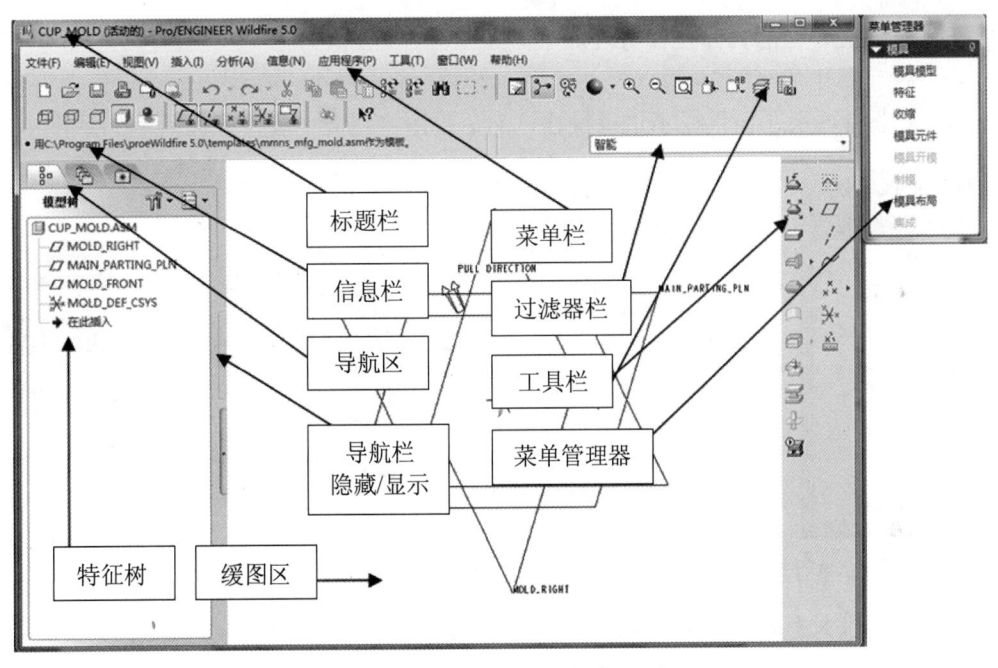

图 1-3 Pro/Moldesign 操作界面

1.2 Pro/Moldesign 模具设计术语

1.2.1 设计模型

在 Pro/Moldesign 中，设计模型代表成型后的最终产品，它是所有模具操作的基础。设计模型必须是一个零件，在 Pro/Moldesign 中，模具模型的参照模型几何就来源于相应的设计模型几何。假如设计模型是一个组件，如图 1-4 所示，应在装配模式中合并（Merge）换成零件模型。

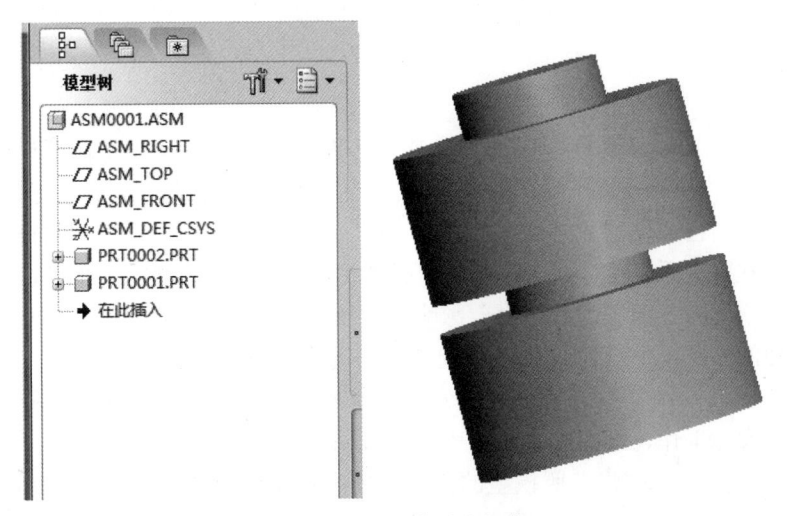

图 1-4 设计模型为组件

将组件合并成零件的具体操作方法如下：

单击文件菜单中的"编辑（E）"→"元件操作（O）"命令，在弹出的对话框中选择"合并"选项，如图1-5所示，依提示进行操作，然后单击"完成"按钮，如图1-6所示。

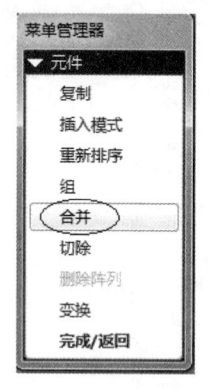

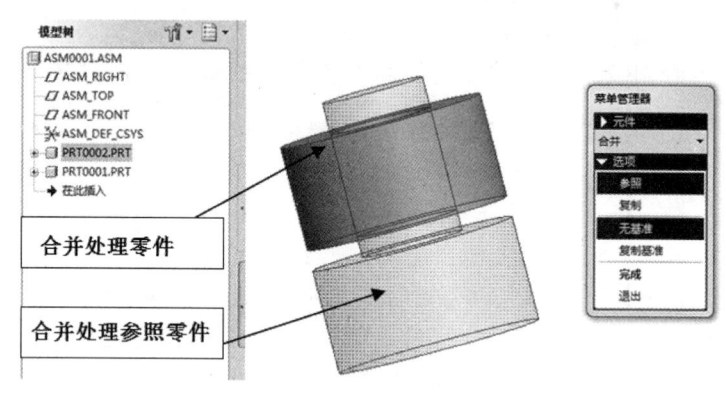

图1-5　元件合并菜单管理器　　　　　　图1-6　元件合并操作

合并后的零件具有合并标识特征，如图1-7所示。

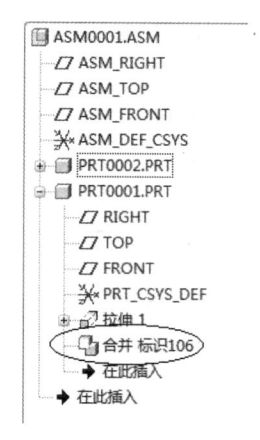

图1-7　元件合并特征

1.2.2　参照模型

参照模型是以放置到模具模型中的一个或多个设计模型为基础，是在设计过程中系统自动生成的零件。参照模型是以设计模型为蓝本复制出的另一个与设计模型完全相同的模型，参照模型与设计模型通过系统建立参数关系，由于有了参照模型，在设计模型与模具元件之间就建立了参数化的映射关系，任何设计模型的修改都将导致模具元件的相应修改。如果想要或者需要额外的特征增加到参照模型，这也会影响到设计模型。当创建多型腔模具时，系统为每个型腔中分配单独的参照模型，而且都参照到各自的设计模型。

参照模型是模具设计中不可缺少的部分，在模具设计时应首先创建参照模型，然后才能进行随后的模具设计工作，就像是加工零件必须要有设计图纸一样。

在Pro/Moldesign中，创建参照模型的步骤为依次在菜单管理器中选择"模具模型"→"装配"→"参照模型"命令，如图1-8所示，选择所需的设计模型进行装配，在弹出的"创建参照模型"对话框中选择"按参照合并"单选项后单击"确定"按钮，如图 1-9 所示，创建完成的参照模型如图 1-10 所示。

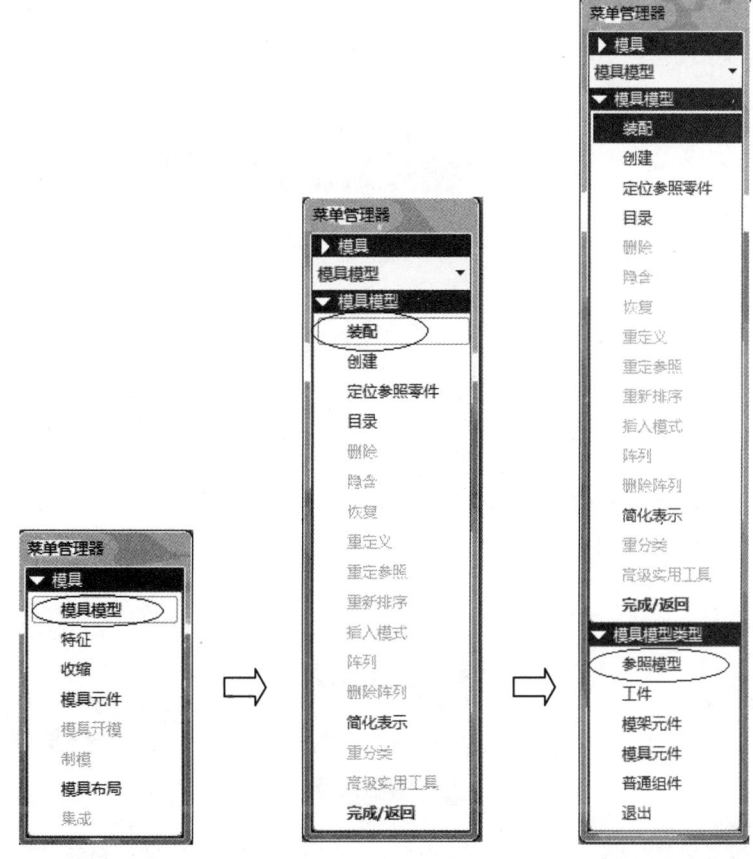

图 1-8 创建参照模型的步骤

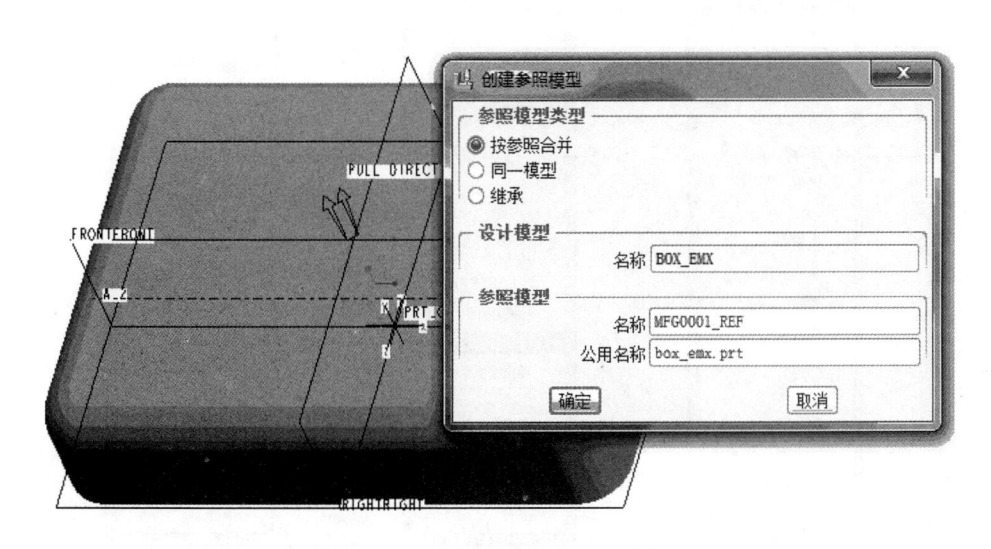

图 1-9 "创建参照模型"对话框

图 1-10 创建完成的参照模型

1.2.3 工件模型

工件模型是一个完全包含参照模型的组件，通过分型面等特征可以将其分割为型芯、型腔等成型零件，它是模具元件几何体和铸件几何体的总和。如果工件模型事先已经设计好了，则在模具设计时可以直接将其装配到模具模型中。

在 Pro/Moldesign 中，手动创建工件模型的步骤：依次在菜单管理器中选择"模具模型"→"创建"→"工件"→"手动"命令，如图 1-11 所示，然后选择合适的造型命令进行工件模型的造型设计。

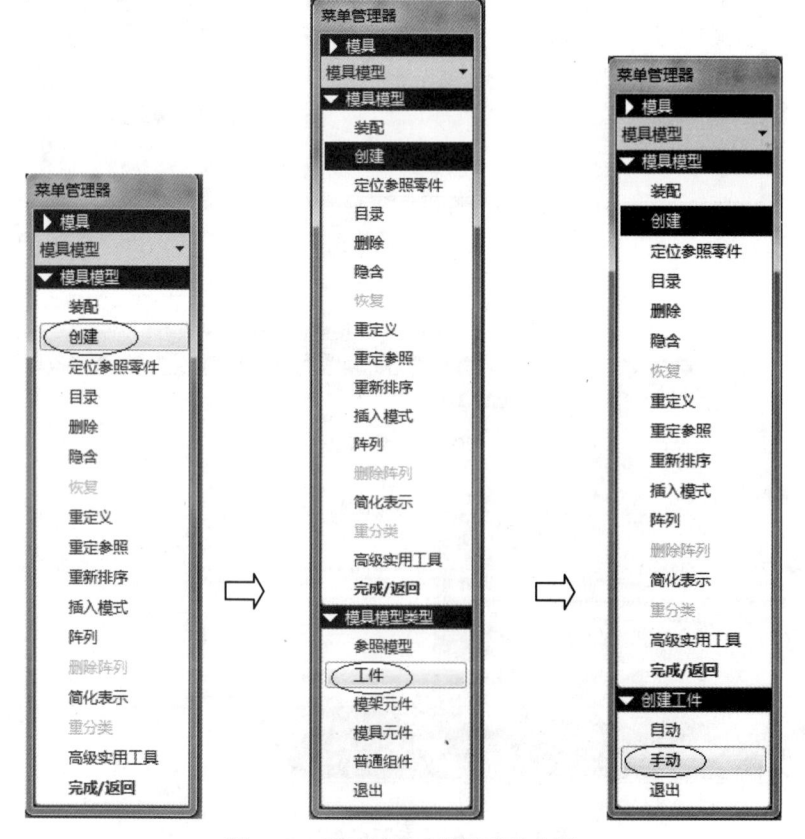

图 1-11 手动创建工件模型的步骤

1.2.4 分型面

分型面是指将模具的各个部分分开以便于取出成型品的界面，也就是各个模具元件（例如上模、下模、滑块等）的接触面。分型面的位置选取与形状设计是否合理，直接关系模具的复杂程度，同时也关系着模具产品的质量、模具的工作状态及操作的方便程度，因此，分型面的设计是模具设计中最重要的一步。

分型面的选取受到多种因素的影响，包括产品形状、壁厚、成型方法、产品尺寸精度、产品脱模方法、型腔数目、模具排气、浇口形式及注射成型机结构等。在模具设计中，分型面的选择必须遵循合理原则，其选取的基本原则如下：

（1）应选取在塑件外形轮廓尺寸的最大断面处，使塑件顺利地从模具型腔中取出。
（2）应保证塑件的表面质量、外观要求及尺寸和形状精度。
（3）分型面应有利于排气并能防止溢流。
（4）分型面的选取应便于模具的加工，简化模具的结构，尽量使模具内腔便于加工。
（5）分型面的选取应有利于侧向抽芯。当产品有侧凹或侧孔时，侧向滑块型芯应当放在动模一侧，这样模具结构会比较简单。当投影面积较大而又需侧向抽芯时，由于侧向滑块合模时的锁紧力较小，这时应将投影面积较大的分型面设在垂直于合模方向上。

一副模具可能需要一个或者多个分型面，分型面应尽量选择平面形状，但有时为了适应塑件成型的需要，也可以采用阶梯面或者曲面等形状。

1.3 Pro/ENGINEER 模具设计文件管理

在运用 Pro/ENGINEER 进行模具设计时，系统会生成很多文件，这些文件的类型不尽相同，如果没有对这些文件进行有效的管理，将会浪费大量时间在文件的查找上，并影响模具设计效率，因此，Pro/ENGINEER 模具设计文件管理是模具设计过程中一个不可忽视的内容。

1.3.1 文件类型

在 Pro/Moldesign 模块中，完成模具设计后，系统会产生以下类型的文件：
模具模型：*.asm
参照模型：*_ref.prt
毛坯工件：*_wrk.prt
模具元件：*.prt
制模零件：*.prt
其他模架零件：*.prt

在上述文件类型中，"*"代表文件名，可根据具体情况自行决定，而文件后缀（代表某一类型的文件）则由 Pro/ENGINEER 系统自行给定，如"asm"后缀文件代表装配文件、"prt"代表零件文件。在文件夹中打开某一类型的文件时，系统会调用相应的模块来打开该文件。

1.3.2 文件管理

在运用 Pro/ENGINEER 进行模具设计时，要养成设定工作目录的习惯，即一副模具一个目录,将与此副模具有关的资料都拷贝到这个专用的目录中,然后把此目录设置为当前的工作目录,这样管理模具设计过程中产生的文件变得更容易。新目录的名称应与模具相关,例如模具的号码。这个目录将包含设计模型、工件、参照模型、模具组件、模具过程文件及所有抽取零件等。这样模具设计完成后,使用者可轻易地从这里找到文件,继续在模具上工作,而不必担心将它错放在其他目录。建议的模具目录结构如图 1-12 所示。

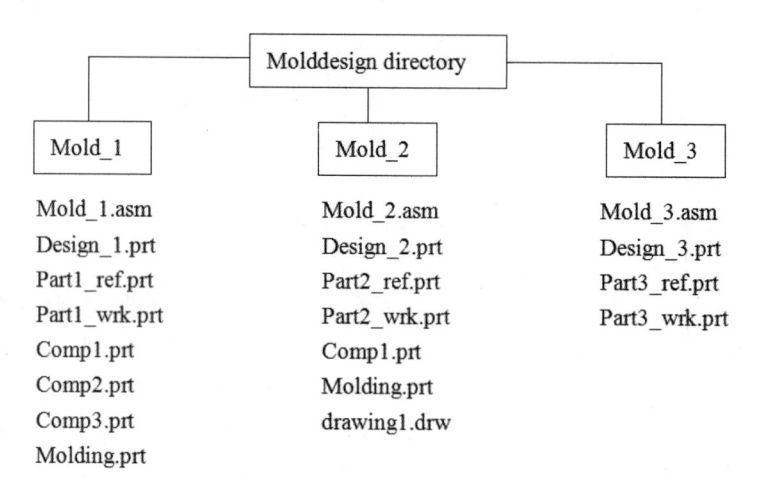

```
            Molddesign directory
           /         |          \
      Mold_1      Mold_2       Mold_3

      Mold_1.asm   Mold_2.asm   Mold_3.asm
      Design_1.prt Design_2.prt Design_3.prt
      Part1_ref.prt Part2_ref.prt Part3_ref.prt
      Part1_wrk.prt Part2_wrk.prt Part3_wrk.prt
      Comp1.prt    Comp1.prt
      Comp2.prt    Molding.prt
      Comp3.prt    drawing1.drw
      Molding.prt
```

图 1-12　模具目录结构示例

1.4　Pro/Moldesign 模具设计基本流程

运用 Pro/Moldesign 模块进行模具设计的基本流程如下:
（1）新建文件夹以放置模具设计的全部文件。
（2）打开 Pro/ENGINEER 系统,设置工作目录。
（3）新建一个模具设计文件。
（4）选取或新建参照模型,并将其装配到模具设计环境。
（5）创建工件,建立模具模型。
（6）设置注塑零件的收缩率。
（7）设计模具的分型面。
（8）通过分型面将工件分割为数个体积块。
（9）抽取模具体积块生成模具零件。
（10）设计浇口、流道和水线等特征。
（11）利用分析菜单内的各命令进行各种模具零件的检测。
（12）制模,模拟注塑成型的成品件。
（13）开模定义,模拟开模操作。
（14）根据需要装配模具的基础零件。
（15）保存模具设计文件。

2 单型腔模具设计

从本章开始,将通过对不同类型的简单零件结构的分析,学习如何运用 Pro/Moldesign 模块进行模具设计,并通过范例的实际操作,使读者掌握模具设计的过程以及分模面创建的技巧,并由分模面创建出上模、下模、滑块等模具零件。

2.1 单一分型面模具设计

分型面是指将模具的各个部分分开以便于取出成型品的界面,也就是各个模具元件(如上模、下模、滑块等)的接触面。分型面的分类有多种形式,可以按数量划分为单一分型面、多分型面;也可以按分型面形状划分为平面式分型面、阶梯式分型面、斜面式分型面、曲面式分型面、综合式分型面。本节内容由浅入深,遵循学习规律,从单一水平分型面的简单零件模具设计入手,掌握 Pro/Moldesign 模块模具设计基本方法与技巧。

2.1.1 按钮零件模具设计

本节重点:模具设计的基本流程;使用合并曲面的方法创建分型面

按钮零件如图 2-1 所示。

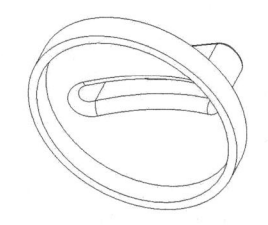

图 2-1 按钮零件

1. 零件分析

(1) 分型面的建立位置如图 2-2 所示,箭头位置为模具开模位置。

图 2-2 分型面位置

（2）此零件结构简单，无孔等结构，适合运用零件表面曲面与边界水平曲面合并的方式创建分型面。

2. 零件模具设计

（1）新建文件夹用以放置模具设计的全部文件，文件夹名称为 anniu_mold。

（2）请将本书配套资料（可从网站下载或者自建模型）CH2\源文件\anniu.prt 文件复制到 anniu_mold 文件夹下。

（3）启动 Pro/E 软件，在菜单栏中选择"文件"→"设置工作目录"命令，在弹出的对话框中选择 anniu_mold 为要设置的工作目录。

（4）单击 □（创建新对象）按钮，打开"新建"对话框。在"类型"中选择"制造"单选项，在"子类型"中选择"模具型腔"单选项，输入文件名 anniu_mold，如图 2-3 所示，取消选中"使用缺省模板"复选框，单击"确定"按钮。在打开的"新文件选项"对话框中选中 mmns_mfg_mold，如图 2-4 所示，单击"确定"按钮，进入模具设计界面。系统自动产生基准特征：坐标系（MOLD_DEF_CSYS）和坐标平面（MOLD_FRONT、MAIN_PARTING_PLN、MOLD_RIGHT）。

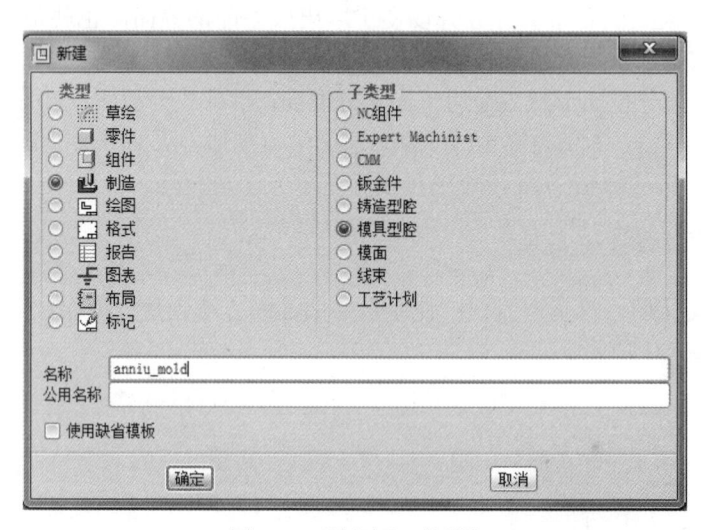

图 2-3 "新建"对话框

（5）单击菜单管理器中的"模具模型"→"装配"→"参照模型"命令，选择参照零件 anniu.prt，单击"打开"按钮，在弹出的装配操控面板上选择"缺省"装配，如图 2-5 所示。然后单击 ✓（接受）按钮完成参照零件装配。在随后弹出的"创建参照模型"对话框中单击"确定"按钮，如图 2-6 所示。同样在弹出的"警告"对话框中单击"确认"按钮，如图 2-7 所示，在"菜单管理器"中单击"完成返回"按钮完成参照模型的创建。

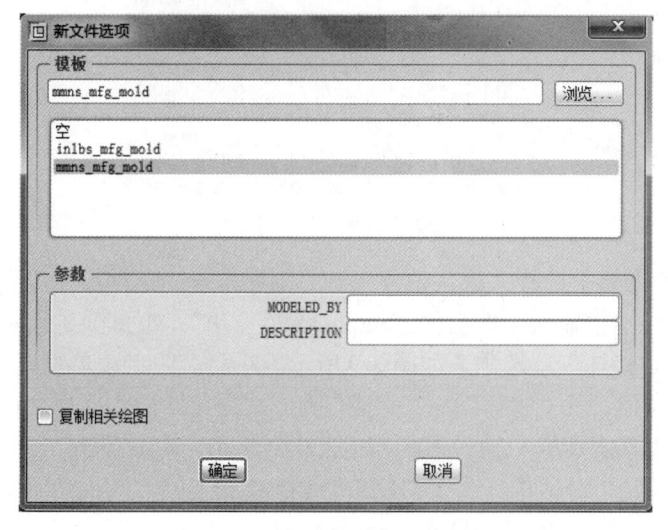

图 2-4 "新文件选项"对话框

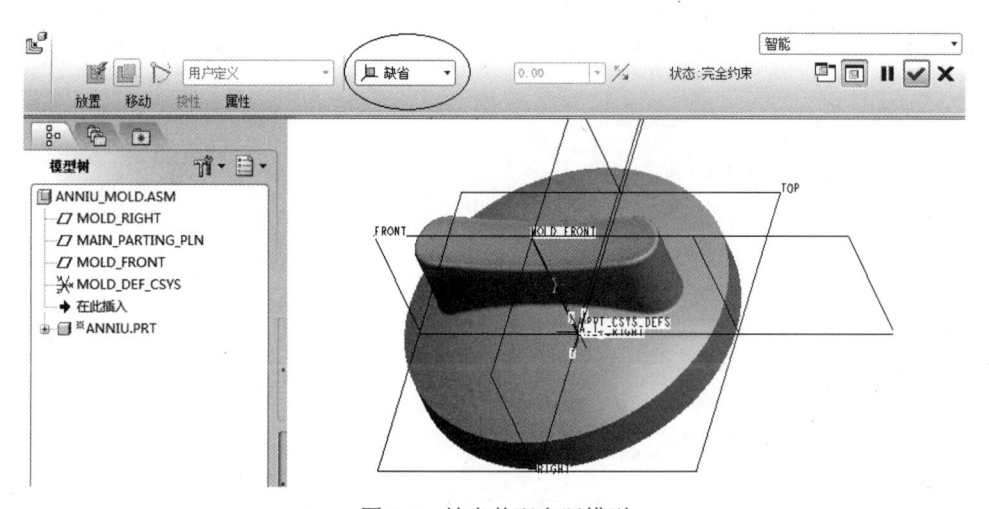

图 2-5 缺省装配参照模型

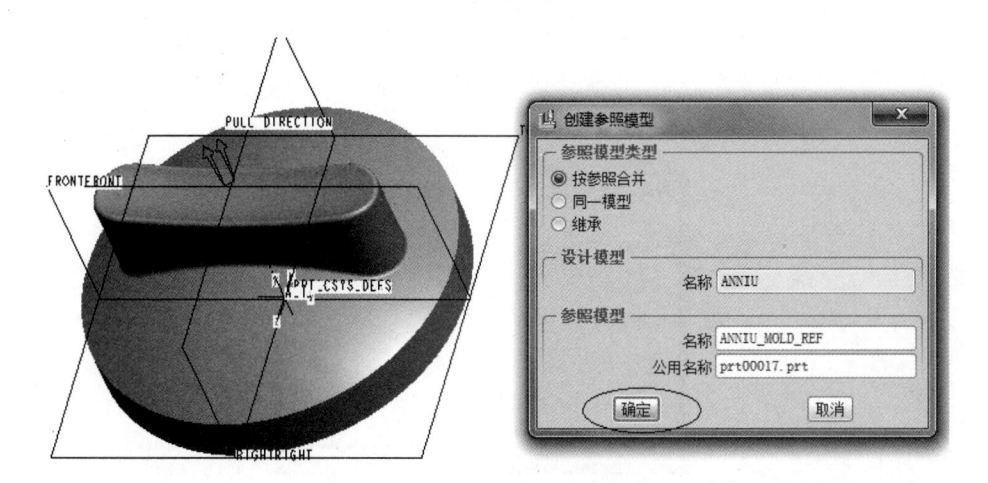

图 2-6 "创建参照模型"对话框

图 2-7 "警告"对话框

（6）在菜单管理器中选择"模具模型"→"创建"→"工件"→"手动"命令，在弹出的"元件创建"对话框中输入工件名称"anniu_mold_wrk"，如图 2-8 所示，在"创建选项"对话框中选择"创建特征"单选项，如图 2-9 所示。在随后的"菜单管理器"中选择"实体"→"伸出项"→"拉伸"→"实体"→"完成"命令，在拉伸操作面板中选择 ■・（对称拉伸）选项，在"拉伸深度"文本框中输入 100，如图 2-10 所示。然后单击"放置"按钮，单击"定义"按钮，弹出"草绘"对话框，选择 MOLD_FRONT 表面作为草绘平面，以 MOLD_RIGHT 为"右"参照进入草绘模式，如图 2-11 所示。设置"MOLD_RIGHT"及"MAIN_PARTING_PLN"草绘参照，如图 2-12 所示。绘制如图 2-13 所示图形，单击拉伸工具操作栏中的 ✓（完成）按钮，完成零件如图 2-14 所示。在菜单管理器中选择"完成返回"命令，完成工件的创建。

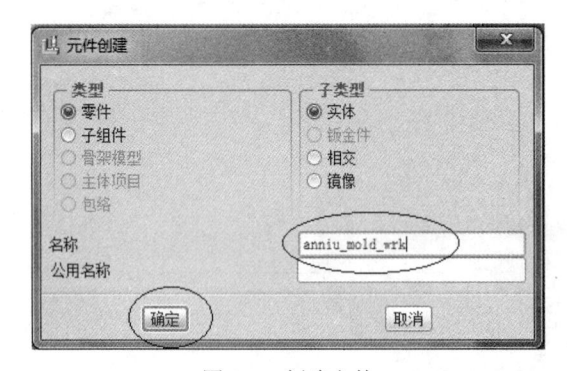

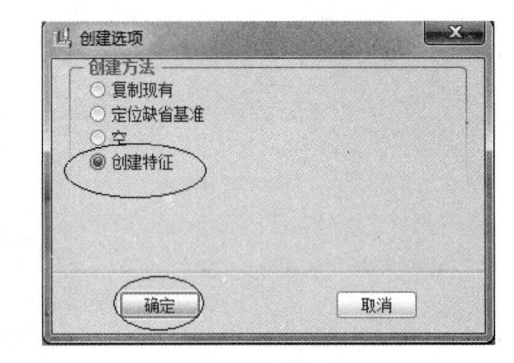

图 2-8 创建文件　　　　　图 2-9 "创建选项"对话框

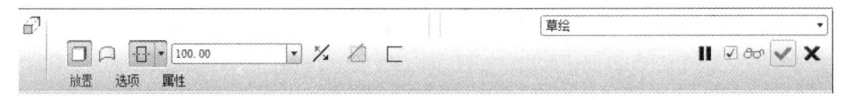

图 2-10 拉伸操作面板

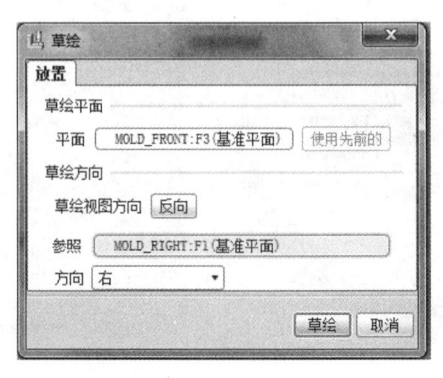

图 2-11 草绘平面设置

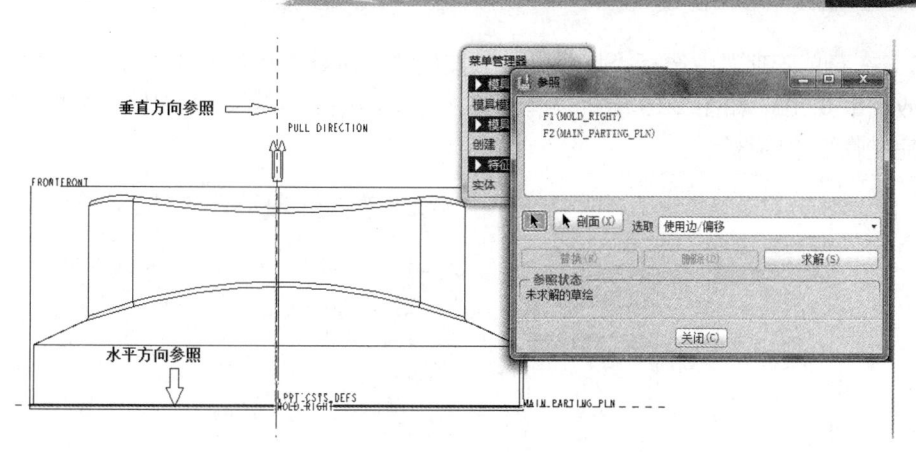

图 2-12 草绘参照

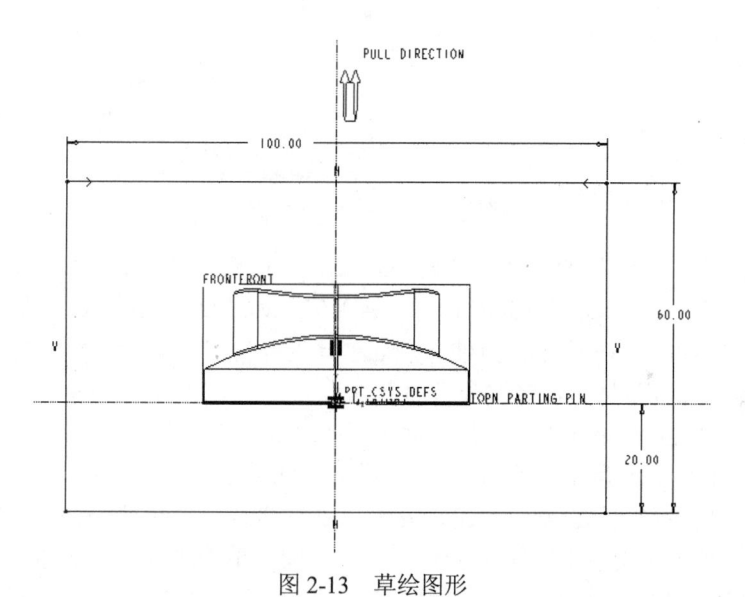

图 2-13 草绘图形

图 2-14 工件实体

（7）在菜单管理器中选择"收缩"→"按尺寸"命令，在弹出的"按尺寸收缩"对话框中输入收缩率 0.005，如图 2-15 所示，单击 ✓（完成）按钮，在菜单管理器中选择"完成返回"命令，完成收缩率的设置。

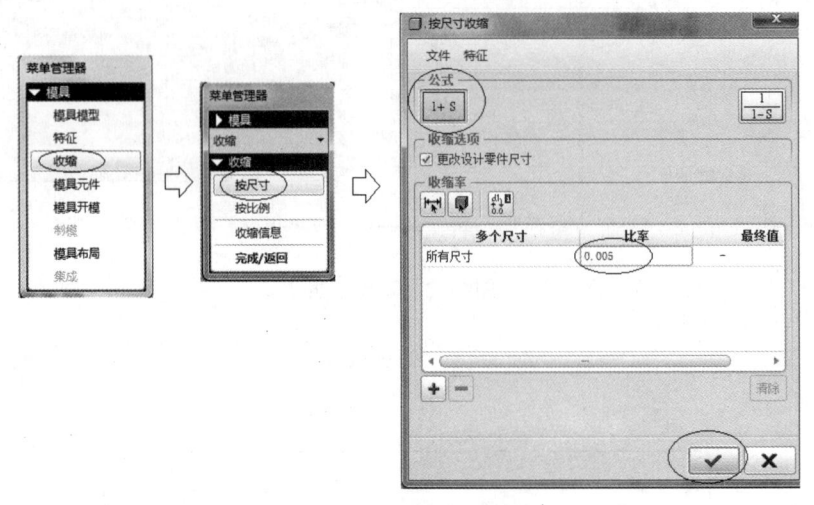

图 2-15　设置塑件收缩率

（8）在模型树上选择坐标系（MOLD_DEF_CSYS）、坐标平面（MOLD_FRONT、MAIN_PARTING_PLN、MOLD_RIGHT）及 ANNIU_MOLD_WRK.PRT，单击鼠标右键，选择"隐藏"命令，如图 2-16 所示，方便分型面创建的操作；单击工具栏中的 （分型面）按钮，然后单击 （属性）按钮，修改分型面名称为 main_SURF_1，如图 2-17 所示，选择按钮顶部任一平面，然后按住 Shift 键选择按钮底面，将按钮外表面全部选中，当然也可按住 CTRL 键一个个选取，如图 2-18 所示。单击工具栏中的 （复制）按钮，然后单击 （粘贴）按钮，在弹出的粘贴操作框中，单击 ✓（完成）按钮，如图 2-19 所示；显示工件 ANNIU_MOLD_WRK.PRT，然后单击工具栏中的 （拉伸工具）按钮，单击"放置"按钮，单击"定义"按钮，弹出"草绘"对话框，选择工件前表面为草绘平面，如图 2-20 所示。选择参照，如图 2-21 所示，关闭"参照"对话框，进入草绘模式，绘制如图 2-22 所示图形。单击 ✓（继续当前部分）按钮，在拉伸操控板中选择 （拉伸到曲面）选项，如图 2-23 所示。单击 ✓（完成）按钮完成拉伸平面操作；在模型树上选择刚刚创建的两个平面，如图 2-24 所示，单击工具栏中 （合并）图标，注意 MAIN_SURF_1 在上面，调整合并曲面的方向，如图 2-25 所示，单击 ✓（完成）按钮，单击工具栏中的 ✓（确定）按钮，完成分型面的创建。

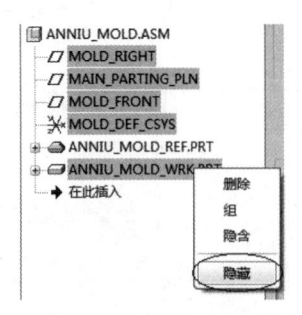

图 2-16　隐藏特征与工件　　　　　　图 2-17　修改分型面名称

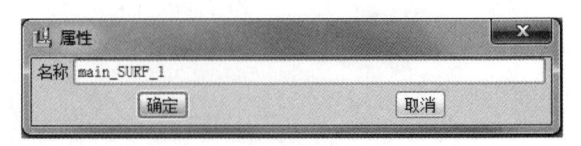

14

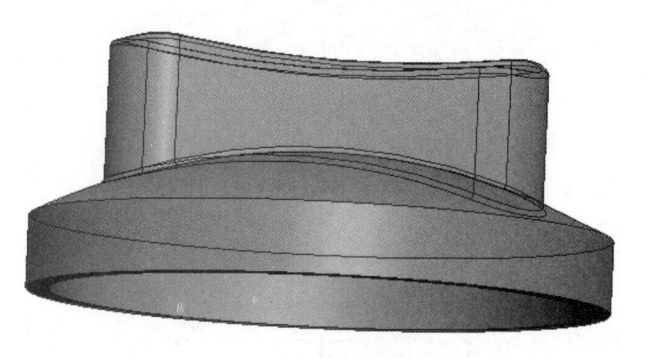

图 2-18　选择外表面

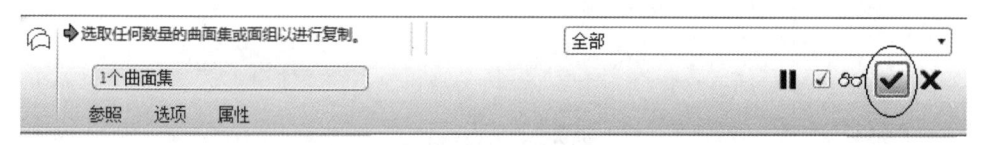

图 2-19　粘贴操作面板

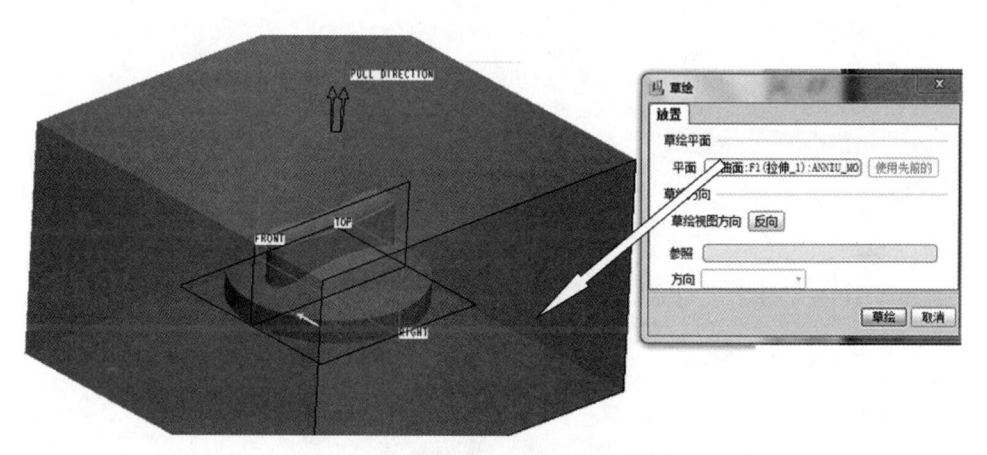

图 2-20　选择前表面作为草绘平面

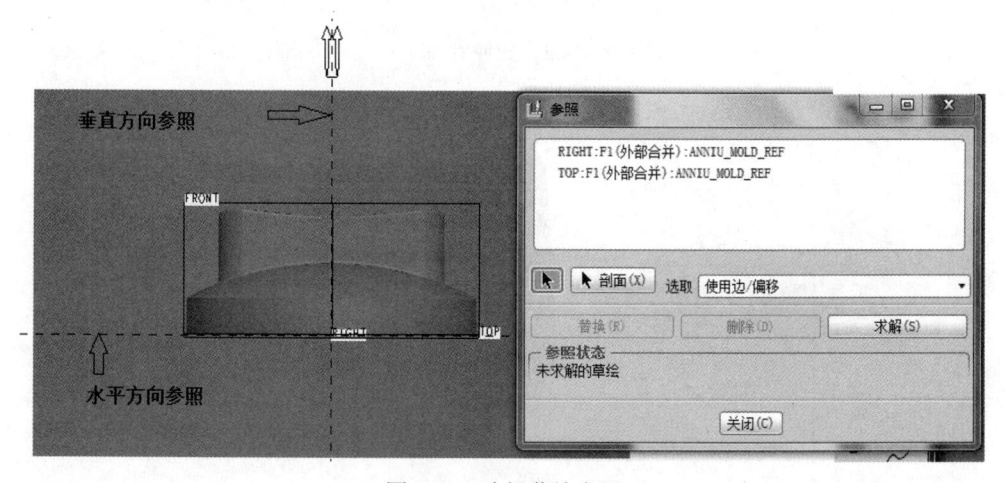

图 2-21　选择草绘参照

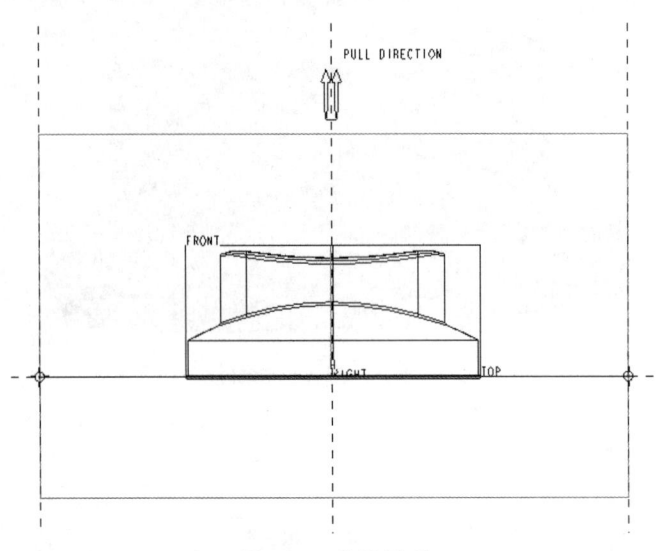

图 2-22　草绘图形

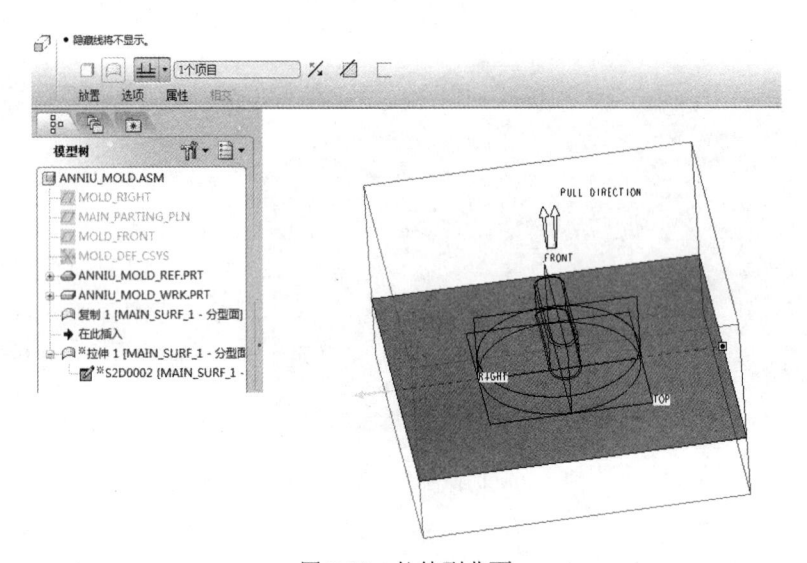

图 2-23　拉伸到曲面

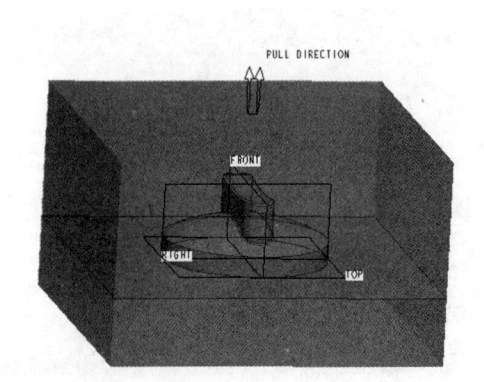

图 2-24　选择合并曲面

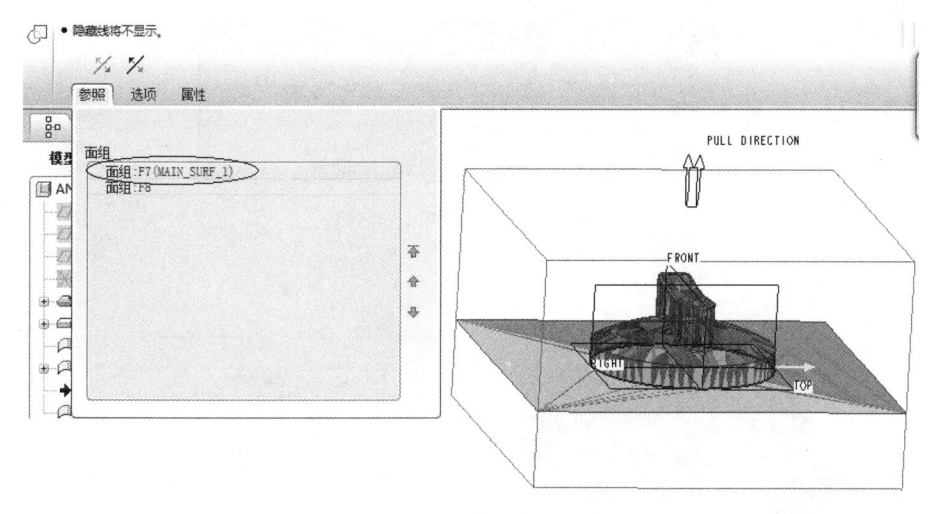

图 2-25 合并曲面

（9）单击工具栏中的 ⬚ （体积块分割）按钮，在菜单管理器中选择"两个体积块"→"所有工件"→"完成"命令，如图 2-26 所示。鼠标移到刚刚创建的分型面上并单击，然后在"选取"对话框中单击"确定"按钮，在"分割"对话框中单击"确定"按钮，如图 2-27 所示；在弹出的"属性"对话框中单击"着色"按钮，如图 2-28 所示，查看分割块是凹模还是凸模，并命名为"anniu_female_mold"，如图 2-29 所示。同理命名另一个分割块"anniu_male_mold"，如图 2-30 所示。此时模型树中便有了两个分割标识，如图 2-31 所示。

图 2-26 分割选项

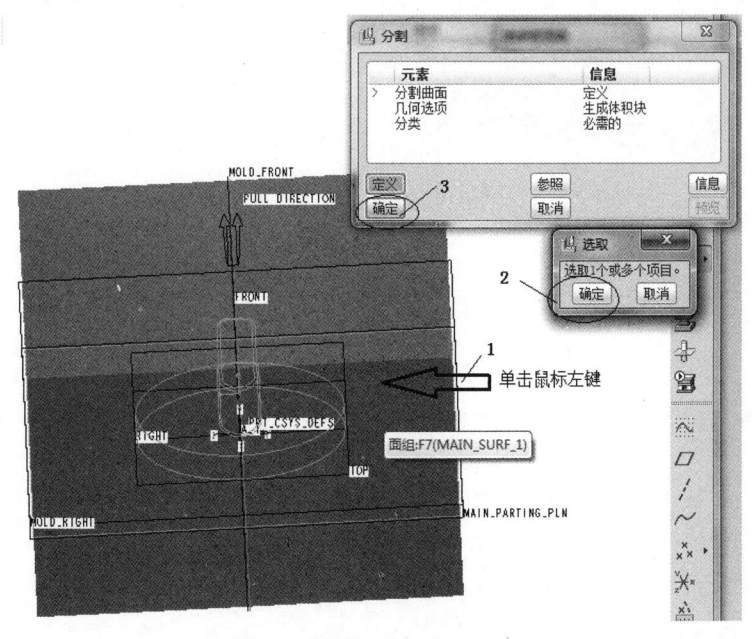

图 2-27 选取分型面进行分割

图 2-28 单击"着色"按钮

图 2-29 命名凹模分割块

图 2-30 命名凸模分割块

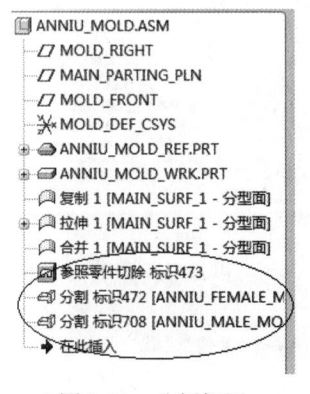

图 2-31 分割标识

（10）在菜单管理器中选择"模具元件"→"抽取"命令，如图 2-32 所示。在弹出的"创建模具元件"对话框中单击■（全选）按钮，然后单击"确定"按钮，如图 2-33 所示。在菜单管理器中单击"完成返回"命令，此时模型树中便有了两个模具元件，如图 2-34 所示。

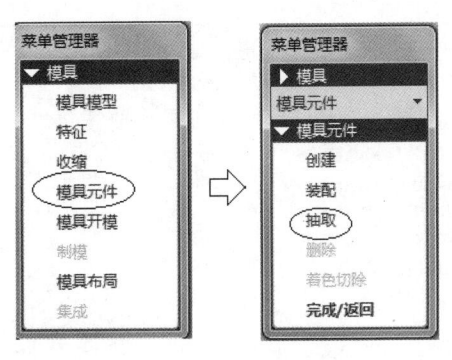

图 2-32　抽取步骤

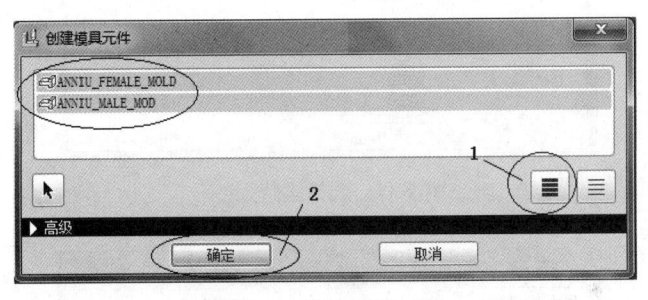

图 2-33　抽取模具元件

（11）在菜单管理器中选择"制模"→"创建"命令，如图 2-35 所示，在弹出的"输入零件名称"对话框中输入"anniu_molding"，如图 2-36 所示，单击两次✓（确定）按钮，完成制模的创建。

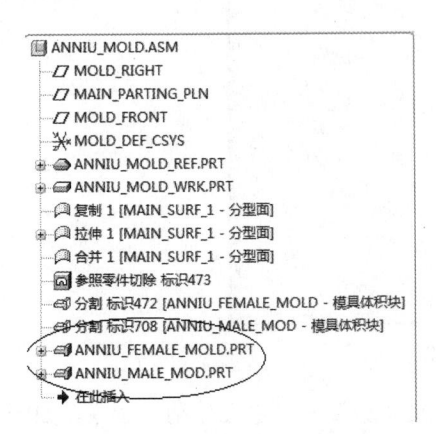

图 2-34　抽取的模具元件　　　　　　　　图 2-35　制模操作步骤

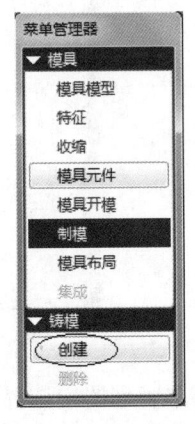

图 2-36　输入塑件名称

（12）单击工具栏中的 ▦（遮蔽/取消遮蔽）按钮，在弹出的"遮蔽－取消遮蔽"对话框中选择要遮蔽的元件，如图 2-37 所示。然后单击"分型面"按钮选择要遮蔽的分型面，如图 2-38 所示，单击"关闭"按钮完成遮蔽操作。

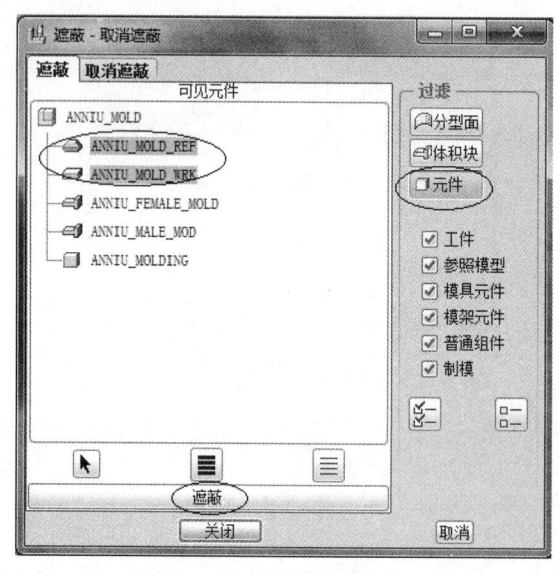

图 2-37　选择遮蔽元件

图 2-38　选择遮蔽分型面

（13）在菜单管理器中选择"模具开模"→"定义间距"→"定义移动"命令，如图 2-39 所示。鼠标左键选取上模，在"选取"对话框中单击"确定"按钮，如图 2-40 所示。然后选取模具一棱边，根据提示输入移动距离"60"，单击 ✓（确定）按钮，如图 2-41 所示。继续选择下模进行开模，具体步骤如上模，根据提示输入移动距离"－60"，如图 2-42 所示。开模效果如图 2-43 所示，在菜单管理器中选择"完成/返回"命令。

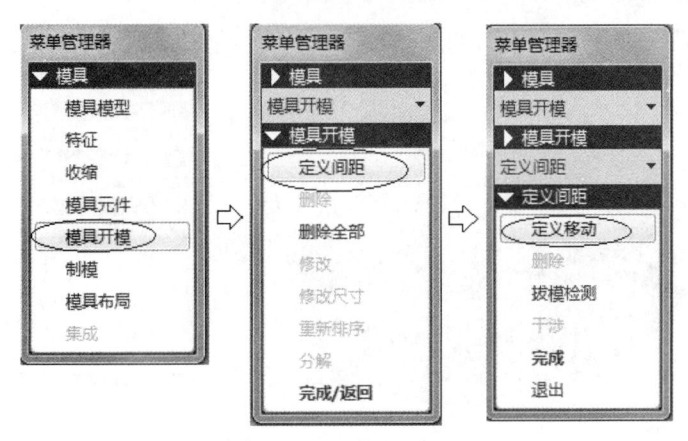

图 2-39　模具开模步骤

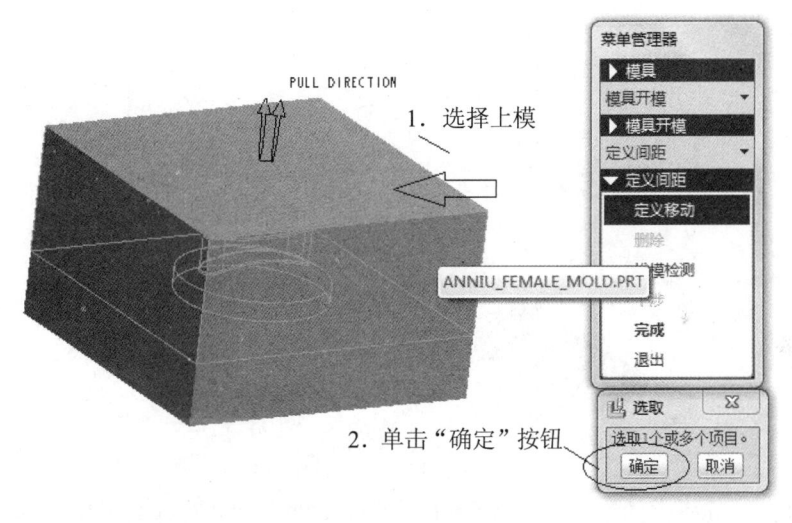

图 2-40　选取上模

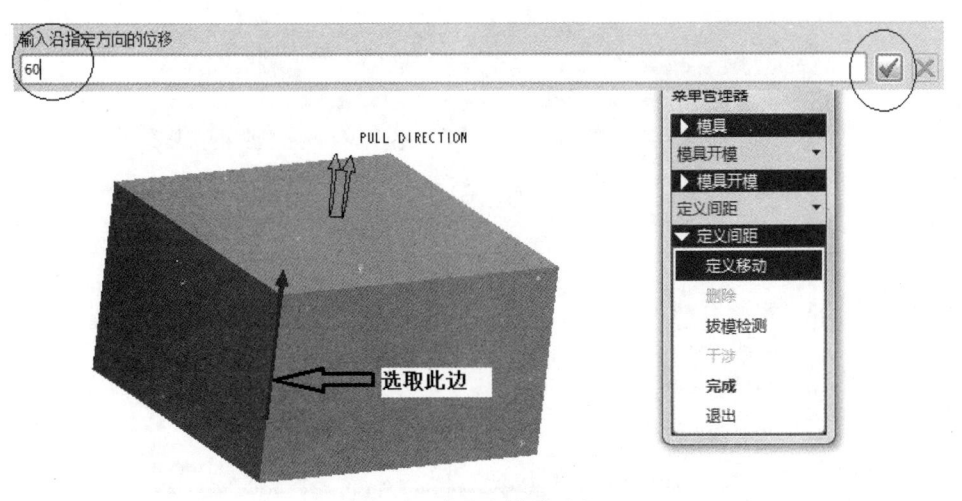

图 2-41　选取上模移动参照

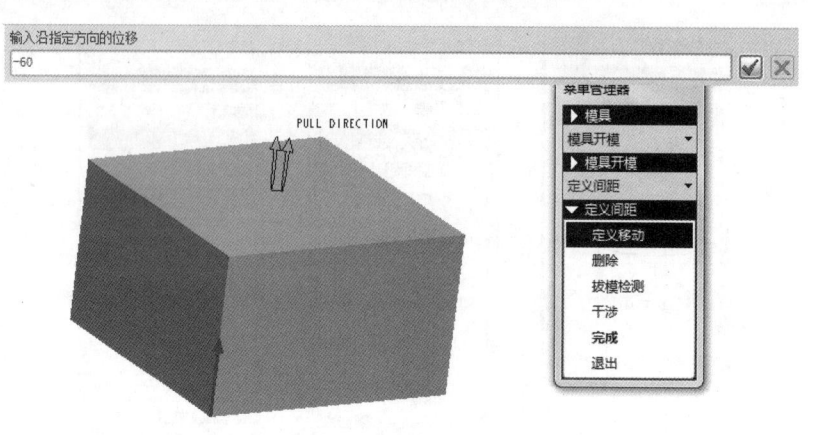

图 2-42　选取下模移动参照

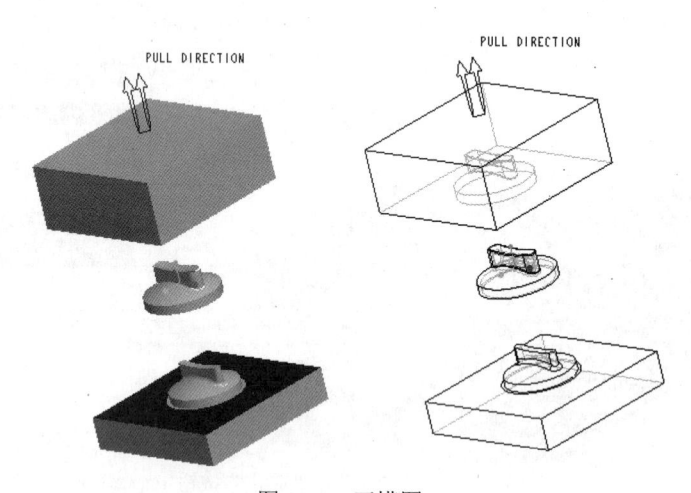

图 2-43　开模图

（14）单击工具栏中的 ■（保存）按钮，保存文件，此时工作目录中便保存有此次模具设计的所有文件，以备后续模具设计需要，如图 2-44 所示。

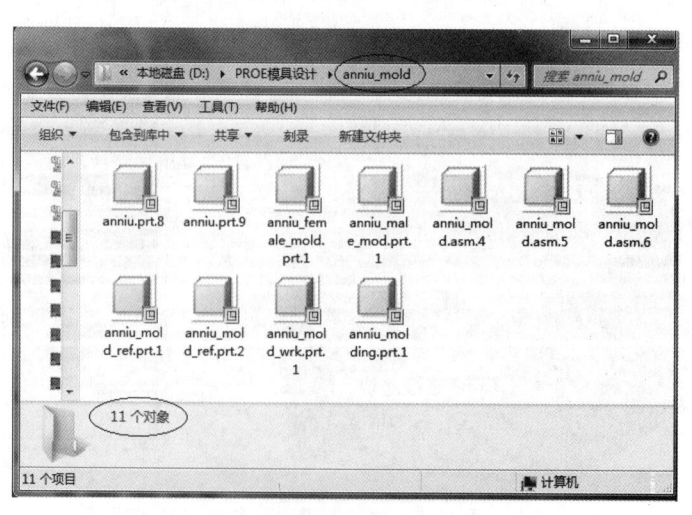

图 2-44　按钮模具设计文件

说明： 此次按钮模具设计为方便读者学习，适当作了简化处理，其中便有未做浇注系统与冷却系统，浇注系统与冷却系统的做法会在后续零件的模具设计中慢慢接触学习，前面的章节内容旨在重点介绍模具分模的方法与技巧。

2.1.2 托盘零件模具设计

本节重点：模具设计的基本流程；使用最大投影面的方法创建分型面。

托盘零件如图 2-45 所示。

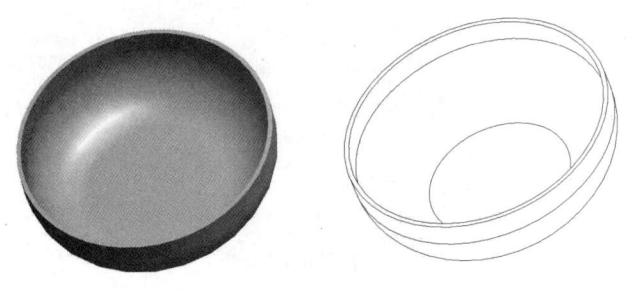

图 2-45 托盘零件

1. 零件分析

（1）分型面的建立位置如图 2-46 所示，箭头位置为模具开模位置。

图 2-46 分型面位置

（2）此零件结构简单，无孔等结构，零件有拔模斜度，托盘口部为投影面积最大的地方如图 2-46 箭头所示的位置，可以使用最大投影面的方法创建分型面。

2. 零件模具设计

（1）新建文件夹以放置模具设计的全部文件，文件夹名称为 pot_mold。

（2）请将本书配套资料（可从网站下载或者自建模型）CH2\源文件\pot.prt 文件复制到 pot_mold 文件夹下。

（3）启动 Pro/E 软件，在菜单栏中选择"文件"→"设置工作目录"命令，在弹出的对话框中选择"pot_mold"文件夹为要设置的工作目录。

（4）单击 ▯（创建新对象）按钮，创建新的模具模型文件 pot_mold.asm。

（5）单击菜单管理器中的"模具模型"→"装配"→"参照模型"命令，选择参照零件 pot.prt，单击"打开"按钮，在弹出的装配操控面板上选择"缺省"装配，如图 2-47 所示，然后单击 ✓（接受）按钮完成参照零件装配。在随后弹出的"创建参照模型"对话框中单击"确定"按钮，同样在接着出现的"警告"对话框中单击"确认"按钮，在"菜单管理器"中单击"完成返回"按钮，完成参照模型的创建。

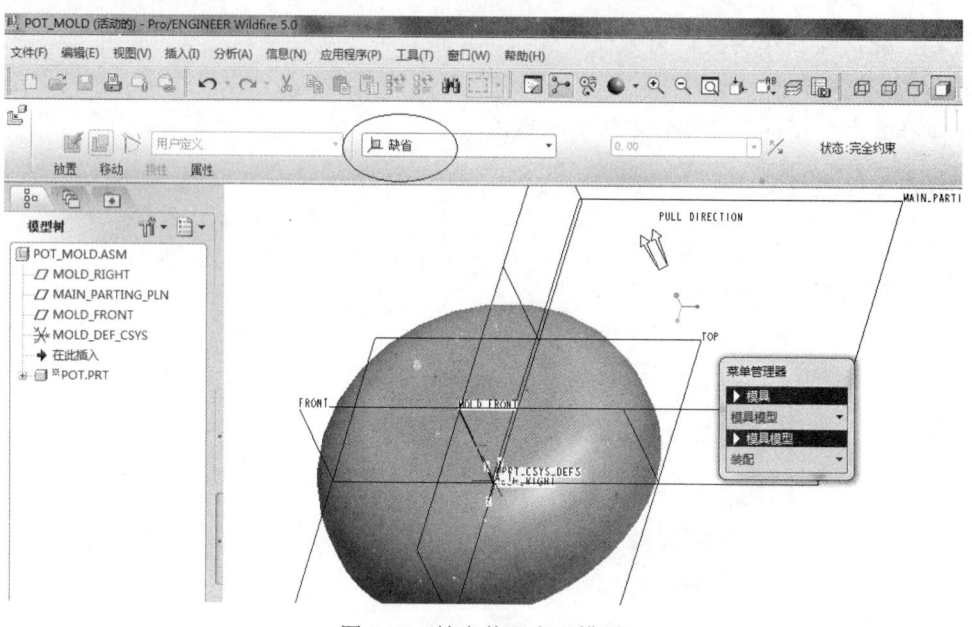

图 2-47 缺省装配参照模型

（6）在菜单管理器中选择"模具模型"→"创建"→"工件"→"手动"命令，在弹出的"元件创建"对话框中输入工件名称"pot_mold_wrk"，如图 2-48 所示。在"创建选项"对话框中选择"创建特征"单选项，如图 2-49 所示。在随后的"菜单管理器"中选择"实体"→"伸出项"→"拉伸"→"实体"→"完成"命令，在拉伸操作面板中选择 日 ·（对称拉伸）选项，在"拉伸深度"文本框中输入 65，如图 2-50 所示。然后单击"放置"按钮，单击"定义"按钮，弹出"草绘"对话框，选择 MOLD_FRONT 表面作为草绘平面，以 MOLD_RIGHT 为"右"参照进入草绘模式，如图 2-51 所示。设置"MOLD_RIGHT"及"MAIN_PARTING_PLN"草绘参照，如图 2-52 所示。绘制如图 2-53 所示图形，单击拉伸工具操作栏中的 ✓（完成）按钮，在菜单管理器中选择"完成返回"命令，零件效果如图 2-54 所示。

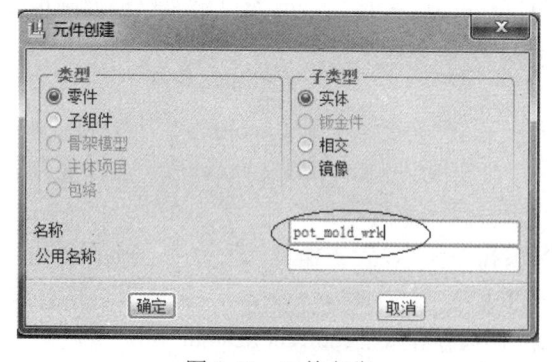

图 2-48 工件名称

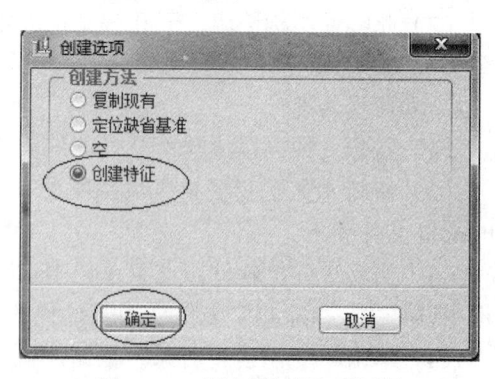

图 2-49 "创建选项"对话框

图 2-50 拉伸操作面板

24

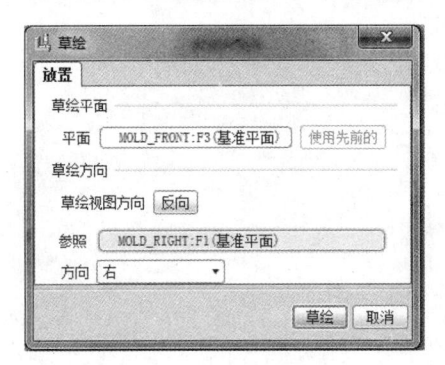

图 2-51　草绘平面设置

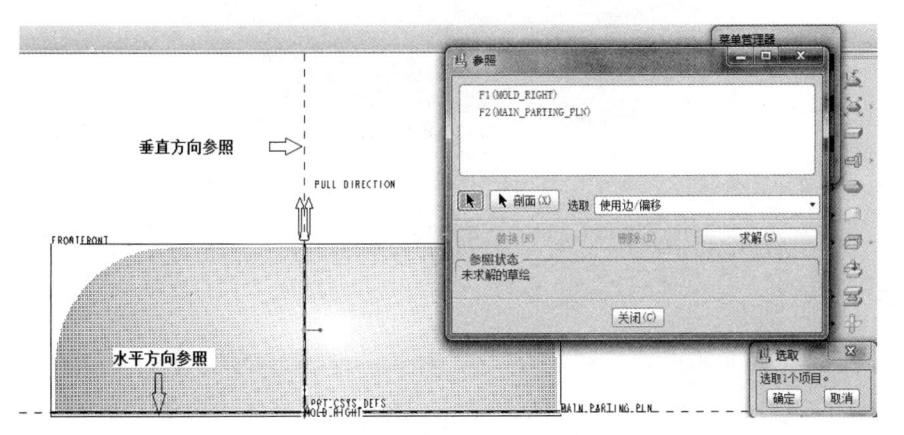

图 2-52　草绘参照

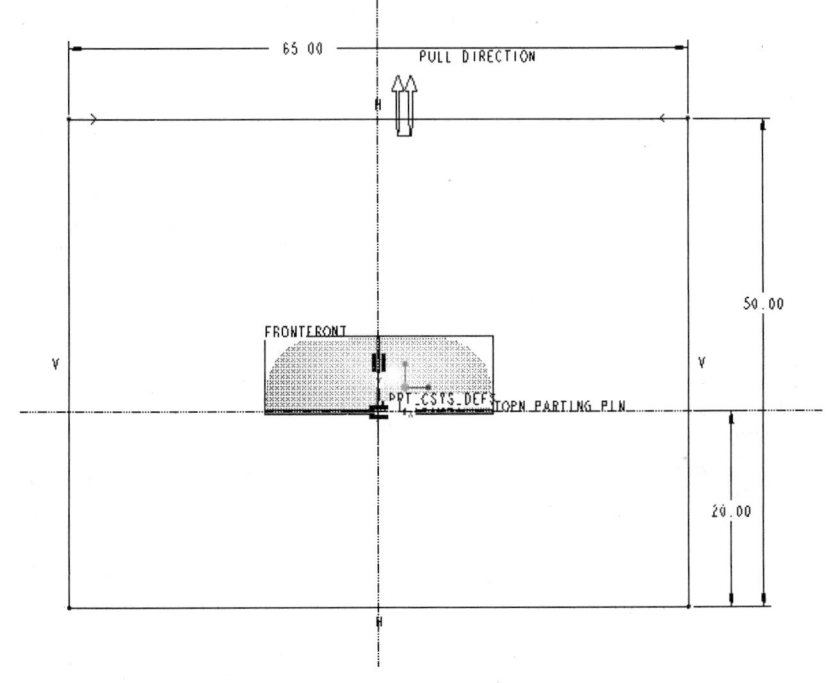

图 2-53　草绘图形

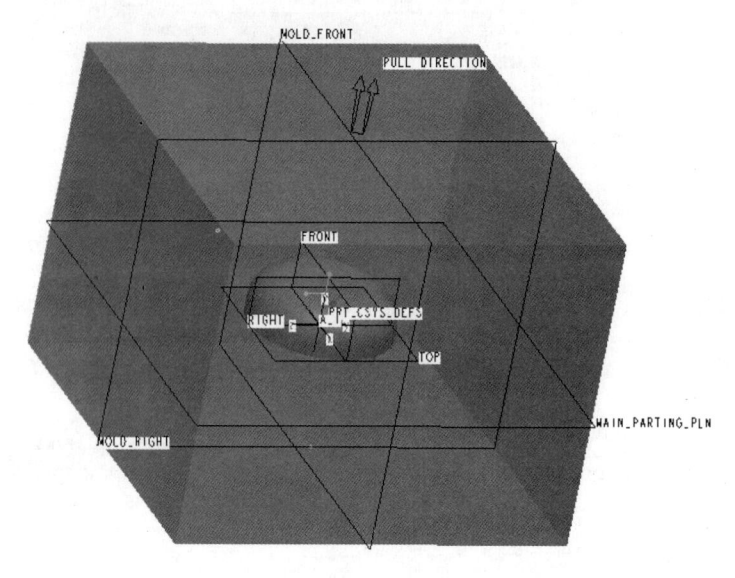

图 2-54　完成工件模型

（7）在菜单管理器中选择"收缩"→"按尺寸"命令，在弹出的"按尺寸收缩"对话框中输入收缩率 0.005，单击 ✓（完成）按钮，在菜单管理器中选择"完成返回"命令，完成收缩率的设置。

（8）在模型树上选择坐标系（MOLD_DEF_CSYS）和坐标平面（MOLD_FRONT、MAIN_PARTING_PLN、MOLD_RIGHT），单击鼠标右键，选择"隐藏"命令，如图 2-55 所示。单击工具栏中的 ◻（分型面）按钮，然后单击 ◻（属性）按钮，修改分型面名称为 main_SURF_1，然后单击菜单栏"编辑"→"阴影曲面"命令，如图 2-56 所示。坯料上出现向下求阴影的箭头，如图 2-57 所示，在对话框中单击"确定"按钮，如图 2-58 所示，单击工具栏中的 ✓（确定）按钮，完成分型面的创建。

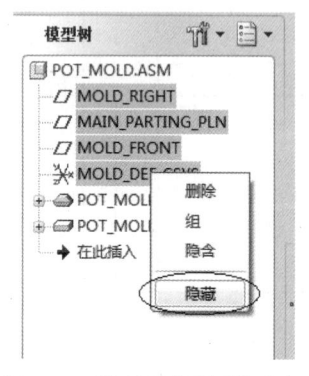

图 2-55　隐藏基准平面与坐标　　　　　图 2-56　阴影曲面

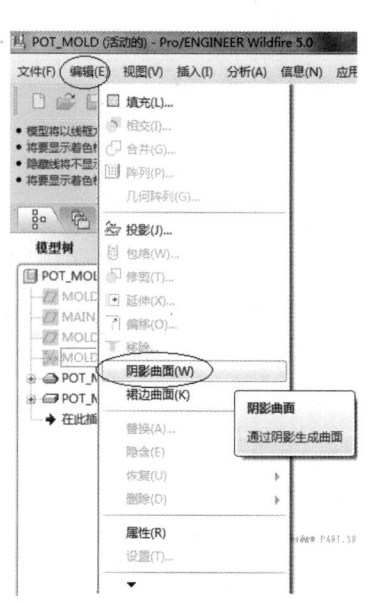

26

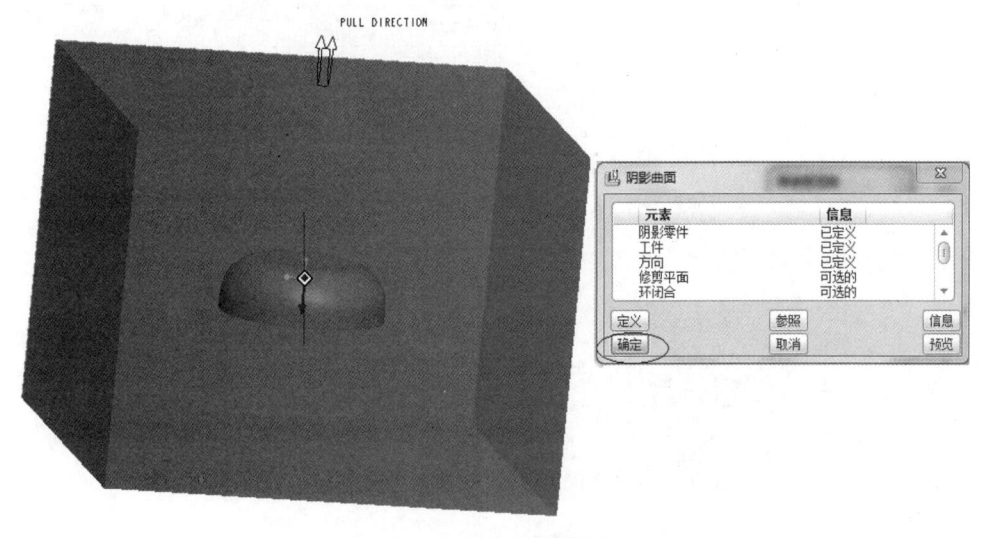

图 2-57 向下求阴影

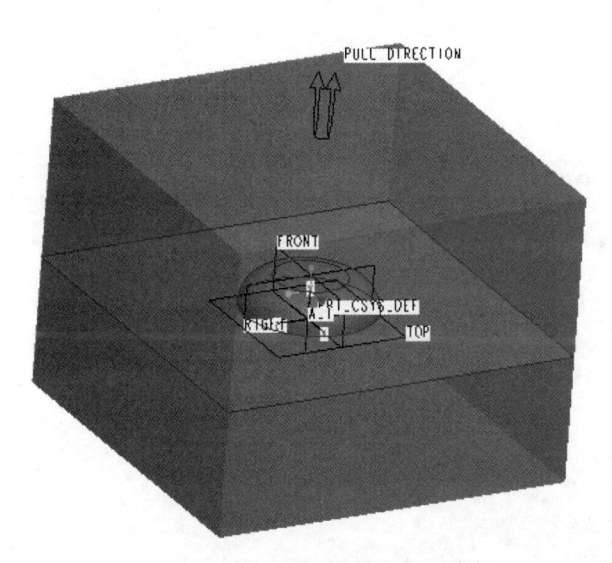

图 2-58 阴影曲面法求出的分型面

（9）单击工具栏中的 ⊟ (体积块分割)按钮，在菜单管理器中选择"两个体积块"→"所有工件"→"完成"命令，如图 2-59 所示。鼠标移到刚刚创建的分型面上并单击，在"选取"对话框中单击"确定"按钮，在"分割"对话框中单击"确定"按钮，如图 2-60 所示；在弹出的"属性"对话框中单击"着色"按钮，如图 2-61 所示。查看分割块是凹模还是凸模对它进行命名"pot_female_mold"，如图 2-62 所示，同理命名另一个分割块"pot_male_mold"，如图 2-63 所示。此时模型树中便有了两个分割标识，如图 2-64 所示。

图 2-59 分割选项

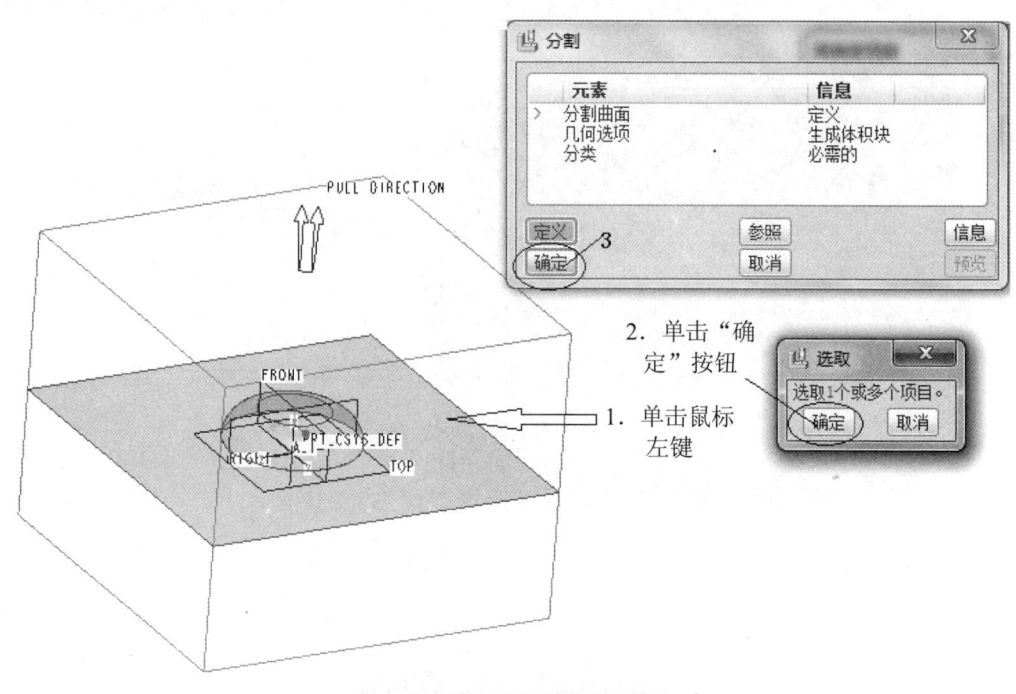

图 2-60　选取分型面进行分割

图 2-61　单击"着色"按钮

图 2-62　托盘凹模分割块

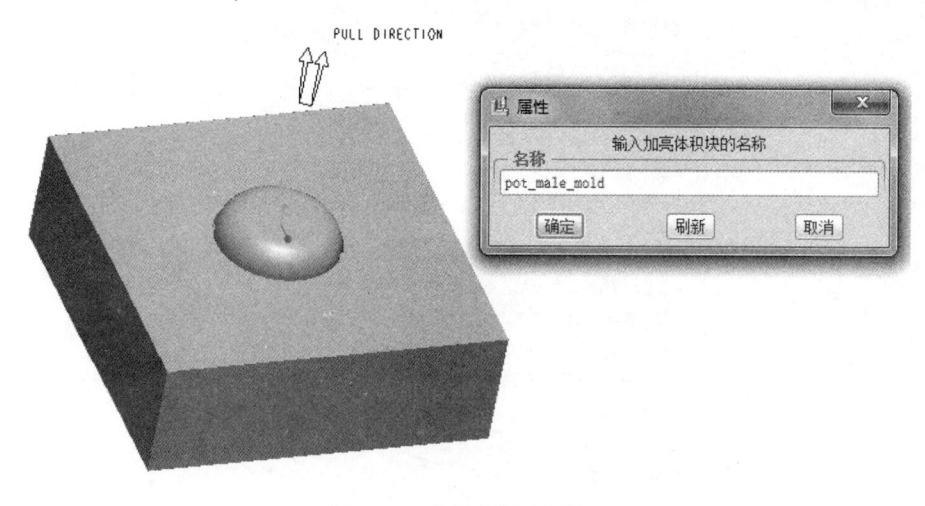

图 2-63 托盘凸模分割块

图 2-64 分割标识

（10）在菜单管理器中选择"模具元件"→"抽取"命令，在弹出的"创建模具元件"对话框中单击■（全选）按钮，然后单击"确定"按钮，如图 2-65 所示。在菜单管理器中单击"完成返回"命令，此时模型树中便有了两个模具元件，如图 2-66 所示。

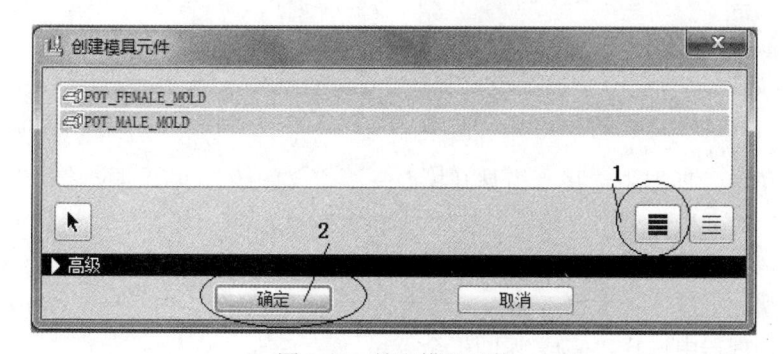

图 2-65 抽取模具元件

图 2-66 抽取的模具元件

（11）在菜单管理器中选择"制模"→"创建"命令，在弹出的"输入零件名称"对话框中输入"pot_molding"，单击两次☑（确定）按钮完成制模的创建。

（12）单击工具栏中的 ☒ （遮蔽/取消遮蔽）按钮，在弹出的"遮蔽—取消遮蔽"对话框中选择要遮蔽的元件，如图 2-67 所示。然后单击"分型面"按钮选择要遮蔽的分型面，如图 2-68 所示，单击"关闭"按钮完成遮蔽操作。

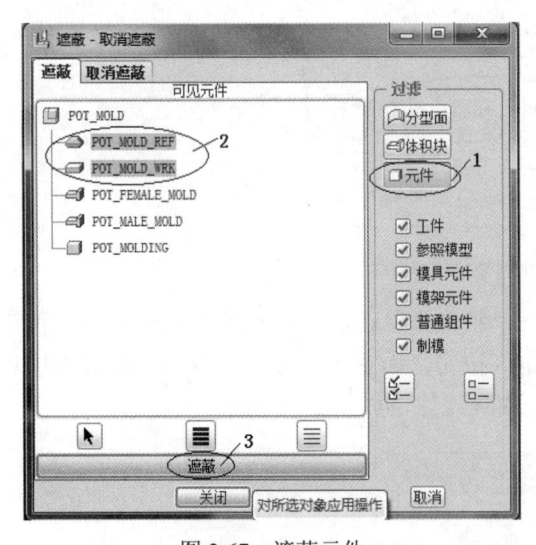

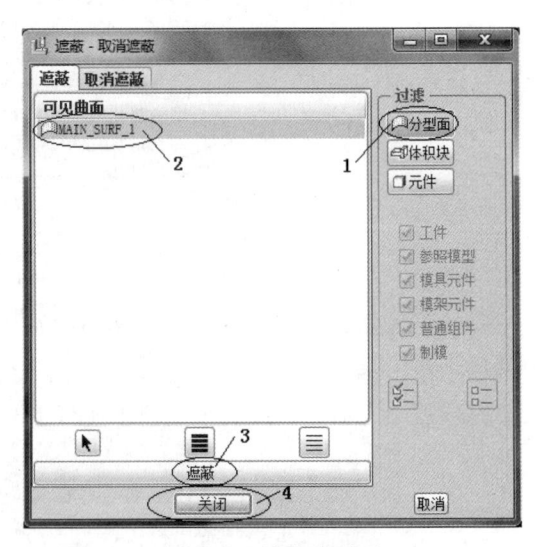

图 2-67 遮蔽元件　　　　　　　　图 2-68 遮蔽分型面

（13）在菜单管理器中选择"模具开模"→"定义间距"→"定义移动"命令。选取上模，在"选取"对话框中单击"确定"按钮，如图 2-69 所示。然后选取模具上表面为移动参照，根据提示输入移动距离"30"，单击☑（确定）按钮，如图 2-70 所示。继续选择下模进行开模，具体步骤如上模，根据提示输入移动距离"-30"，如图 2-71 所示。完成开模如图 2-72 所示，在菜单管理器中选择"完成/返回"命令。

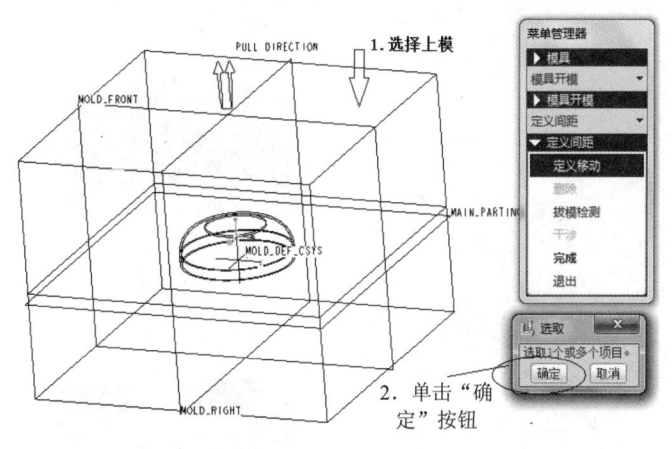

图 2-69　选取上模

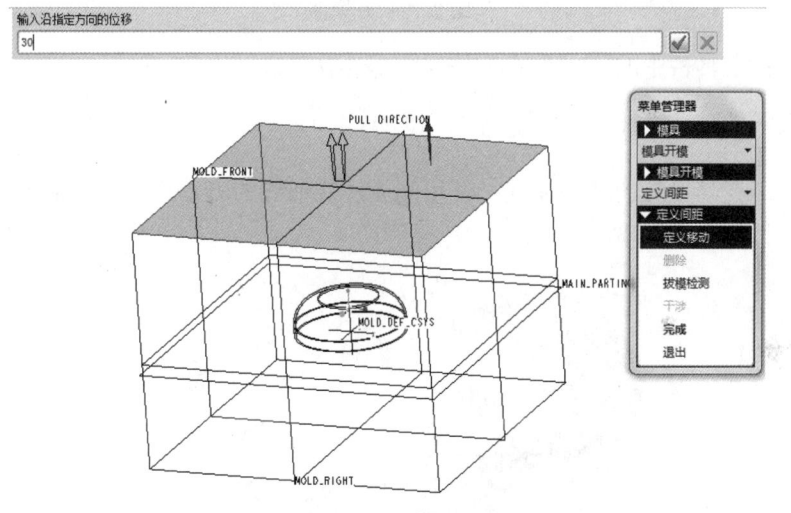

图 2-70　选取上模移动参照

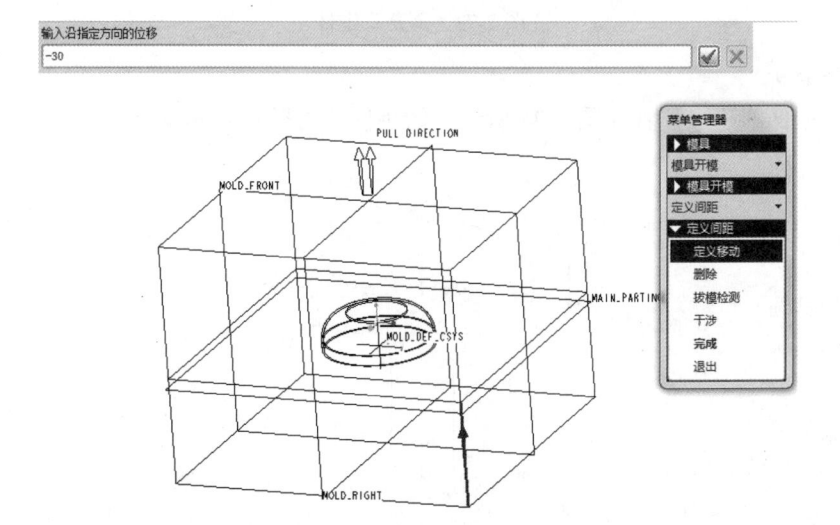

图 2-71　选取下模移动参照

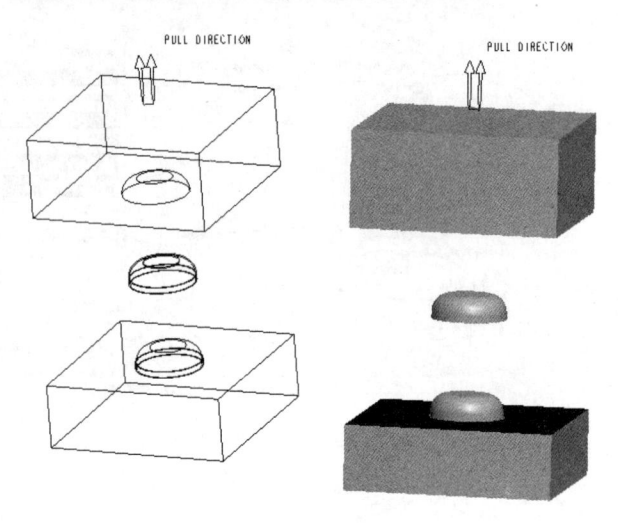

图 2-72　开模图

（14）单击工具栏中的 🔲（保存）按钮，保存文件。

2.1.3　蘑菇头零件模具设计

本节重点：模具设计的基本流程；使用侧面影像曲线的方法创建分型面。

蘑菇头零件如图 2-73 所示。

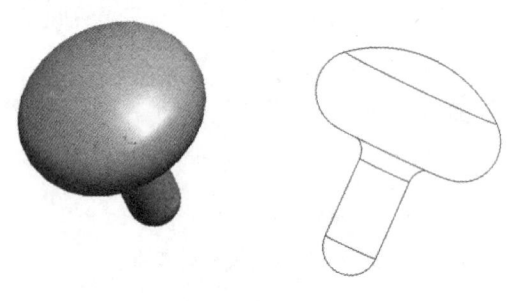

图 2-73　蘑菇头零件

1. 零件分析

（1）分型面的建立位置如图 2-74 所示，箭头位置为模具开模位置。

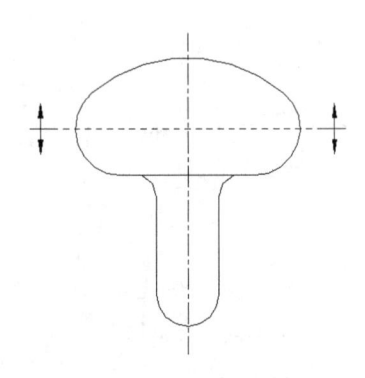

图 2-74　分型面位置

（2）此零件结构简单，无孔等结构，零件头部圆弧最大部位为分型面的位置，如图 2-74 箭头所示的位置。此零件的分型面创建可以通过求侧面影像曲线的方法，找出分型面的位置（注：也可以通过其他的方法找出此位置），然后根据侧面影像曲线创建分型面。

2. 零件模具设计

（1）新建文件夹以放置模具设计的全部文件，文件夹名称为 mushroom_mold。

（2）请将本书配套资料（可从网站下载或者自建模型）CH2\源文件\mushroom.prt 文件复制到 mushroom_mold 文件夹下。

（3）启动 Pro/E 软件，在菜单栏中选择"文件"→"设置工作目录"命令，在弹出的对话框中选择"mushroom_mold"文件夹为要设置的工作目录。

（4）单击 □（创建新对象）按钮，打开"新建"对话框。创建新的模具模型文件 mushroom_mold.asm。

（5）单击菜单管理器中的"模具模型"→"装配"→"参照模型"命令，选择参照零件 mushroom.prt，单击"打开"按钮，在弹出的装配操控面板上选择"缺省"装配，如图 2-75 所示，然后单击 ✓（接受）按钮完成参照零件装配。在随后弹出的"创建参照模型"对话框中单击"确定"按钮，如图 2-76 所示，同样在接着出现的"警告"对话框中单击"确认"按钮，在"菜单管理器"中单击"完成返回"命令完成参照模型的创建，如图 2-77 所示。

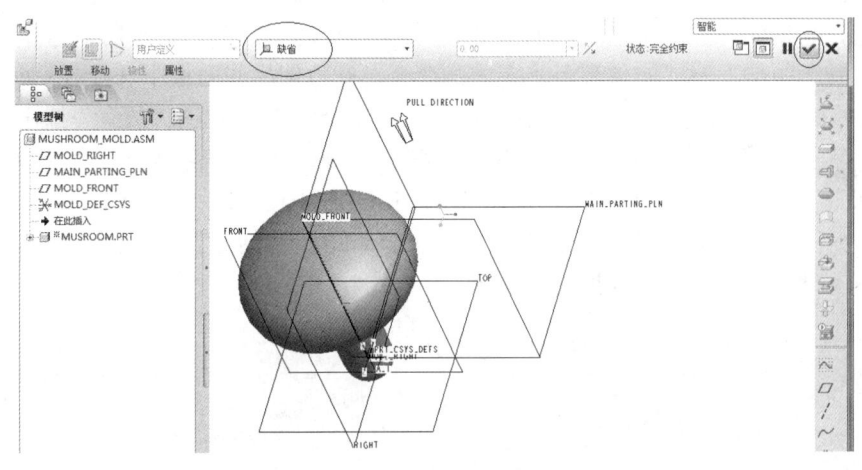

图 2-75　缺省装配参照模型

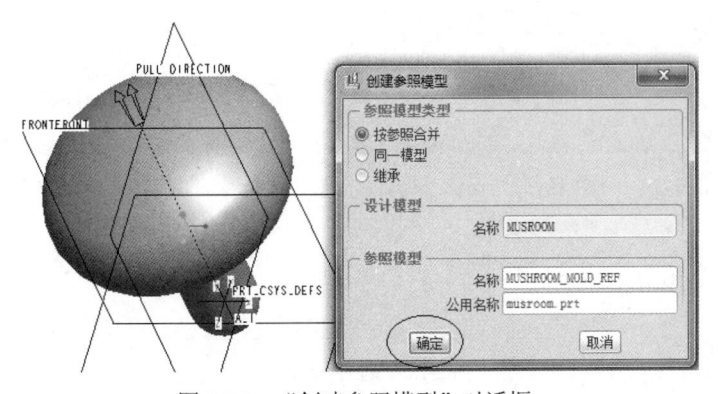

图 2-76　"创建参照模型"对话框

图 2-77 完成参照模型装配

（6）在菜单管理器中选择"模具模型"→"创建"→"工件"→"手动"命令，在弹出的"元件创建"对话框中输入工件名称"msroom_mold_wrk"，如图 2-78 所示。在"创建选项"对话框中选择"创建特征"单选项，如图 2-79 所示。在随后的菜单管理器中选择"实体"→"伸出项"→"拉伸"→"实体"→"完成"命令，在拉伸操作面板中选择 图·（对称拉伸）选项，在"拉伸深度"文本框中输入 200，如图 2-80 所示。然后单击"放置"按钮，单击"定义"按钮，弹出"草绘"对话框，选择 MOLD_FRONT 表面作为草绘平面，以 MOLD_RIGHT 为"右"参照进入草绘模式，如图 2-81 所示。设置"MOLD_RIGHT"及"MAIN_PARTING_PLN"草绘参照，如图 2-82 所示。绘制如图 2-83 所示图形，单击拉伸工具操作栏中的 ✔（完成）按钮，在菜单管理器中选择"完成返回"命令。

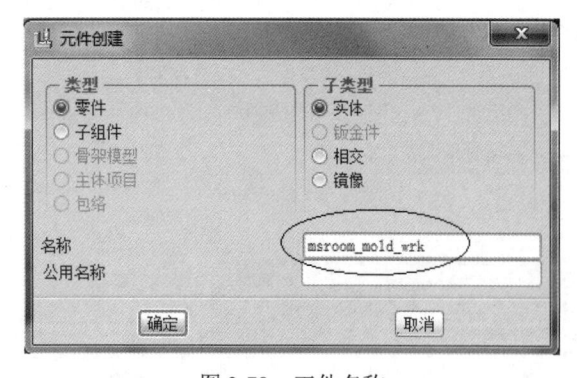

图 2-78 工件名称

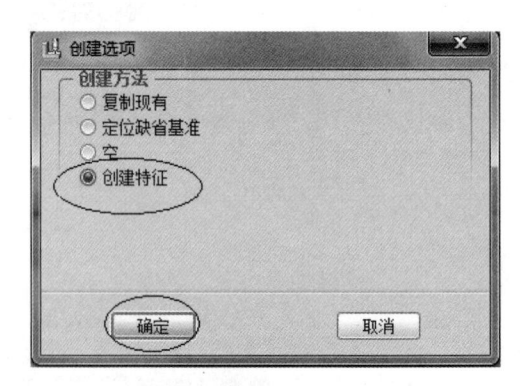

图 2-79 "创建选项"对话框

图 2-80 拉伸操作面板

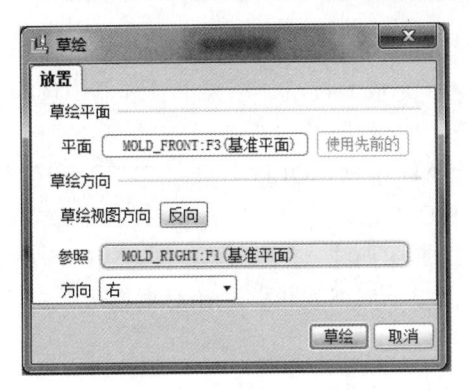

图 2-81　草绘平面设置

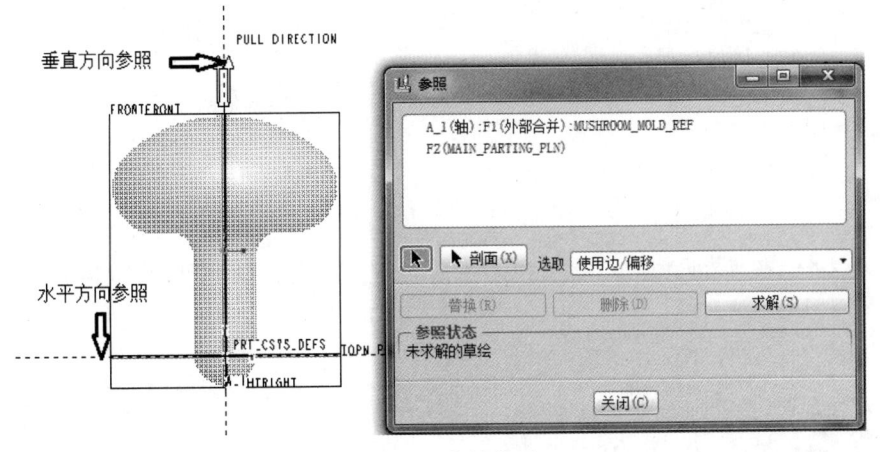

图 2-82　草绘参照

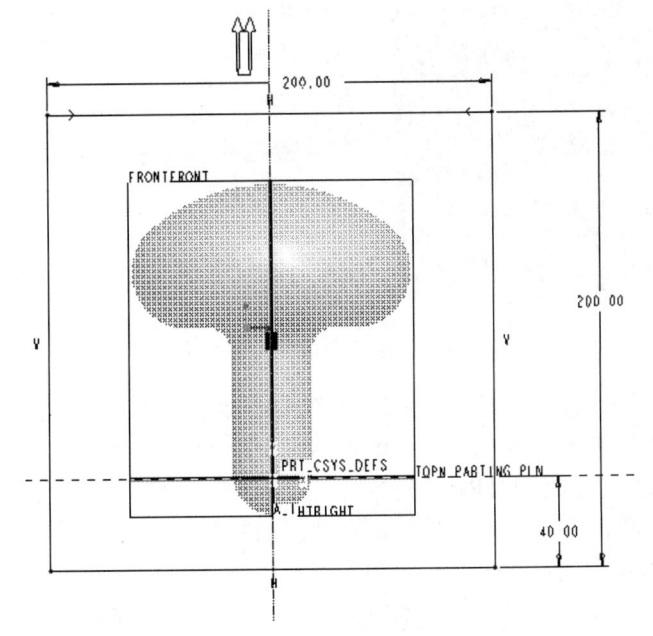

图 2-83　草绘图形

(7) 在菜单管理器中选择"收缩"→"按尺寸"命令,在弹出的"按尺寸收缩"对话框中输入收缩率 0.005,单击 ✓（完成）按钮,在菜单管理器中选择"完成返回"命令,完成收缩率的设置。

(8) 在模型树上选择坐标系（MOLD_DEF_CSYS）和坐标平面（MOLD_FRONT、MAIN_PARTING_PLN、MOLD_RIGHT）并单击,选择"隐藏"命令,如图 2-84 所示。单击菜单栏中的"插入"→"侧面影像曲线（S）"命令,如图 2-85 所示,坯料上出现向下求侧面影像曲线的箭头,蘑菇头侧面显示出曲线预览,在对话框中单击"确定"按钮,如图 2-86 所示,完成侧面影像曲线的创建。

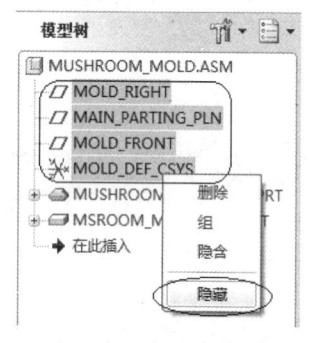

图 2-84　隐藏基准平面与坐标　　　　　图 2-85　侧面影像曲线命令

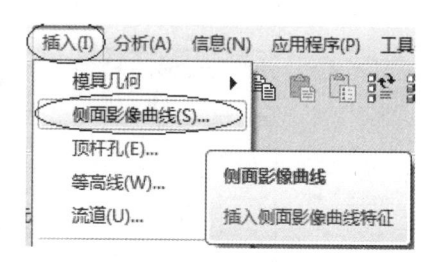

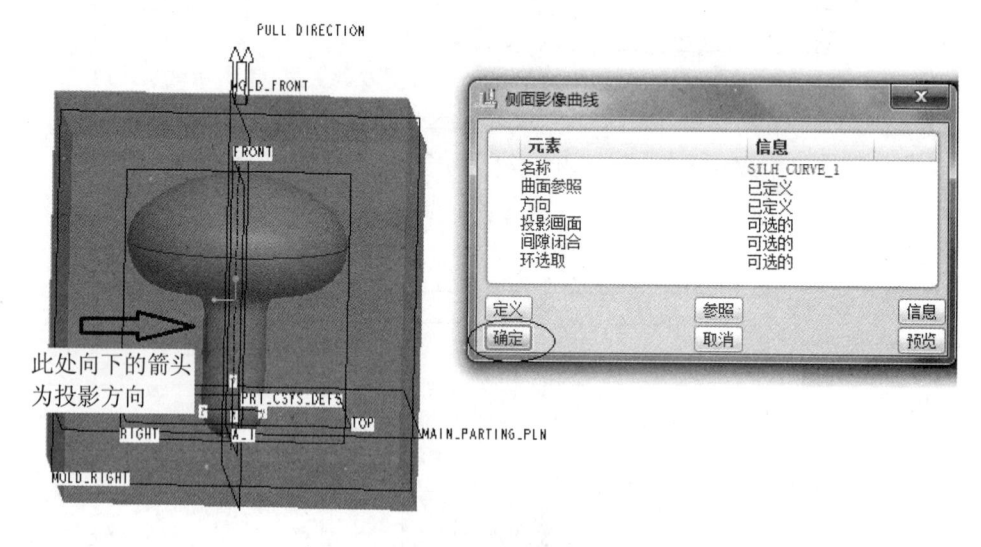

图 2-86　"侧面影像曲线"对话框

(9) 单击工具栏中的 ▢（分型面）按钮,然后单击 ▢（属性）按钮,修改分型面名称为 main_SURF_1,在模型树上选择 msroom_mold_wrk.prt,单击鼠标右键,选择"隐藏"命令,如图 2-87 所示。在绘图区按住 CTRL 键选择零件上表面,如图 2-88 所示。单击工具栏中的 ▢（复制）按钮,然后单击 ▢（粘贴）按钮,在弹出的粘贴操作框中单击 ✓（完成）按钮,如图 2-89 所示。在模型树上选择 msroom_mold_wrk.prt,单击鼠标右键,选择"取消隐藏"命令,如图 2-90 所示。单击工具栏中的 ▢（拉伸工具）按钮,单击"放置"按钮,单击"定义"按钮,弹出"草绘"对话框,选择工件前表面为草绘平面,如图 2-91 所示,选择参照,如图 2-92

所示。关闭"参照"对话框,进入草绘模式,绘制如图 2-93 所示图形。单击✔(继续当前部分)按钮,在拉伸操控板中选择 ⬚(拉伸到曲面)命令,如图 2-94 所示,单击✔(完成)按钮完成拉伸平面操作;在模型树上选择刚刚创建的两个平面,如图 2-95 所示,单击工具栏中的 ⬚(合并)图标,注意 MAIN_SURF_1 在上面,调整合并曲面的方向,如图 2-96 所示。单击✔(完成),单击工具栏中的✔(确定)按钮,完成分型面的创建,如图 2-97 所示。

图 2-87　隐藏工件

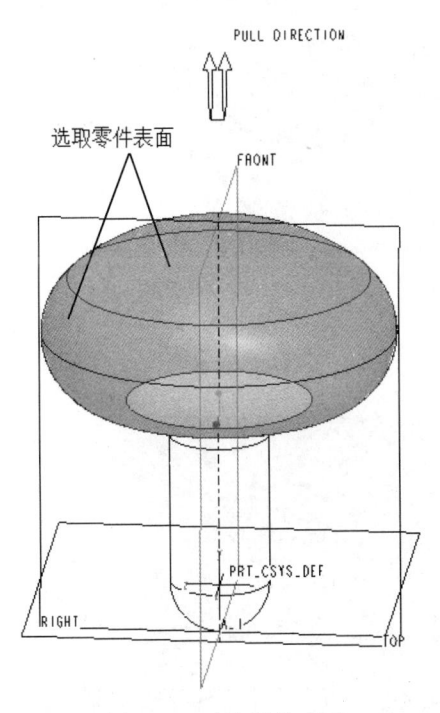

图 2-88　选取零件表面

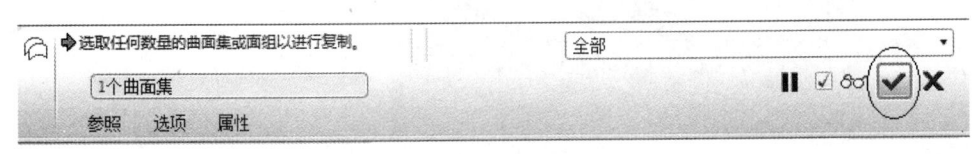

图 2-89　粘贴操作面板

图 2-90 显示工件

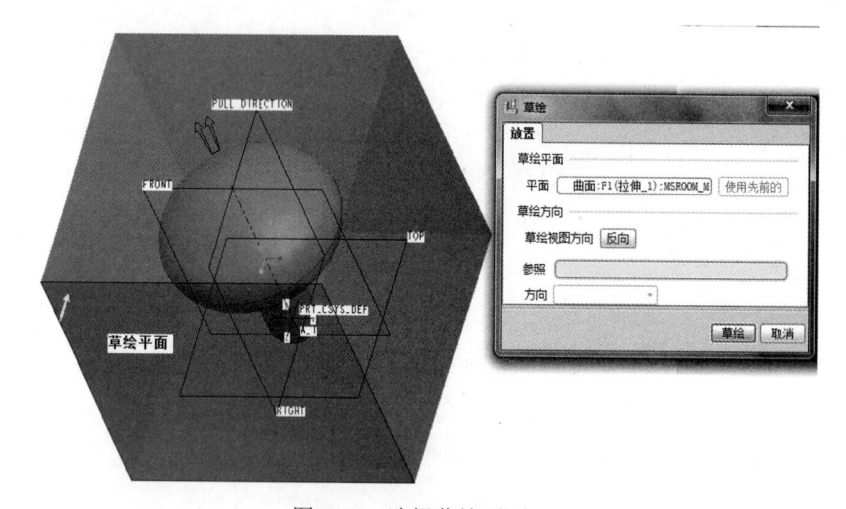

图 2-91 选择草绘平面

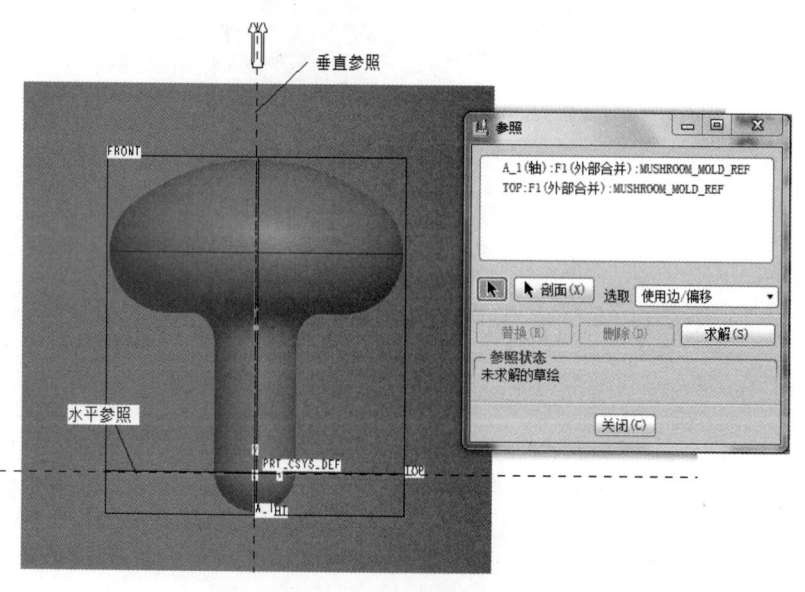

图 2-92 选择草绘参照

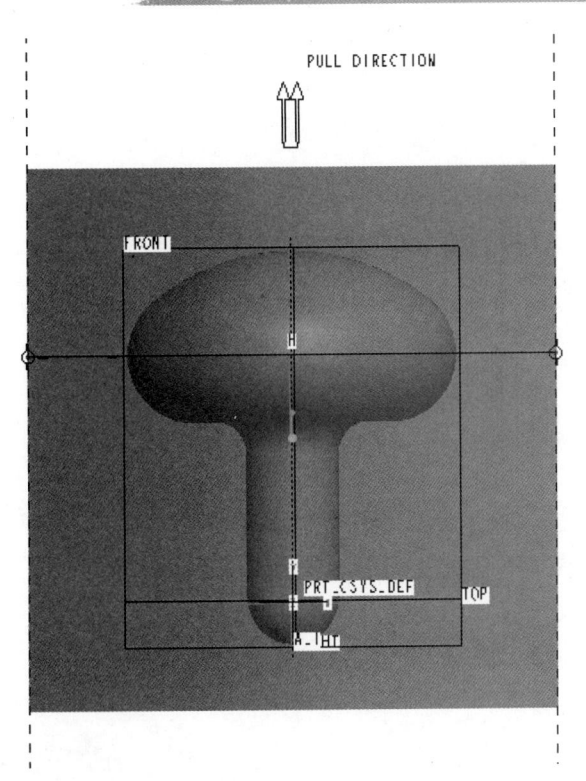

图 2-93 草绘图形

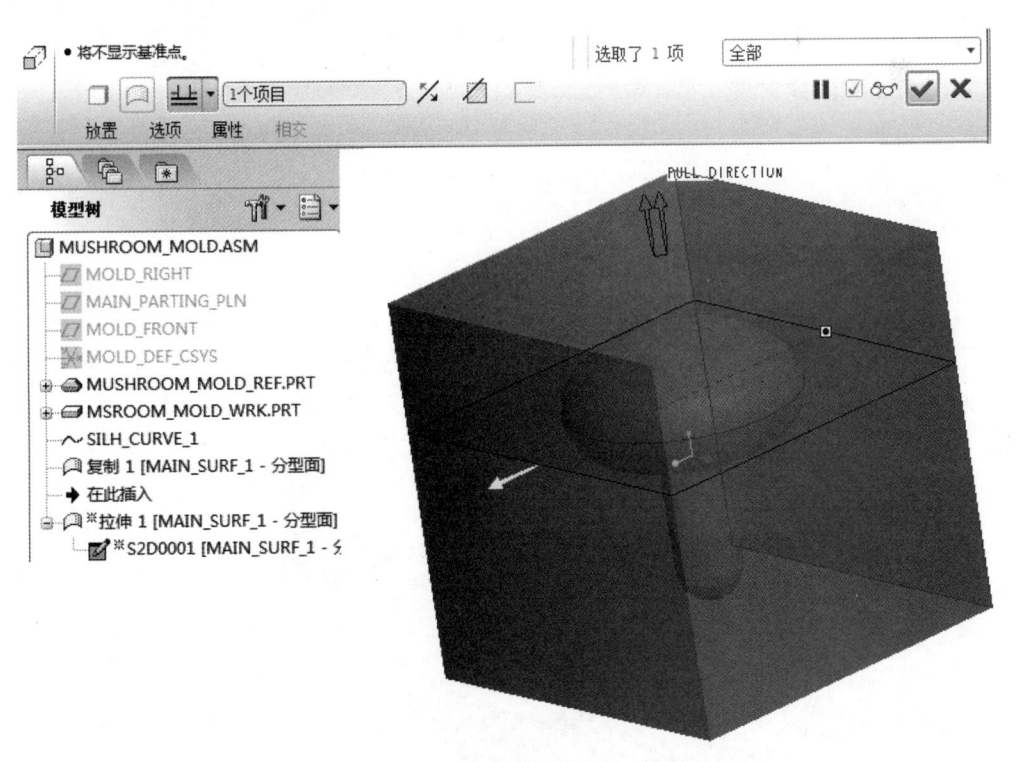

图 2-94 拉伸到曲面

图 2-95 选取曲面

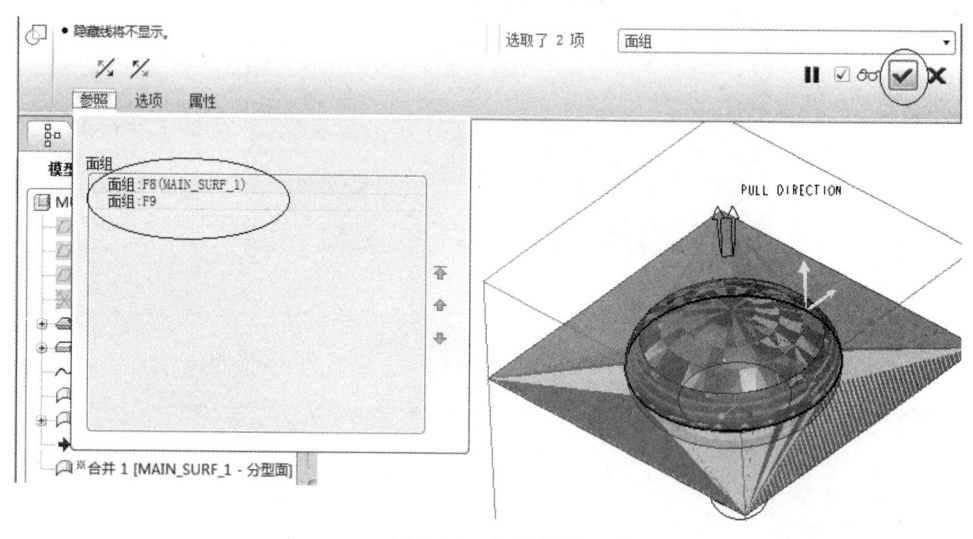

图 2-96 合并曲面

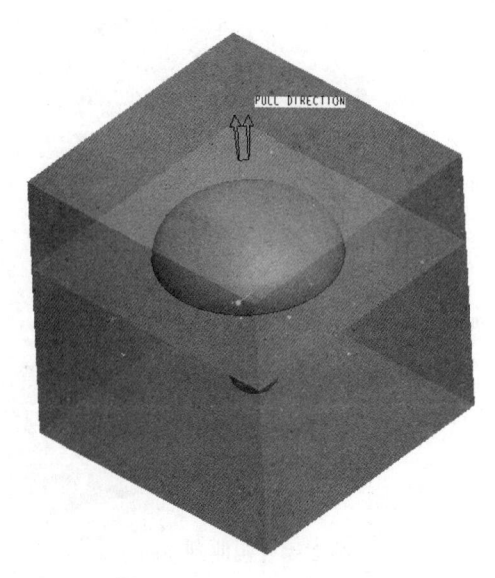

图 2-97 分型面创建效果

（10）单击工具栏中的 🗇▸（体积块分割）按钮，在菜单管理器中选择"两个体积块"→"所有工件"→"完成"命令，如图 2-98 所示。鼠标移到刚刚创建的分型面上并单击，然后在"选取"对话框中单击"确定"按钮，在"分割"对话框中单击"确定"按钮，如图 2-99 所示。在弹出的"属性"对话框中单击"着色"按钮，如图 2-100 所示，查看分割块是凹模还是凸模。对它进行命名"msroom_up_mold"，如图 2-101 所示，同理命名另一个分割块"msroom_down_mold"，如图 2-102 所示。此时模型树中便有了两个分割标识，如图 2-103 所示。

图 2-98　分割选项

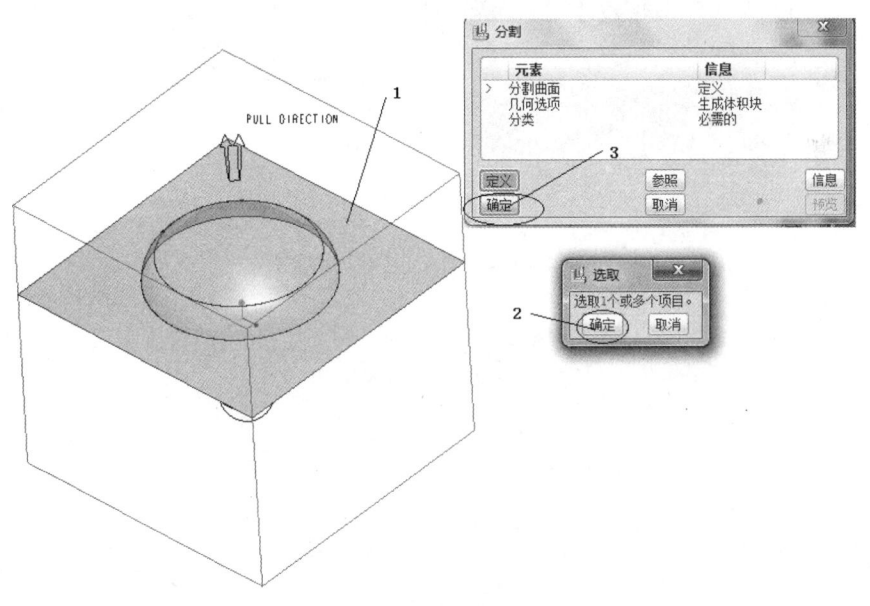

图 2-99　选取分型面进行分割

图 2-100　单击"着色"按钮

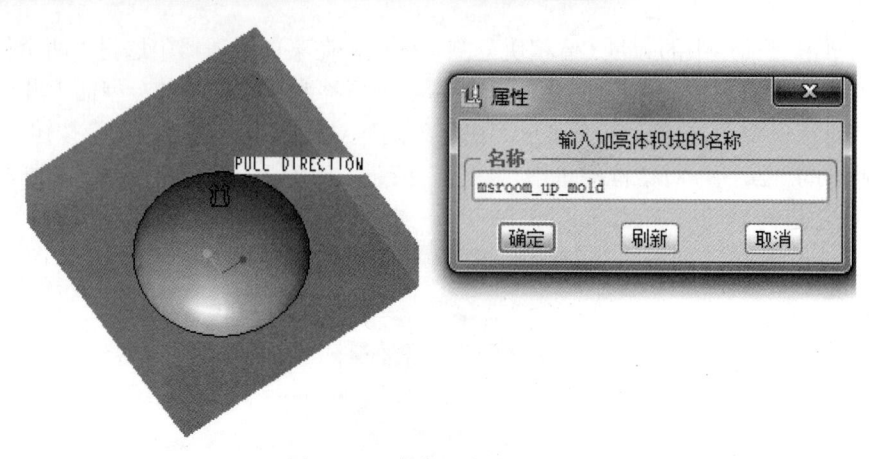

图 2-101　蘑菇头上模分割块

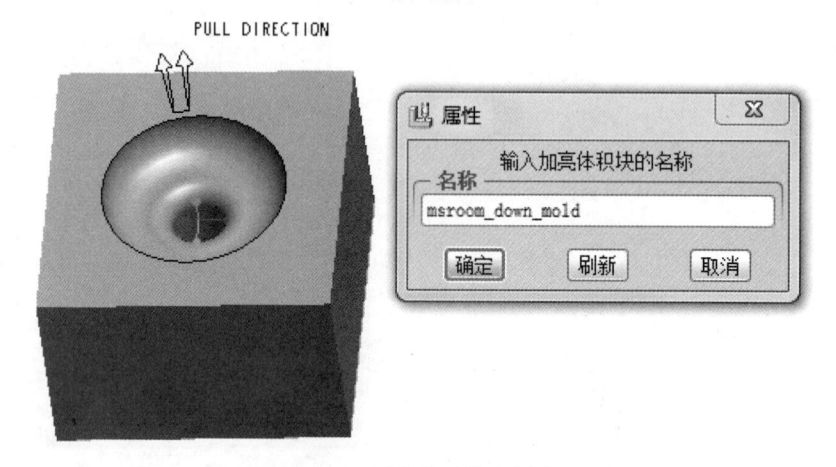

图 2-102　蘑菇头下模分割块

图 2-103　分割标识

（11）在菜单管理器中选择"模具元件"→"抽取"命令，在弹出的"创建模具元件"对话框中单击 ▤（全选）按钮，然后单击"确定"按钮，如图 2-104 所示。在菜单管理器中单击"完成返回"命令，此时模型树中便有了两个模具元件。

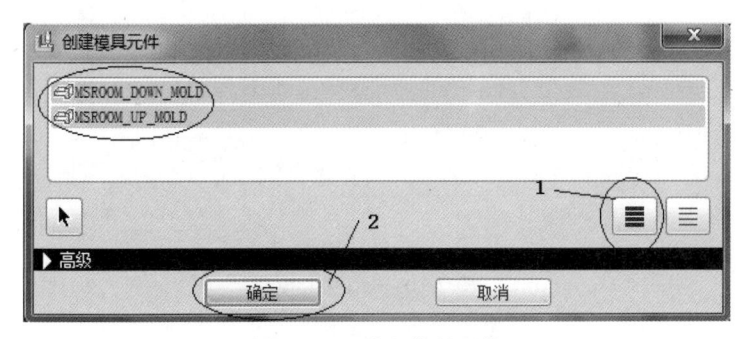

图 2-104　抽取模具元件

（12）在菜单管理器中选择"制模"→"创建"命令，在弹出的"输入零件名称"对话框中输入"msroom_molding"，单击两次 ✓（确定）按钮完成制模的创建。

（13）单击工具栏的 ◈（遮蔽/取消遮蔽）按钮，在弹出的"遮蔽－取消遮蔽"对话框中选择要遮蔽的元件，如图 2-105 所示。然后单击"分型面"按钮选择要遮蔽的分型面，如图 2-106 所示，单击"关闭"按钮完成遮蔽操作。

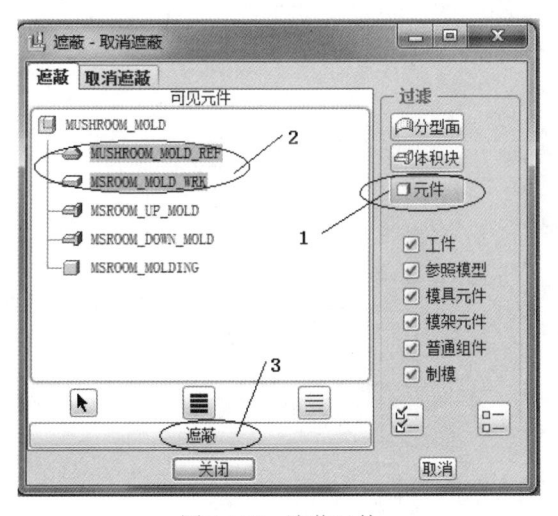

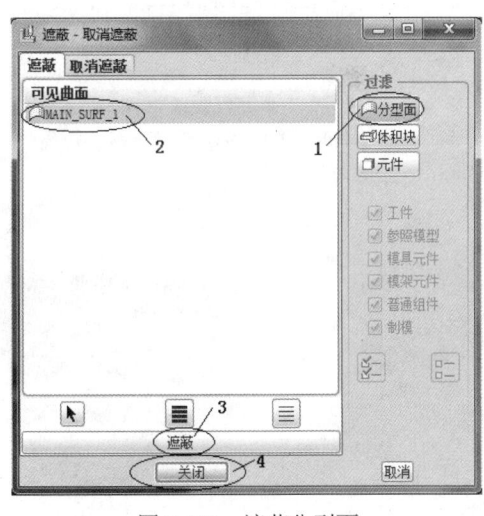

图 2-105　遮蔽元件　　　　　图 2-106　遮蔽分型面

（14）在菜单管理器中选择"模具开模"→"定义间距"→"定义移动"命令，选取上模，在"选取"对话框中单击"确定"按钮，如图 2-107 所示。然后选取模具上表面为移动参照，根据提示输入移动距离"80"，单击 ✓（确定）按钮，如图 2-108 所示。继续选择下模进行开模，具体步骤如上模，根据提示输入移动距离"-100"，如图 2-109 所示。完成开模如图 2-110 所示，在菜单管理器中选择"完成返回"命令。

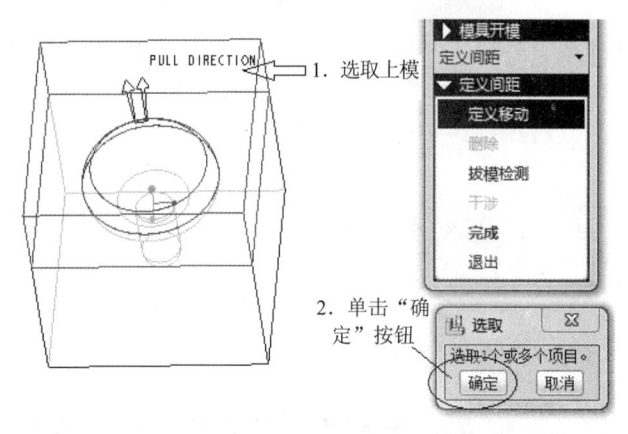

图 2-107 选取上模

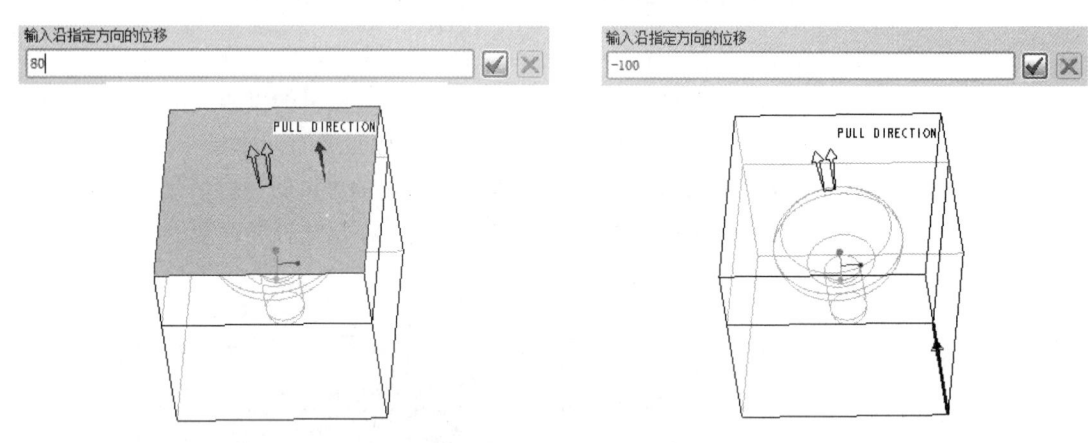

图 2-108 上模移动参照与移动距离

图 2-109 选取下模移动参照

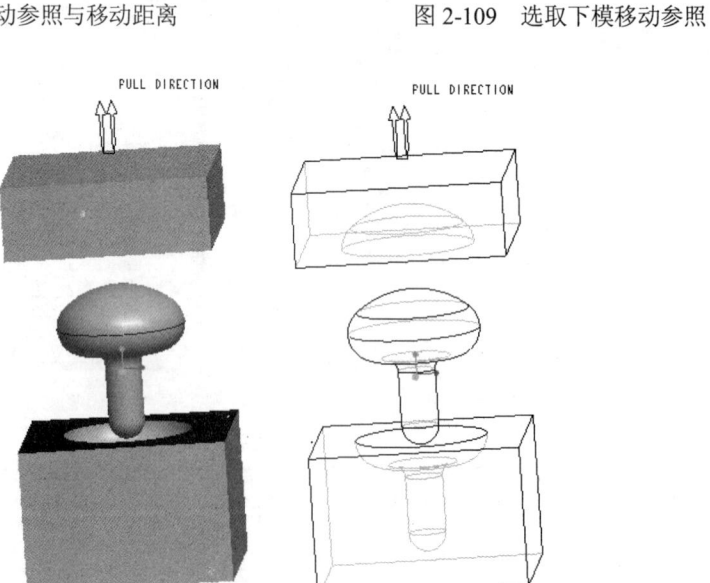

图 2-110 开模图

（15）单击工具栏 ☐（保存）按钮，保存文件。

44

2.2 多分型面模具设计

用 Pro/Moldesign 模块创建模具分型面，不仅有水平分型面而且有垂直分型面，模具的分型面有可能会很复杂，不可能都像前一节内容所示的那样，一个主分型面就可以完成模具的分模操作，有时需要好几个分型面才能完成模具的分模操作。从本节开始，我们将接触多个分型面的创建，同时在大家对模具分型面的创建有所了解的基础上，增加浇注系统的创建学习，浇注系统的设计需要大家掌握模具结构设计的相关知识。

2.2.1 饮水杯零件模具设计

本节重点：多分型面创建；多分型面情况下的模具体积块分割顺序及方法；主流道创建。

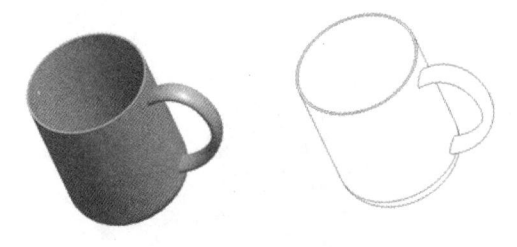

饮水杯零件如图 2-111 所示。

图 2-111 饮水杯零件

1. 零件分析

（1）分型面的建立位置如图 2-112 所示，箭头位置为模具开模位置，此零件模具饮水杯内部型芯需要一个分型面分型，因为饮水杯的把手与型芯不能同时开模，所以还需要有一个垂直方向的分型面才能取出塑件，因此此副模具的分型面有两个。

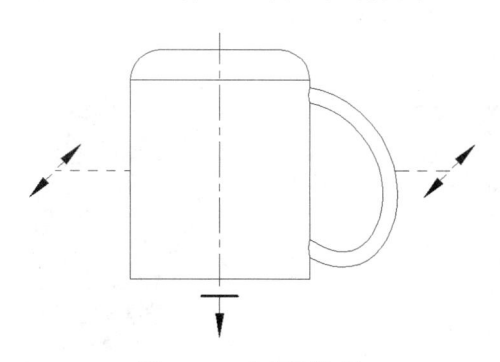

图 2-112 分型面位置

（2）此零件结构简单，无孔等结构，分型面的位置如图 2-112 箭头所示。此零件的分型面可以通过前面章节介绍的方法创建，浇注系统可以采用直浇口的形式创建。

2. 零件模具设计

（1）新建文件夹以放置模具设计的全部文件，文件夹名称为 drinkcup_mold。

（2）请将本书配套资料（可从网站下载或者自建模型）CH2\源文件 drinkcup.prt 文件复

制到 drinkcup_mold 文件夹下。

（3）启动 Pro/ENGINEER 软件，在菜单栏中选择"文件"→"设置工作目录"命令，在弹出的对话框中选择"drinkcup_mold"文件夹为要设置的工作目录。

（4）单击 ▢（创建新对象）按钮，打开"新建"对话框，创建新的模具模型文件 drinkcup_mold.asm。

（5）单击菜单管理器中的"模具模型"→"装配"→"参照模型"命令，选择参照零件 drinkcup.prt，单击"打开"按钮，在弹出的装配操控面板上选择"缺省"装配，如图 2-113 所示。然后单击 ✓（接受）按钮完成参照零件装配。在随后弹出的"创建参照模型"对话框中单击"确定"按钮，同样在接着出现的"警告"对话框中单击"确认"按钮，在菜单管理器中单击"完成返回"命令，完成参照模型的创建，如图 2-114 所示。

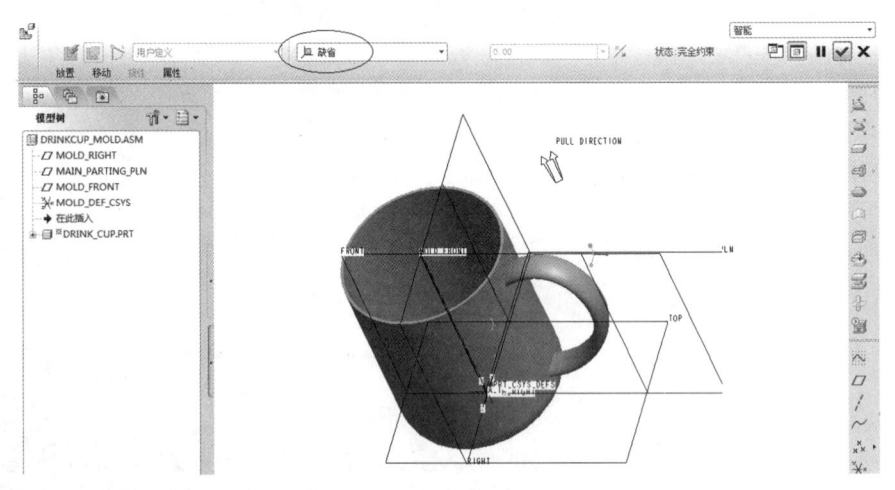

图 2-113　缺省装配参照模型

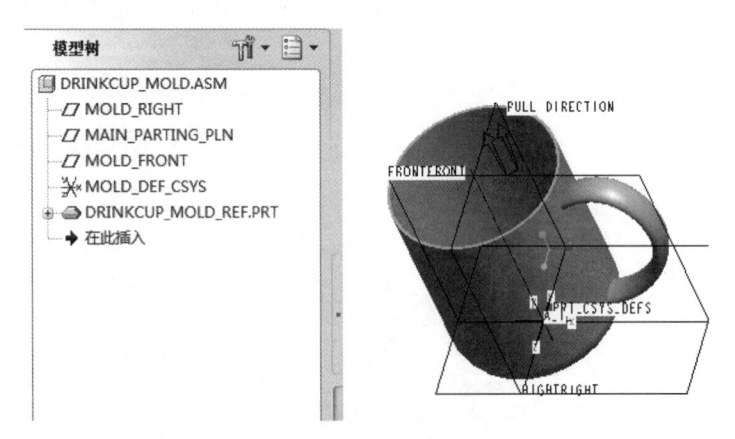

图 2-114　完成参照模型装配

（6）我们调整一下开模的拖拉方向，在菜单栏中选择"编辑"→"设置"命令，在弹出的对话框中选择"拖拉方向"选项，如图 2-115 所示。随后选取"TOPN_PARTING_PLN"为参照平面，如图 2-116 所示，选择"反向"，如图 2-117 所示，改变模具开模方向后，效果如图 2-118 所示。

单型腔模具设计 第2章

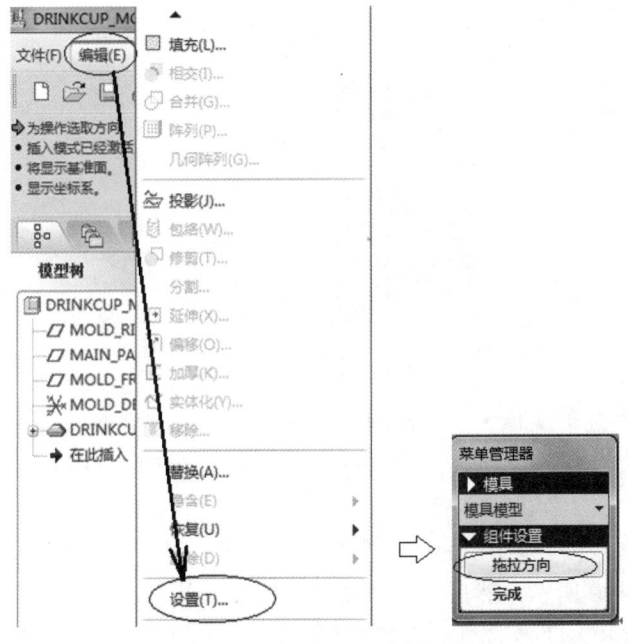

图 2-115 改变拖拉方向操作步骤

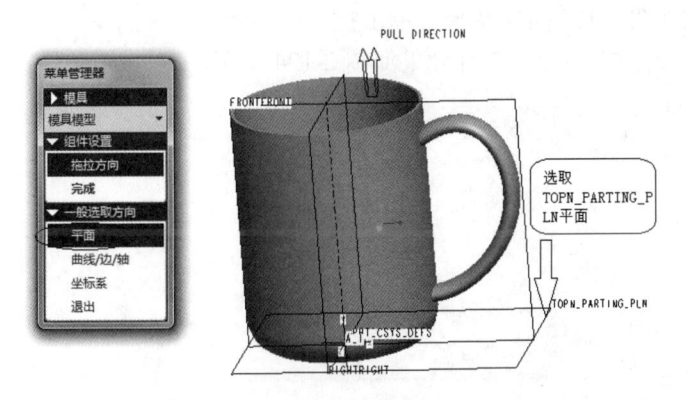

图 2-116 选择参照平面

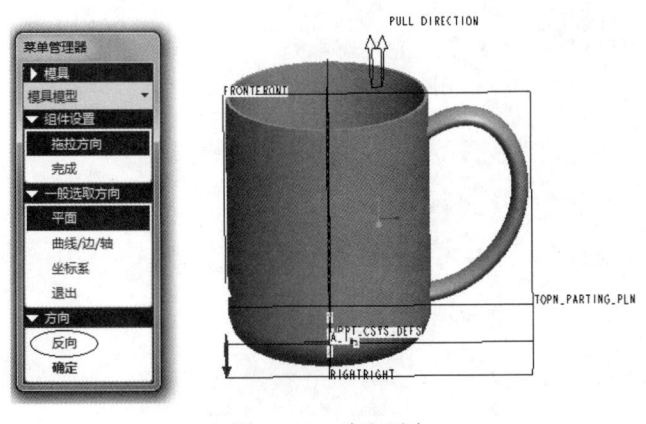

图 2-117 选取反向

47

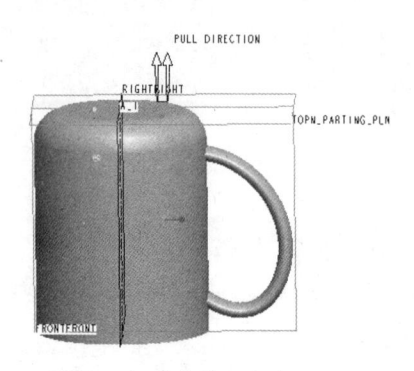

图 2-118　改变拖拉方向效果

（7）在菜单管理器中选择"模具模型"→"创建"→"工件"→"手动"命令，在弹出的"元件创建"对话框中输入工件名称"drinkcup_wrk"，如图 2-119 所示。在"创建选项"对话框中选择"创建特征"，在随后的菜单管理器中选择"实体"→"伸出项"→"拉伸"→"实体"→"完成"命令，在拉伸操作面板中选择 （对称拉伸）选项，在"拉伸深度"文本框中输入 200，如图 2-120 所示。然后单击"放置"按钮，单击"定义"按钮，弹出"草绘"对话框，选择 MOLD_FRONT 表面作为草绘平面，以 MOLD_RIGHT 为"右"参照进入草绘模式，如图 2-121 所示。设置"MOLD_RIGHT"及"MAIN_PARTING_PLN"草绘参照，如图 2-122 所示，绘制如图 2-123 所示图形，单击拉伸工具操作栏中的 （完成）按钮，在菜单管理器中选择"完成返回"命令，零件效果如图 2-124 所示。

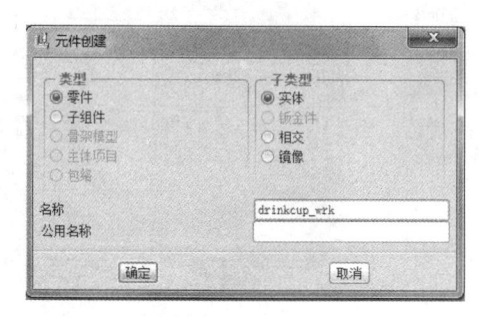

图 2-119　饮水杯工件名称

图 2-120　拉伸操作面板

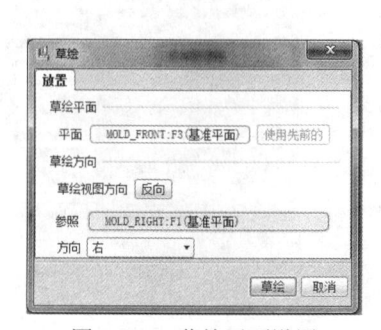

图 2-121　草绘平面设置

48

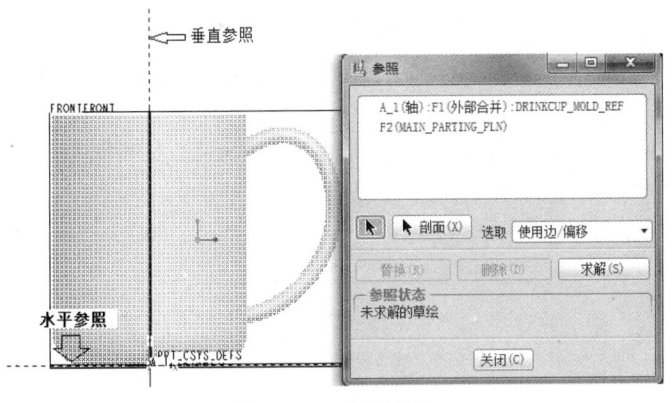

图 2-122　草绘参照

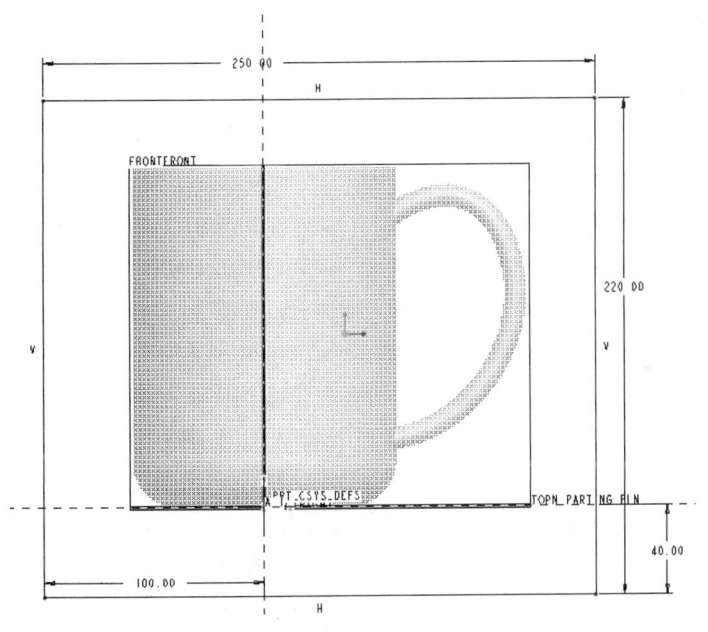

图 2-123　草绘图形

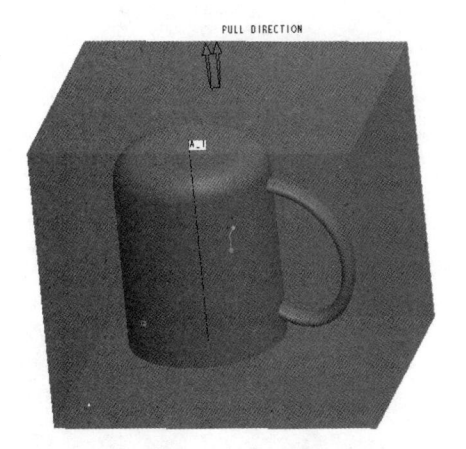

图 2-124　完成工件模型

（8）在菜单管理器中选择"收缩"→"按尺寸"命令，在弹出的"按尺寸收缩"对话框中输入收缩率 0.005，单击 ✓（完成）按钮，在菜单管理器中选择"完成返回"命令，完成收缩率的设置。

（9）在模型树上选择坐标系（MOLD_DEF_CSYS）、坐标平面（MOLD_FRONT、MAIN_PARTING_PLN、MOLD_RIGHT）及 DRINKCUP_WRK.PRT，单击鼠标右键，选择"隐藏"命令，如图 2-125 所示。

图 2-125　隐藏基准与工件

（10）单击工具栏中的 □（分型面）按钮，然后单击 ▣（属性）按钮，修改分型面名称为 xingxin_SURF_1，在绘图区按住 CTRL 键，选择饮水杯内表面及杯口平面，如图 2-126 所示，单击工具栏中的 ▣（复制）按钮，然后单击 ▣（粘贴）按钮，在弹出的粘贴操作框中单击 ✓（完成）按钮，如图 2-127 所示。在模型树上选择 drinkcup_wrk.prt，单击鼠标右键，选择"取消隐藏"命令，如图 2-128 所示。单击模型树中的"复制 1"特征，然后鼠标移到绘图区，在复制曲面的边界单击鼠标右键，从弹出的菜单中选择"从列表中选取"命令，如图 2-129 所示。选择"边:F7（复制_1）"选项，如图 2-130 所示，单击"确定"按钮，图形如图 2-131 所示。在菜单栏中选择"编辑"→"延伸"命令，如图 2-132 所示，在弹出的延伸操控面板上单击"参照""细节"按钮，如图 2-133 所示。在"链"对话框中选择"基本规则""完整环"单选项，然后单击"确定"按钮，如图 2-134 所示。在返回的延伸操控面板中单击 □（将曲面延伸到参照平面）按钮，单击工件的下表面作为参照平面，如图 2-135 所示。在操控面板上单击 ✓（完成）按钮，在工具栏中单击 ✓（完成）按钮，完成分型面的创建，如图 2-136 所示。

图 2-126　选取杯口平面及内表面

图 2-127　粘贴操作面板

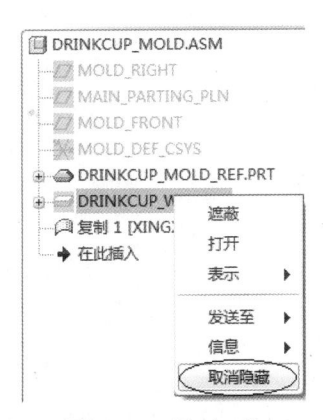

图 2-128　显示工件

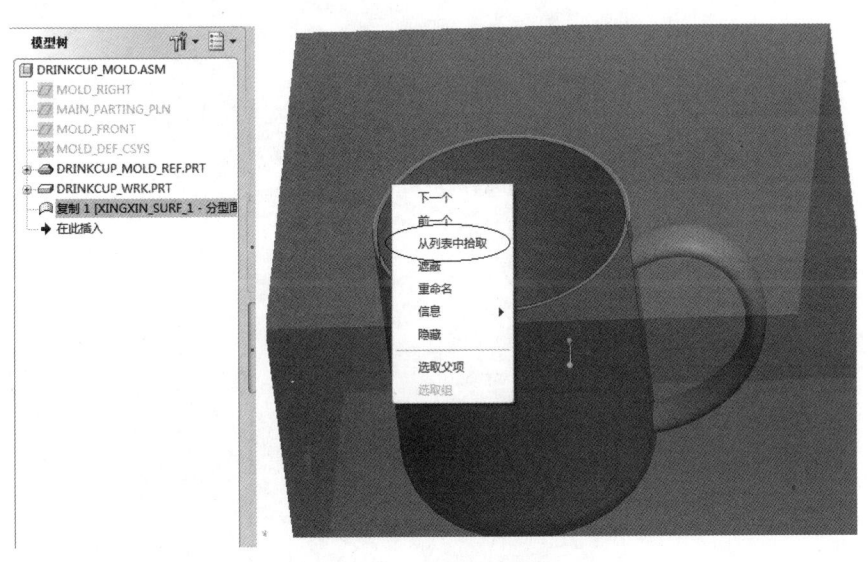

图 2-129　从列表中拾取

图 2-130　选择"复制_1"的边

图 2-131　选定"复制_1"的边

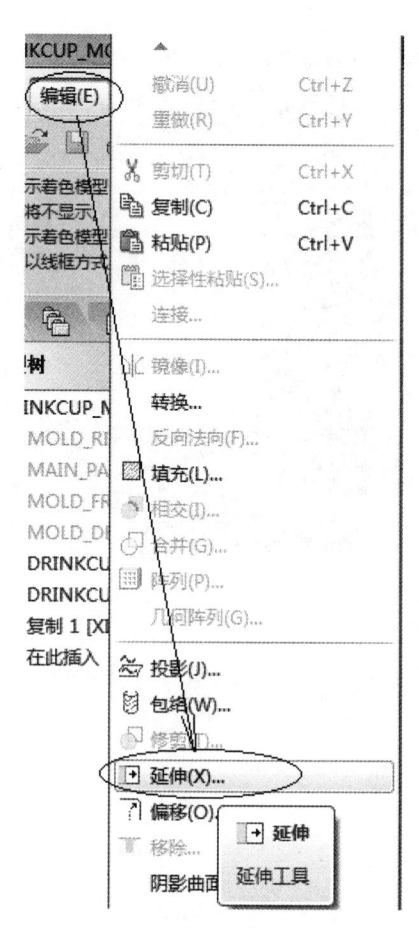

图 2-132　延伸命令

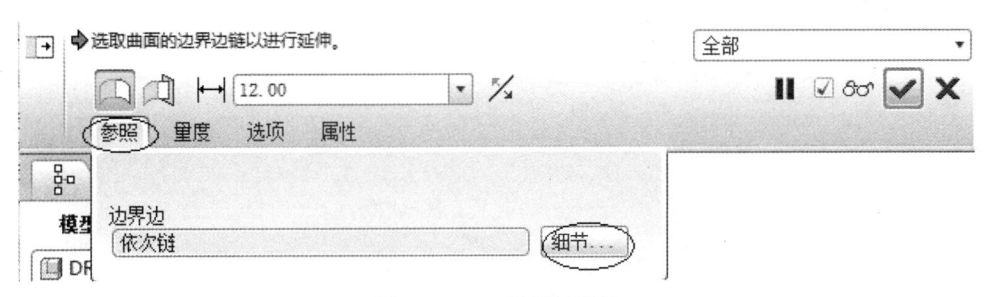

图 2-133 延伸操控面板

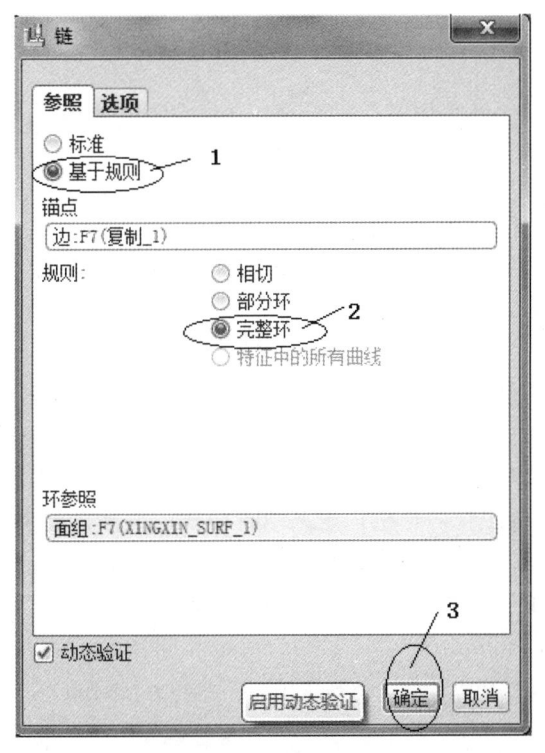

图 2-134 "链"对话框

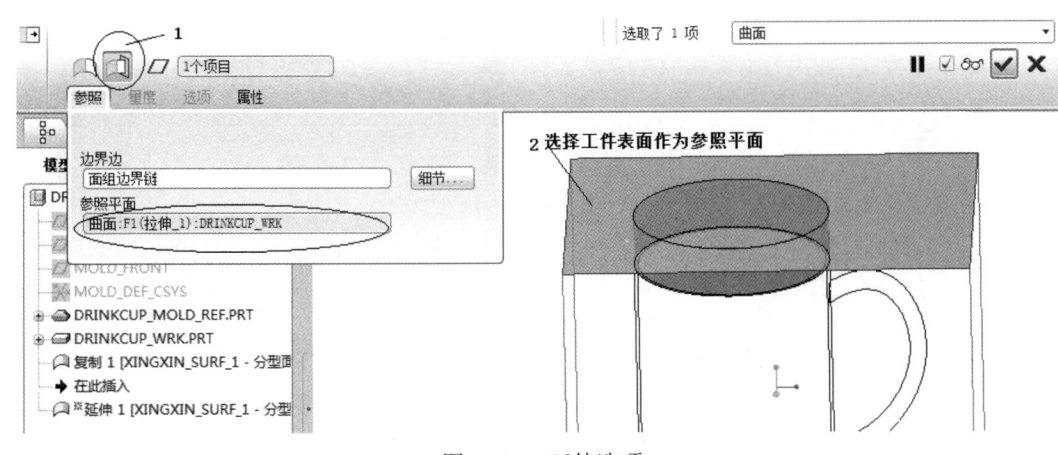

图 2-135 延伸选项

图 2-136 分型面创建效果

（11）单击工具栏中的 ▢（分型面）按钮，然后单击 ▦（属性）按钮，修改分型面名称为 main_SURF_1。然后单击工具栏中的 ⬚（拉伸工具）按钮，单击"放置"按钮，单击"定义"按钮，弹出"草绘"对话框，选择工件右侧表面为草绘平面，如图 2-137 所示，选择参照，如图 2-138 所示。关闭"参照"对话框，进入草绘模式，绘制直线，图形如图 2-139 所示。单击 ✓（继续当前部分）按钮，在拉伸操控板中选择 ⬚（拉伸到曲面）选项，如图 2-140 所示，单击 ✓（完成）按钮完成拉伸平面，在工具栏中单击 ✓（完成）按钮，完成分型面的创建。

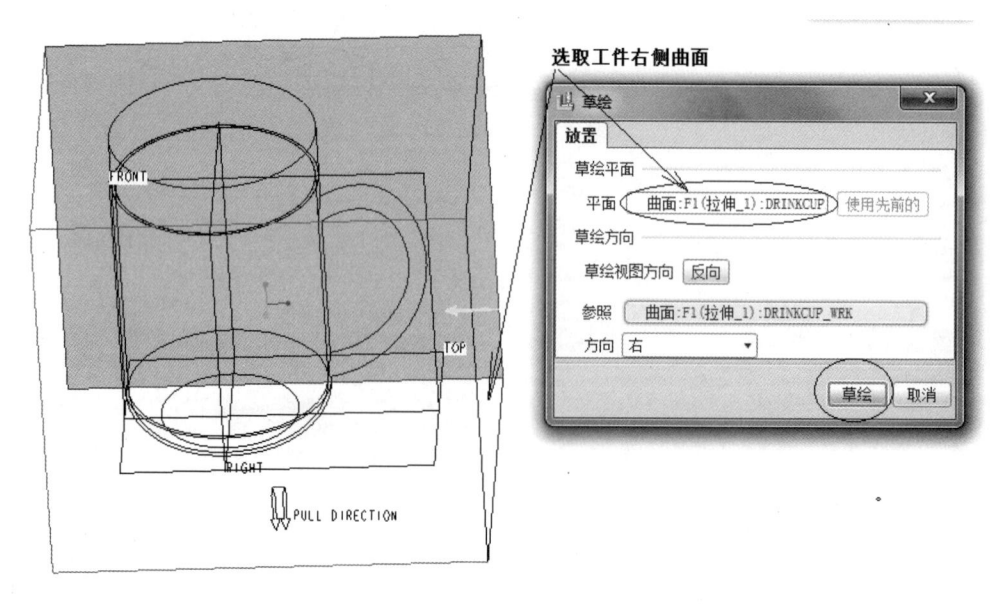

图 2-137 选择草绘平面

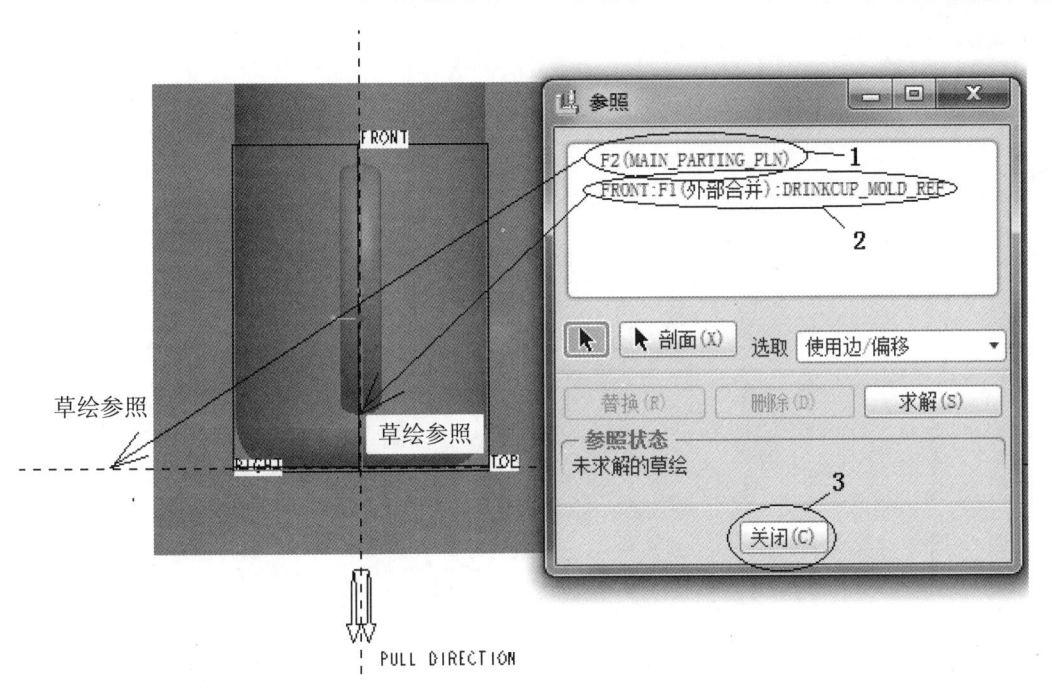

图 2-138 选择草绘参照

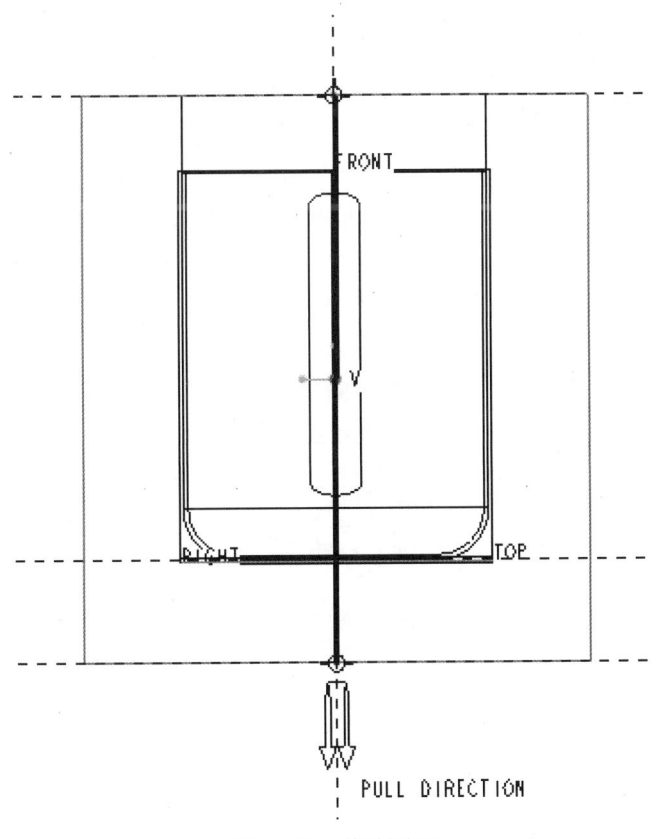

图 2-139 草绘图形

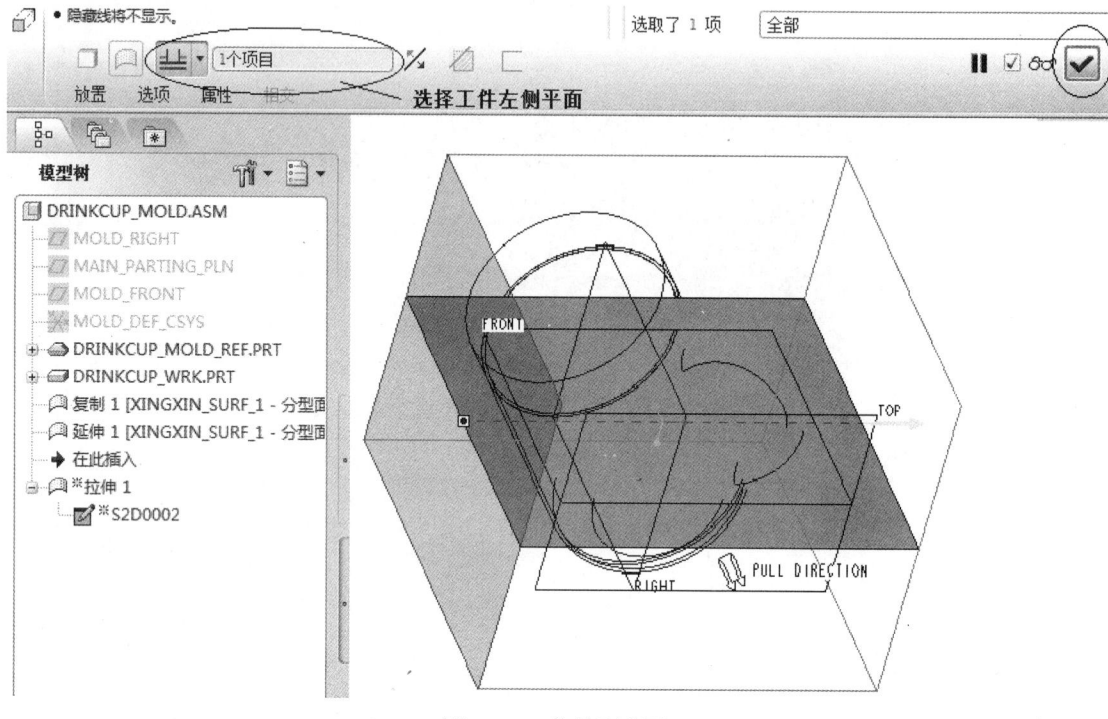

图 2-140 拉伸到曲面

（12）单击工具栏中的 ⬛（体积块分割）按钮，在菜单管理器中选择"两个体积块"→"所有工件"→"完成"命令，如图 2-141 所示，鼠标移到刚刚创建的分型面上，单击鼠标右键（也可以左键选取，但需注意选取的曲面名称），选择"在列表中拾取"选项，如图 2-142 所示，选取"XINGXIN_SURF_1"，如图 2-143 所示。在弹出的"属性"对话框中单击"着色"按钮，如图 2-144 所示，查看分割块并将其命名为"base"，如图 2-145 所示，同理命名另一个分割块"drinkcup_core_mold"，如图 2-146 所示。

图 2-141 分割选项

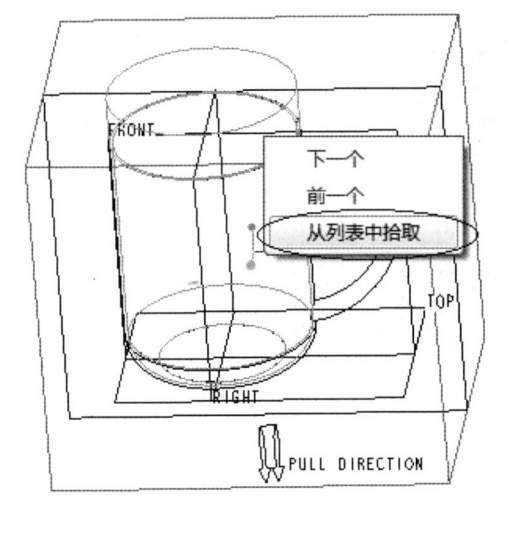

图 2-142　从列表中拾取

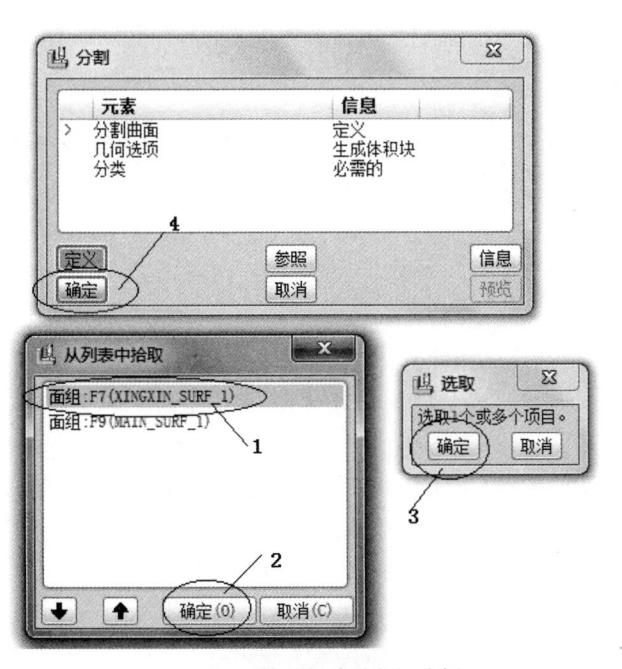

图 2-143　选取分型面进行分割

图 2-144　单击"着色"按钮

图 2-145　饮水杯分割块命名

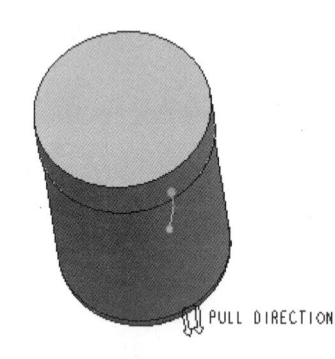

图 2-146　饮水杯型芯分割块命令

（13）单击工具栏中的 ![btn] （体积块分割）按钮，在菜单管理器中选择"两个体积块"→"模具体积块"→"完成"命令，如图 2-147 所示。在弹出的"搜索工具:1"对话框中选择"BASE"移动右边框中，如图 2-148 所示。鼠标移到绘图区，单击鼠标右键，选择"在列表中拾取"命令，如图 2-149 所示，选取"MAIN_SURF_1"，如图 2-150 所示。在弹出的"属性"对话框中单击"着色"按钮，如图 2-151 所示，查看分割块并将其命名为"drinkcup_left_mold"，如图 2-152 所示，同理命名另一个分割块"drinkcup_right_mold"，如图 2-153 所示。此时模型树上有了四个分割标识，如图 2-154 所示，完成工件分割。

图 2-147　模具体积块分割选项

58

图 2-148 选择分割模具体积块

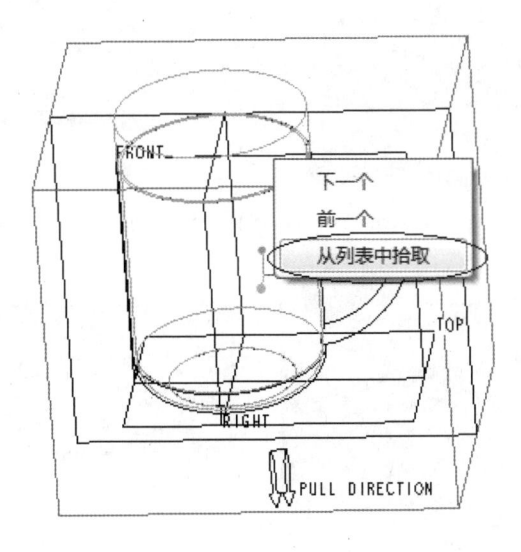

图 2-149 从列表中拾取

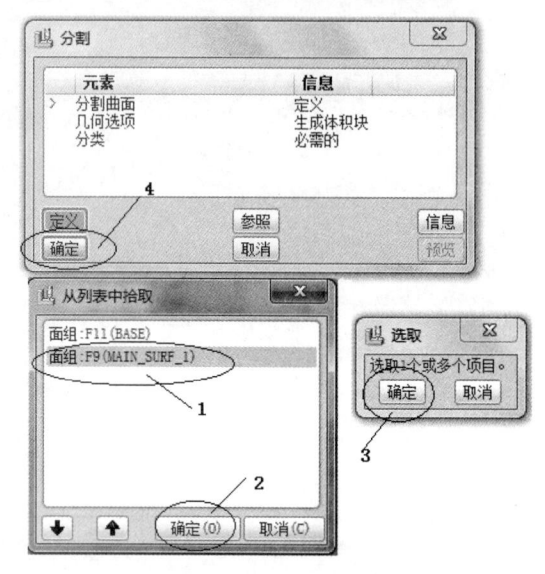

图 2-150　选取分割分型面

图 2-151　单击"着色"按钮

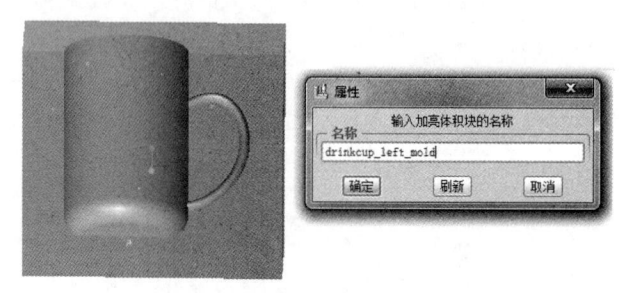

图 2-152　命名饮水杯左模分割块

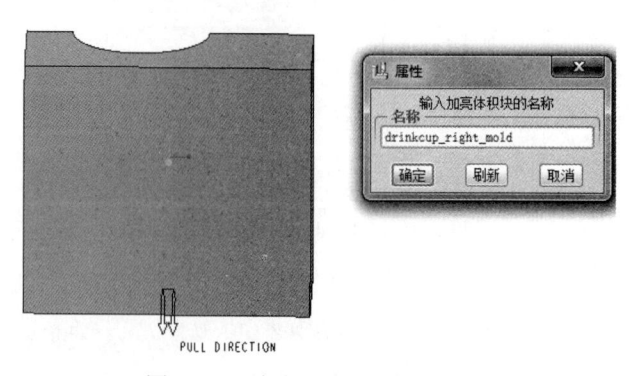

图 2-153　命名饮水杯右模分割块

单型腔模具设计 第2章

图 2-154 分割标识

（14）在菜单管理器中选择"模具元件"→"抽取"命令，在弹出的"创建模具元件"对话框中单击■（全选）按钮，然后单击"确定"按钮，在菜单管理器中单击"完成返回"命令，此时模型树中便有了三个模具元件。

（15）抽取完模具元件后，我们来创建浇注系统。在菜单管理器中选择"特征"→"型腔组件"→"实体"→"切减材料"→"旋转"→"完成"命令，如图 2-155 所示。在弹出的旋转操作面板中单击"放置"按钮，单击"定义"按钮，弹出"草绘"对话框，选择 MOLD_FRONT 作为草绘平面，以 MOLD_RIGHT 平面为参照，左方向进入草绘，如图 2-156 所示。草绘如图 2-157 所示的图形，完成效果如图 2-158 所示，完成主流道的创建。

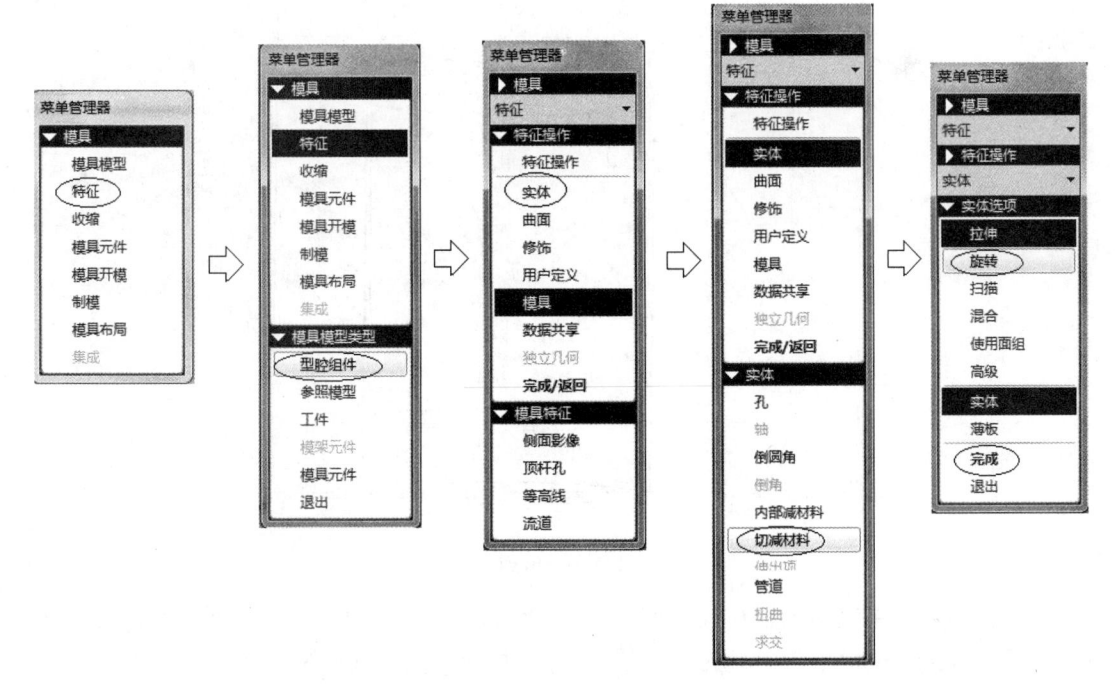

图 2-155 浇注系统创建步骤

图 2-156　浇注系统草绘平面

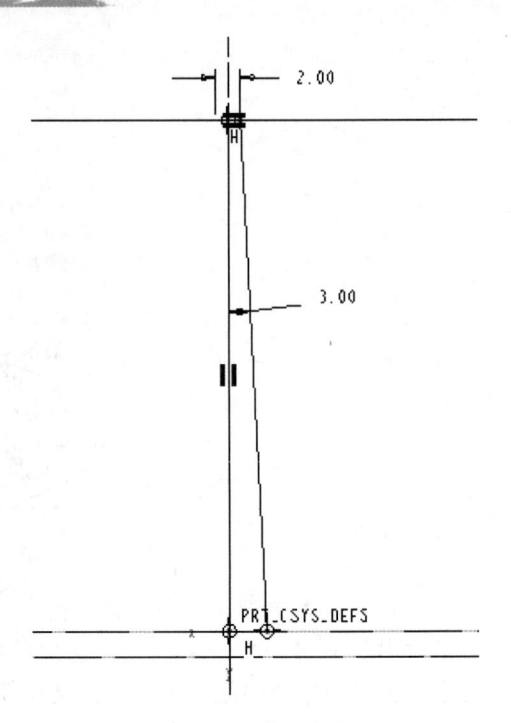

图 2-157　草绘图形

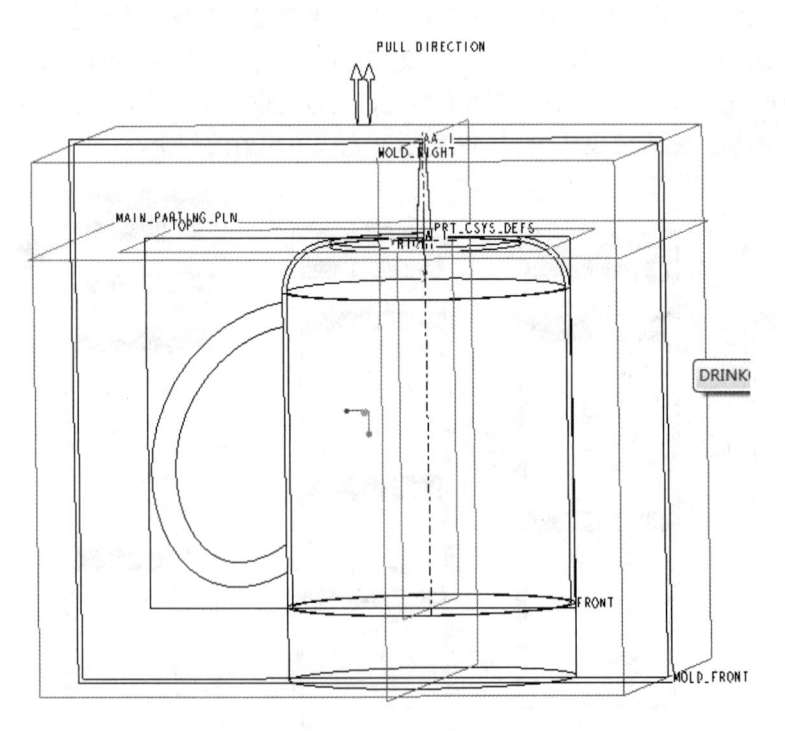

图 2-158　主流道效果

（16）在菜单管理器中选择"制模"→"创建"命令，在弹出的"输入零件名称"对话框中输入"drinkcup_molding"，单击两次 ✓ （确定）按钮，完成制模的创建。

（17）单击工具栏中的 ⬚（遮蔽/取消遮蔽）按钮，在弹出的"遮蔽—取消遮蔽"对话框中选择要遮蔽的元件，如图 2-159 所示。然后单击"分型面"按钮，选择要遮蔽的分型面，如图 2-160 所示，单击"关闭"按钮完成遮蔽操作。

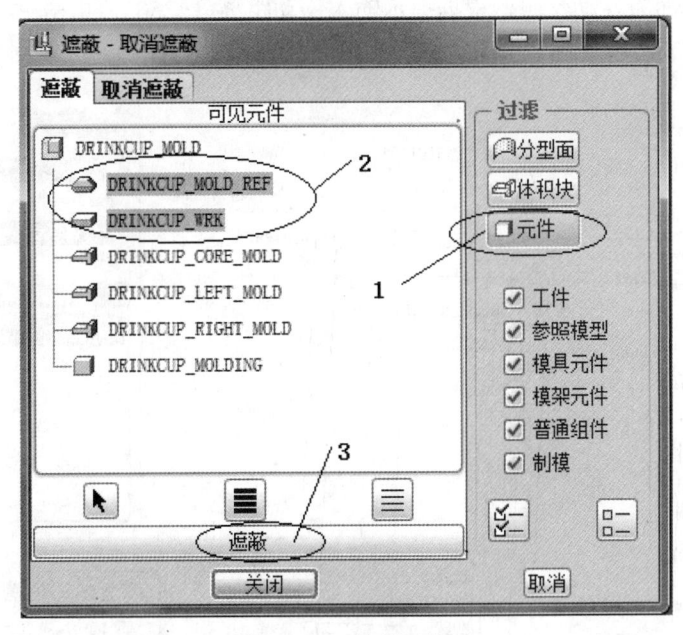

图 2-159　遮蔽元件

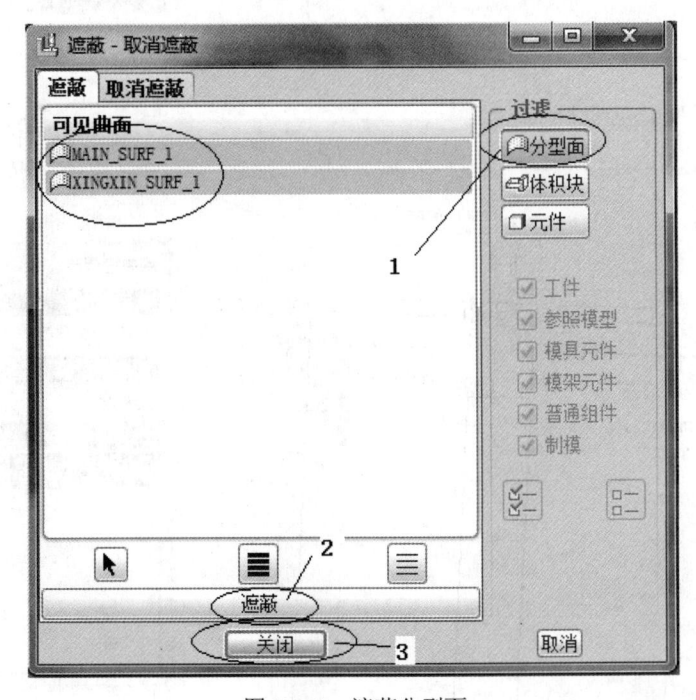

图 2-160　遮蔽分型面

（18）在菜单管理器中选择"模具开模"→"定义间距"→"定义移动"命令，选取右模，在"选取"对话框中单击"确定"按钮，如图 2-161 所示。然后选取模具左模，左表面棱线为移动参照,根据提示输入移动距离"150",单击☑(确定)按钮,如图 2-162 所示,继续选择左模进行开模,具体步骤如上模,根据提示输入移动距离"-150",如图 2-163 所示。选取模具型芯,上表面为移动参照,根据提示输入移动距离"-250",单击☑(确定)按钮,如图 2-164 所示,完成开模如图 2-165 所示,在菜单管理器中选择"完成返回"命令。

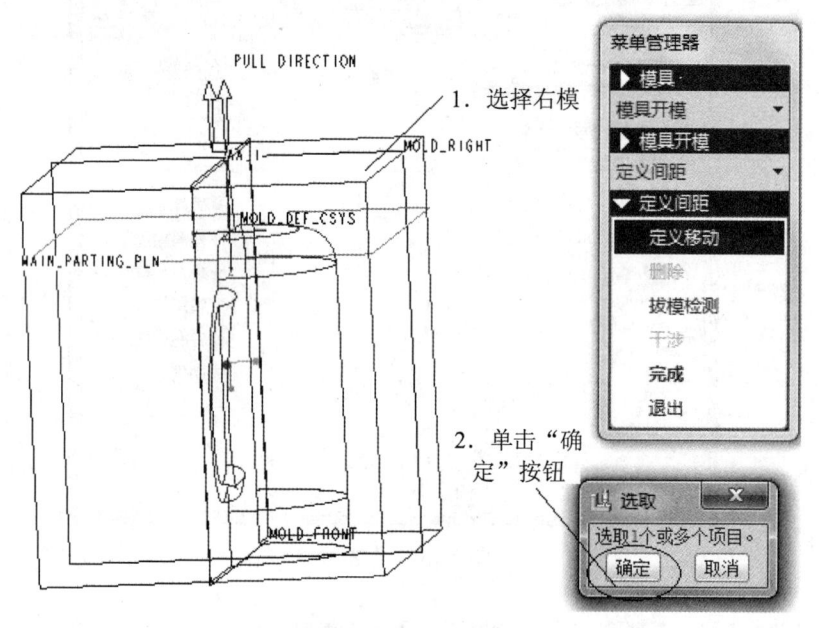

图 2-161 选取右模

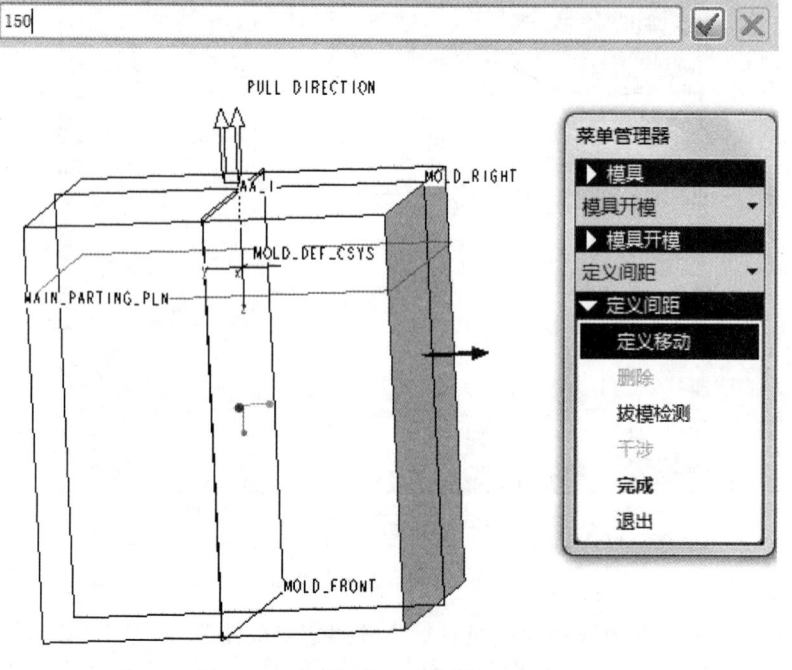

图 2-162 右模移动参照与移动距离

输入沿指定方向的位移
-150

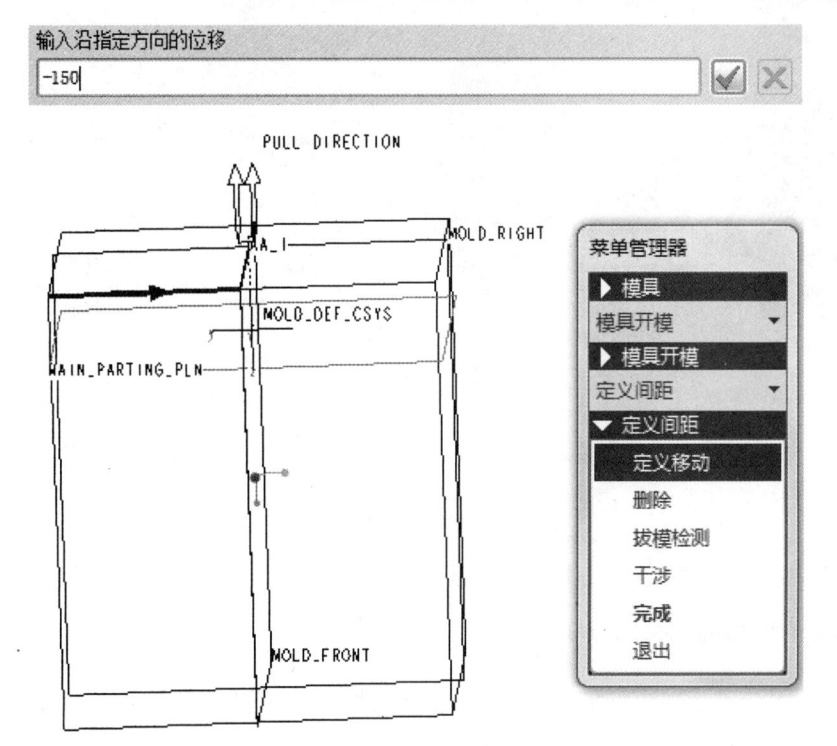

图 2-163　左模移动参照与移动距离

输入沿指定方向的位移
-250

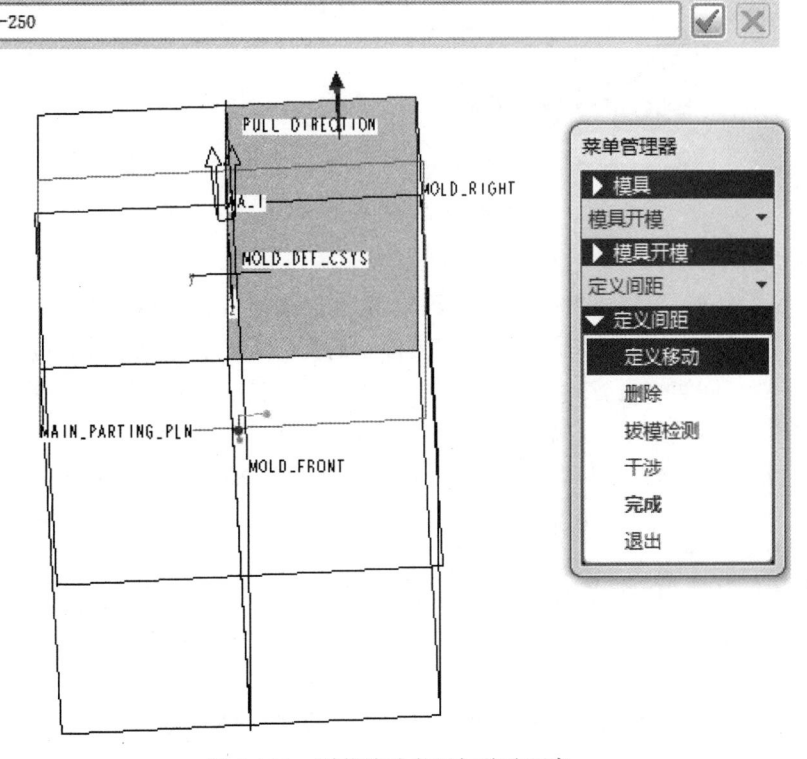

图 2-164　型芯移动参照与移动距离

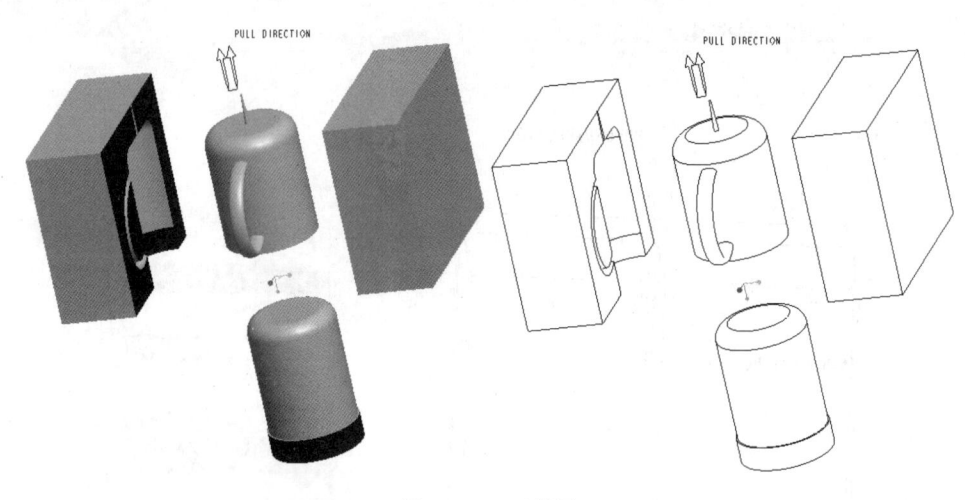

图 2-165　开模图

（19）单击工具栏中的 🖫（保存）按钮，保存文件。

2.2.2　周转箱零件侧抽芯模具设计

本节重点：多分型面创建；多分型面情况下的模具体积块分割顺序及方法；主流道创建。
周转箱零件如图 2-166 所示。

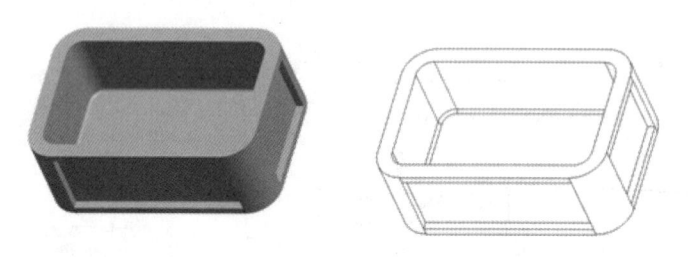

图 2-166　周转箱零件

1．零件分析

（1）分型面的建立位置如图 2-167 所示，箭头位置为模具开模位置，周转箱四侧面有凹槽不易脱模，需要侧抽芯脱模，因此周转箱内部型芯需要一个分型面分型，侧面凹槽不能与型芯同时开模，需要创建垂直方向的分型面件，因此，此副模具的分型面至少需要两个。

（2）此零件结构稍复杂，需做侧抽芯、无孔等结构，分型面的位置如图 2-167 箭头所示。此零件的分型面创建可以通过前面章节介绍的方法创建。浇注系统可以采用直浇口的形式创建。

2．零件模具设计

（1）新建文件夹用以放置模具设计的全部文件，文件夹名称为 turnover_case_mold。

（2）请将本书配套资料（可从网站下载或者自建模型）CH2\源文件 turnover_case.prt 文件复制到 turnover_case_mold 文件夹下。

（3）启动 Pro/ENGINEER 软件，在菜单栏中选择"文件"→"设置工作目录"选项，在弹出的对话框中选择"turnover_case_mold 文件夹"为要设置的工作目录。

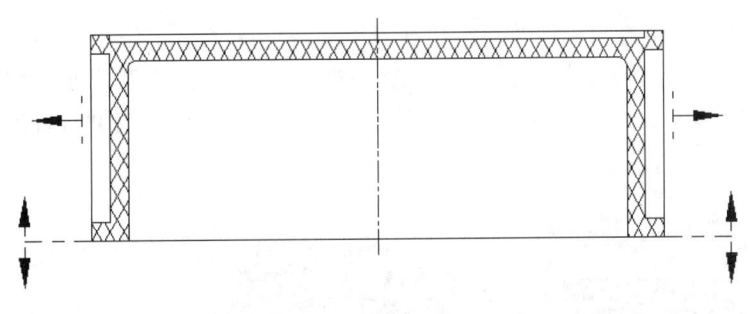

图 2-167 周转箱分型面位置

（4）单击 □（创建新对象）按钮，创建新的模具模型文件 turnover_case_mold.asm。

（5）单击菜单管理器中的"模具模型"→"装配"→"参照模型"命令，选择参照零件 turnover_case.prt，单击"打开"按钮，在弹出的装配操控面板上选择"缺省"装配，如图 2-168 所示，然后单击 ☑（接受）按钮完成参照零件装配。在随后弹出的"创建参照模型"对话框中单击"确定"按钮，在弹出的"警告"对话框中单击"确认"按钮，在"菜单管理器"中单击"完成返回"按钮完成参照模型的创建，如图 2-169 所示。

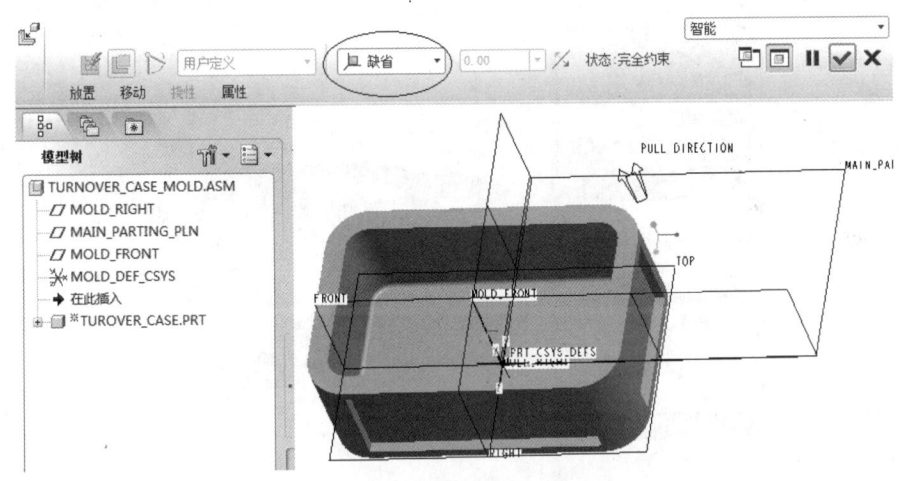

图 2-168 缺省装配参照模型

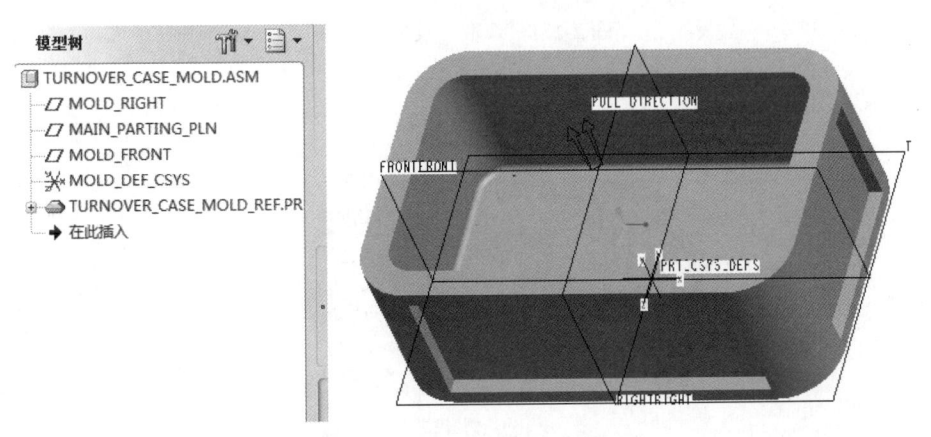

图 2-169 完成参照模型的装配

（6）调整开模拖拉方向，在菜单栏中选择"编辑"→"设置"命令，在弹出的对话框中选择"拖拉方向"命令，随后选取"TOPN_PARTING_PLN"为参照平面，如图 2-170 所示。然后选择"反向"命令，如图 2-171 所示，改变模具开模方向后，效果如图 2-172 所示。

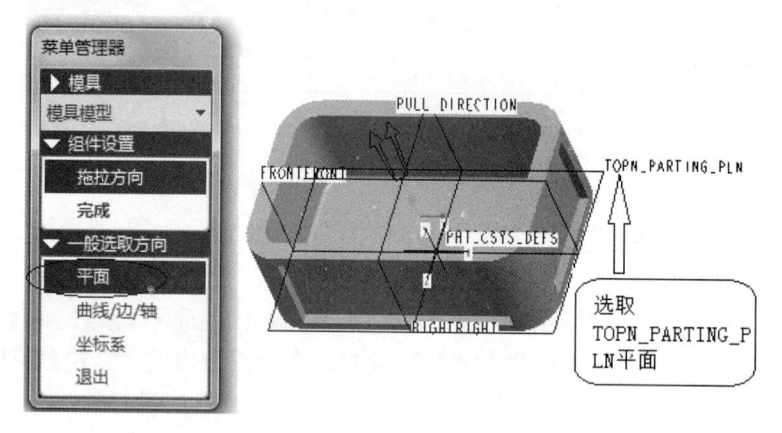

图 2-170　选择参照平面

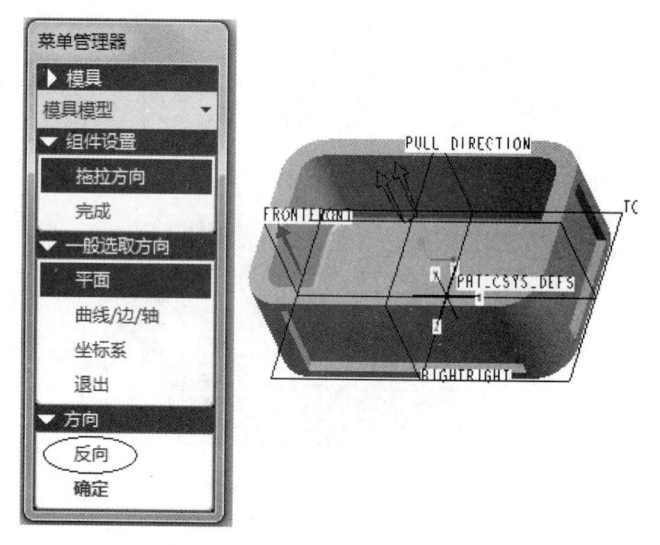

图 2-171　选取"反向"命令

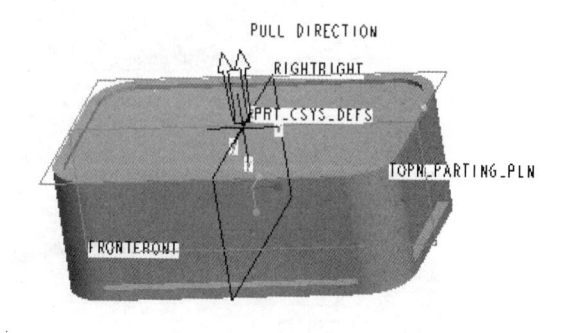

图 2-172　改变拖拉方向效果

（7）在菜单管理器中选择"模具模型"→"创建"→"工件"→"手动"命令，在弹出的"元件创建"对话框中输入工件名称"case_mold_wrk"，在"创建选项"对话框中选择"创建特征"，在随后的"菜单管理器"中选择"实体"→"伸出项"→"拉伸"→"实体"→"完成"命令，在"拉伸"操作面板中选择 （对称拉伸），在"拉伸深度"框中输入200，如图2-173所示，然后单击"放置"按钮，单击"定义"按钮。弹出"草绘"对话框，选择 MOLD_FRONT:F3 表面作为草绘平面，以 MOLD_RIGHT:F1 为"左"参照进入草绘模式，如图2-174所示。设置"MOLD_RIGHT"及"MAIN_PARTING_PLN"草绘参照，如图2-175所示。绘制如图2-176所示图形，单击拉伸工具操作栏中的 （完成）按钮，在菜单管理器中单击"完成返回"按钮。零件效果如图2-177所示。

图2-173 拉伸命令操作控面板

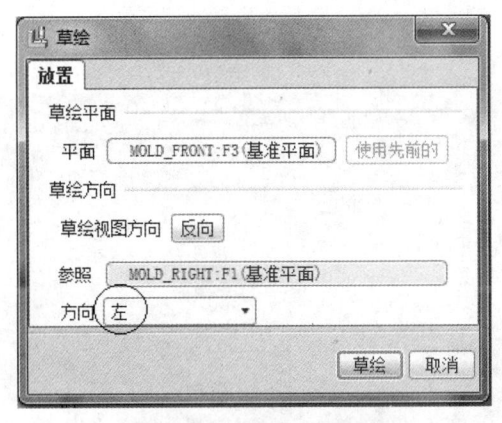

图2-174 草绘平面设置

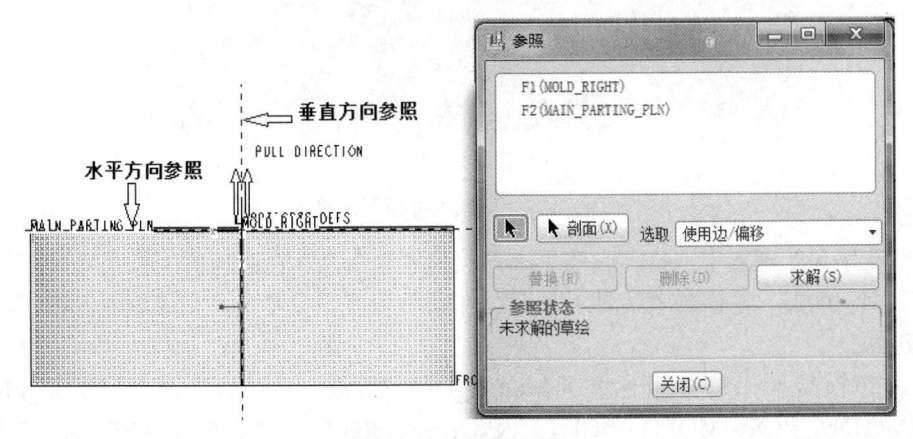

图2-175 草绘参照

图 2-176 草绘图形

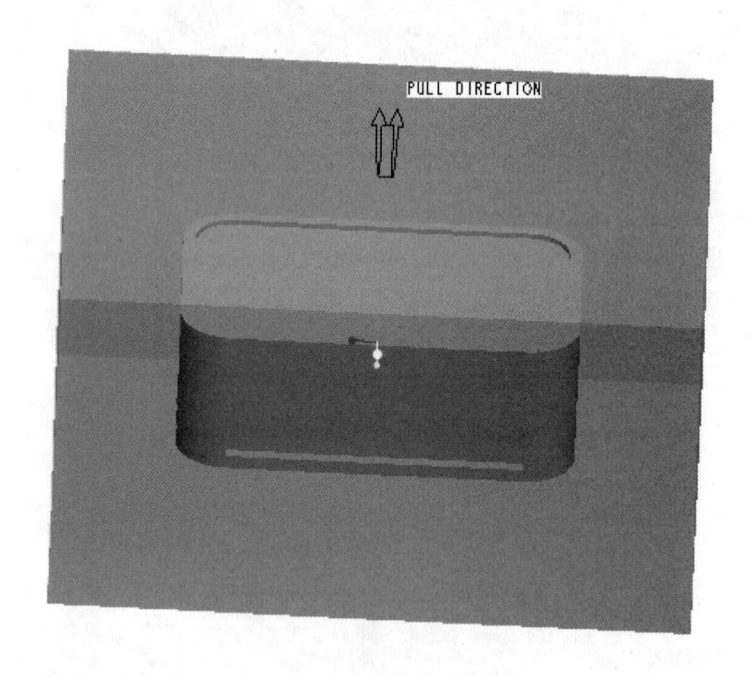

图 2-177 完成工件模型效果

（8）在菜单管理器中选择"收缩"→"按尺寸"命令，在弹出的"按尺寸收缩"对话框中输入收缩率 0.005，单击 ✓（完成）按钮。在菜单管理器中单击"完成返回"按钮，完成收缩率的设置。

（9）在模型树上选择坐标系（MOLD_DEF_CSYS）、坐标平面（MOLD_FRONT、MAIN_PARTING_PLN、MOLD_RIGHT）及 CASE_MOLD_WRK.PRT，单击鼠标右键，选择"隐藏"命令，如图 2-178 所示。

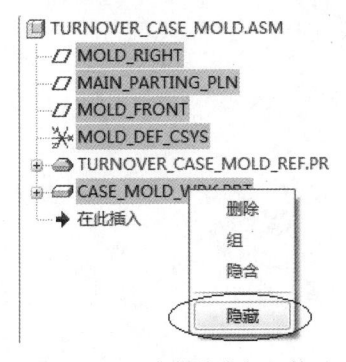

图 2-178　隐藏基准与工件

（10）单击工具栏中的 ▢（分型面）按钮，然后单击 ▤（属性）按钮，修改分型面名称为 main_SURF_1，在绘图区按住 CTRL 键选择周转箱内表面（也可以先选取箱体任意一个内表面，然后按住 SHIFT 键选取箱口平面，松开 SHIFT 键后就选取了全部内表面），如图 2-179 所示。单击工具栏中的 ▤（复制）按钮，然后单击 ▤（粘贴）按钮，在弹出的粘贴操作框中单击 ✓（完成）按钮，如图 2-180 所示。在模型树上选择 case_mold_wrk.prt，单击鼠标右键，选择"取消隐藏"命令，如图 2-181 所示。单击工具栏中的 ▤（拉伸工具）按钮，单击"放置"按钮，单击"定义"按钮，弹出"草绘"对话框，选择工件侧表面为草绘平面，如图 2-182 所示。选择参照，如图 2-183 所示，关闭"参照"对话框，进入草绘模式。绘制直线，如图 2-184 所示，单击 ✓（继续当前部分）按钮。在拉伸操控板中单击 ▤（拉伸到曲面）按钮，如图 2-185 所示，单击 ✓（完成）按钮完成拉伸平面操作。在模型树上选择刚刚创建的两个平面，如图 2-186 所示，单击工具栏中的 ▤（合并）图标，注意 MAIN_SURF_1 在上面，调整合并曲面的方向，如图 2-187 所示。单击 ✓（完成）按钮，单击工具栏中的 ✓（确定）按钮，完成分型面的创建，分型面效果如图 2-188 所示。

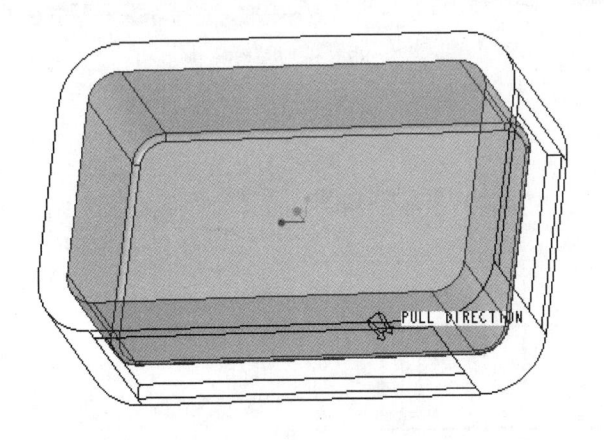

图 2-179　选取箱体内表面

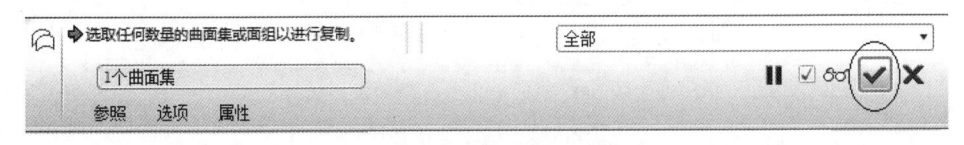

图 2-180　粘贴操作面板

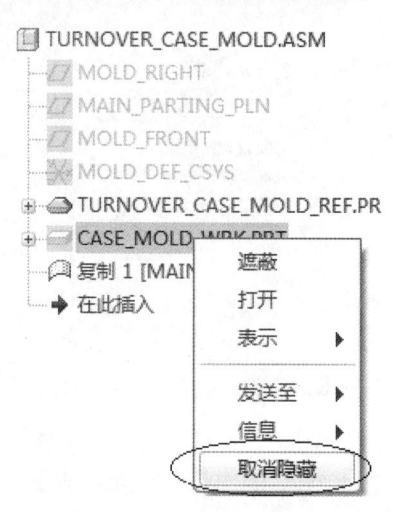

图 2-181 显示周转箱模具工件

图 2-182 选取草绘平面

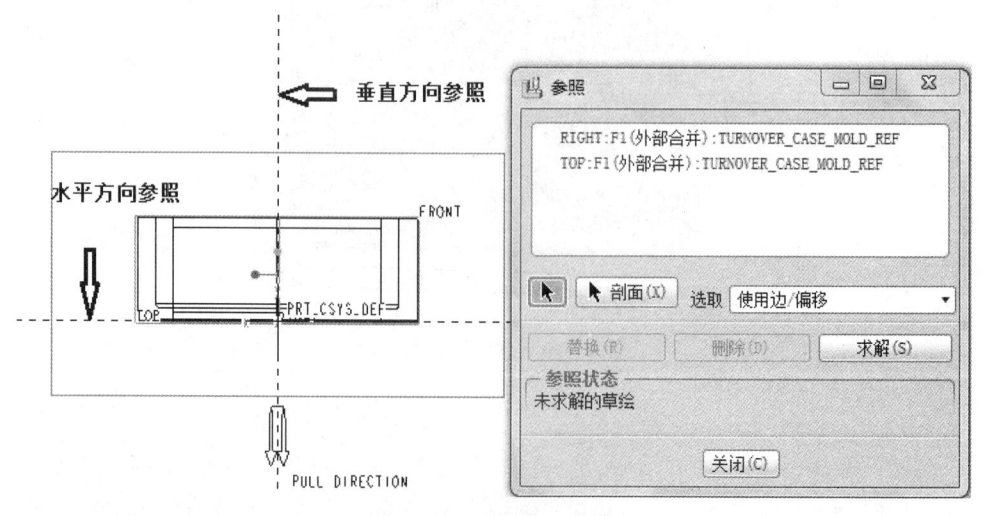

图 2-183 选取草绘参照

单型腔模具设计 第 2 章

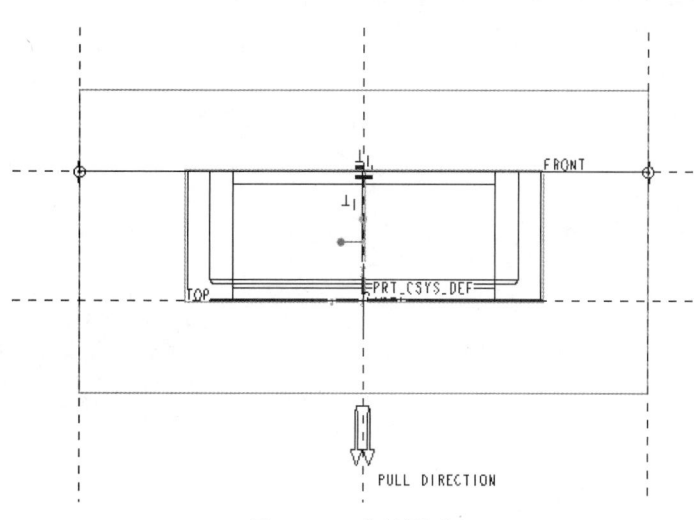

图 2-184 草绘图形

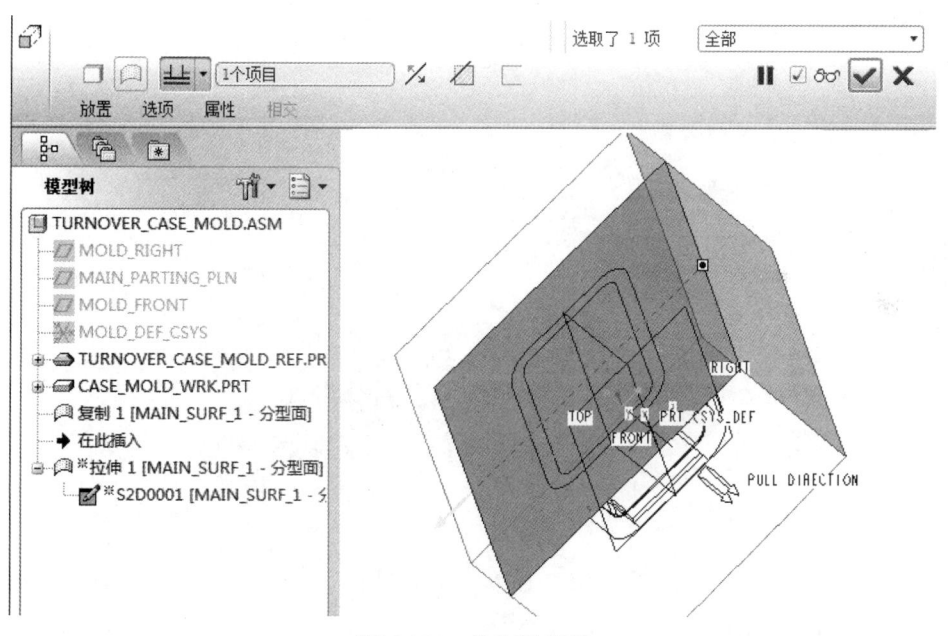

图 2-185 拉伸到曲面

图 2-186 选取合并曲面

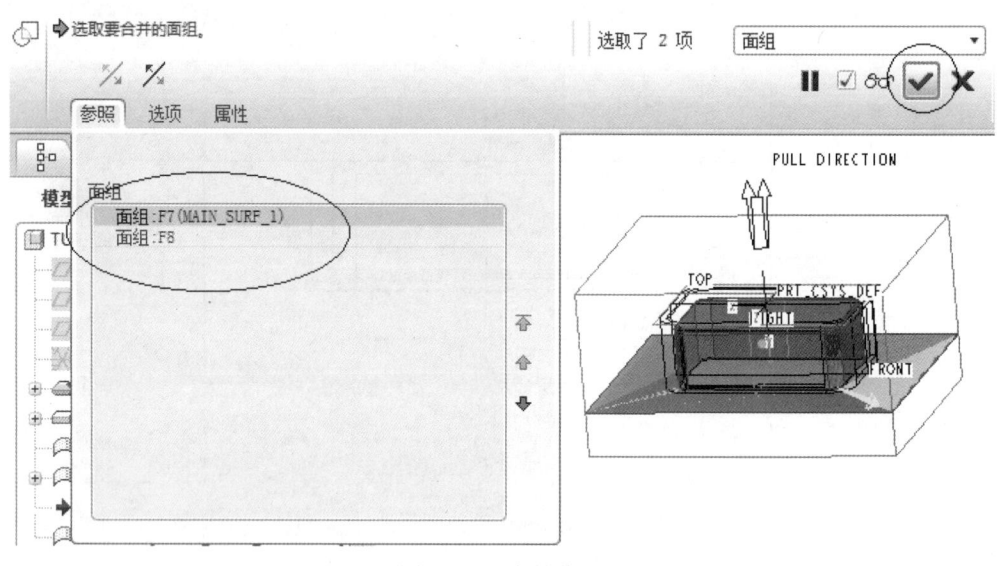

图 2-187 合并曲面

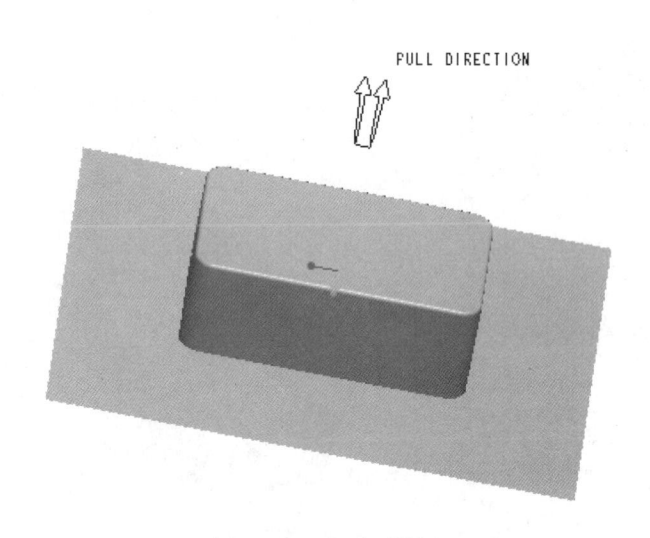

图 2-188 分型面效果

（11）单击工具栏中的 ▢（分型面）按钮，然后单击 ▣（属性）按钮，修改分型面名称为 SIDECORE_SURF_1，隐藏 CASE_MOLD_WRK.PRT，然后单击工具栏中的 ▢（拉伸工具）按钮，单击"放置"按钮，单击"定义"按钮，弹出"草绘"对话框。选择工件右侧表面为草绘平面，如图 2-189 所示。选择参照如图 2-190 所示，关闭"参照"对话框，进入草绘模式，绘制矩形，如图 2-191 所示，单击 ✓（继续当前部分）按钮。在拉伸操控板中单击 ▣（拉伸到曲面）按钮，单击"选项"按钮，选中"封闭端"复选框，单击 ▮▮（暂停）按钮，如图 2-192 所示。显示 CASE_MOLD_WRK.PRT，如图 2-193 所示。在拉伸操控面板上单击 ▶（继续）按钮，选择拉伸曲面，如图 2-194 所示，单击 ✓（完成）按钮完成拉伸曲面的创建。选取刚刚创建的拉伸曲面，如图 2-195 所示，单击工具栏中的 ▢（镜像）按钮，选取 RIGHT 平面为镜像面，如图 2-196 所示，单击 ✓（完成）按钮完成镜像操作，在工具栏中单击 ✓（完成）按钮，完成分型面的创建。

单型腔模具设计　第 2 章

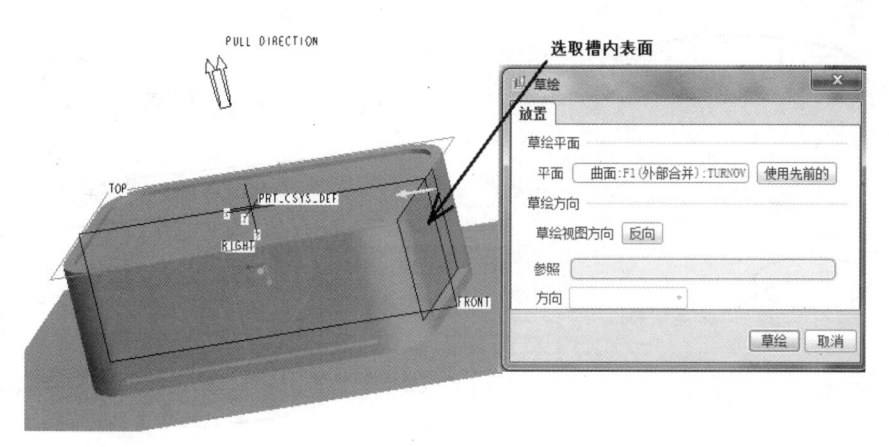

图 2-189　选取草绘平面

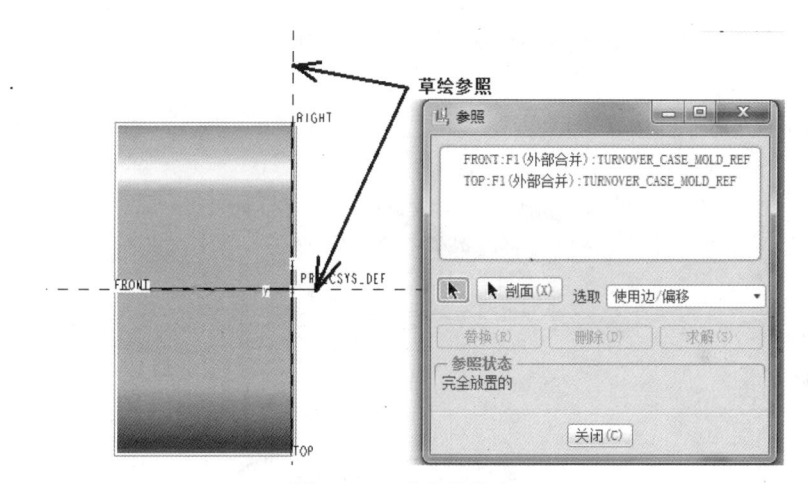

图 2-190　选取草绘参照

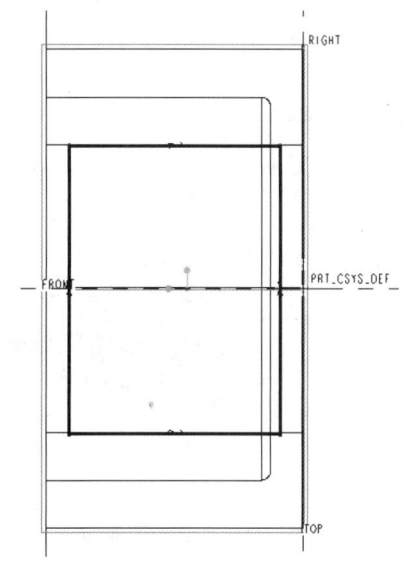

图 2-191　草绘图形

75

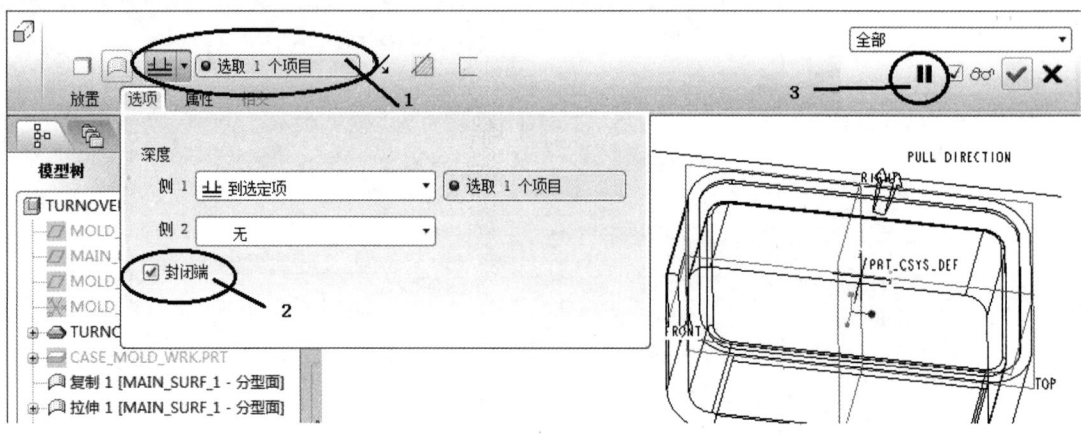

图 2-192 拉伸操控面板设置

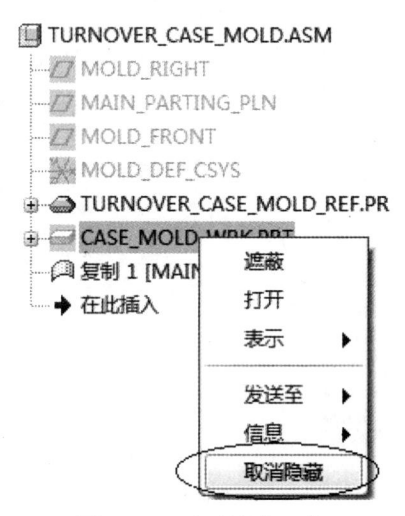

图 2-193 取消隐藏工件

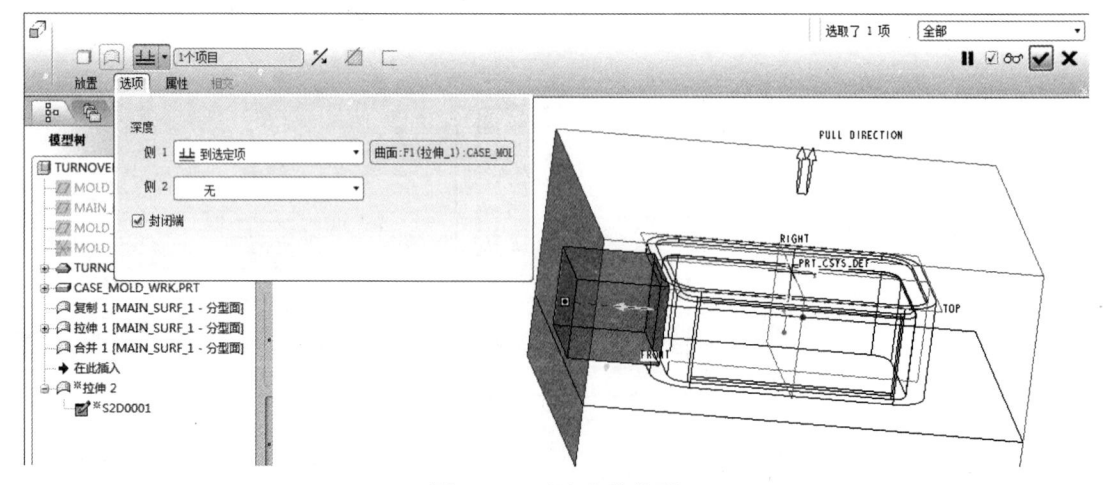

图 2-194 选取拉伸曲面

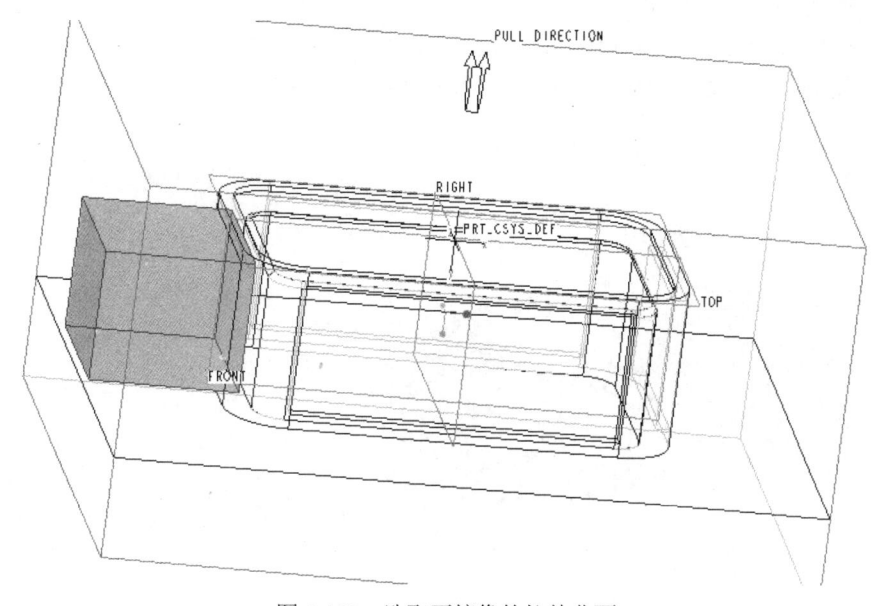

图 2-195　选取要镜像的拉伸曲面

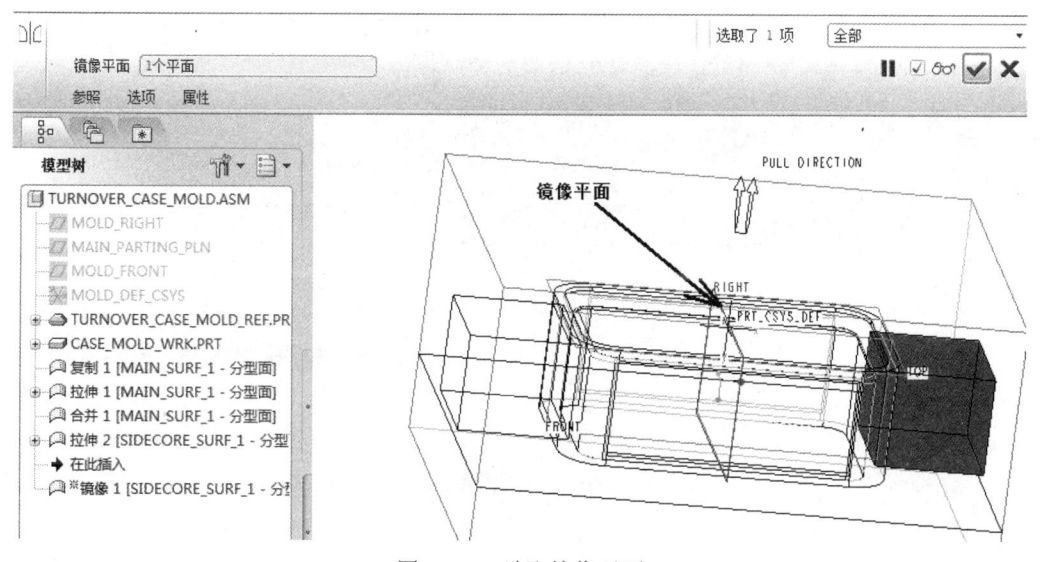

图 2-196　选取镜像平面

（12）同样的道理，我们来做另外一侧的侧抽芯分型面。单击工具栏中的 ◻（分型面）按钮，然后单击 ▤（属性）按钮，修改分型面名称为 SIDECORE_SURF_2，隐藏 CASE_MOLD_WRK.PRT。然后单击工具栏中的 ◰（拉伸工具）按钮，单击"放置"按钮，单击"定义"按钮，弹出"草绘"对话框，选择工件右侧表面为草绘平面，如图 2-197 所示。选择参照如图 2-198 所示，关闭"参照"对话框，进入草绘模式。绘制矩形，如图 2-199 所示，单击 ✔（继续当前部分）按钮。在拉伸操控板中单击 ▣（拉伸到曲面）按钮，单击"选项"按钮，选中"封闭端"复选框，单击 ⏸（暂停）按钮，如图 2-200 所示。显示 CASE_MOLD_WRK.PRT，如图 2-201 所示。在拉伸操控面板上单击 ▶（继续）按钮，选择拉伸曲面，如图 2-202 所示，单击 ✔（完成）按钮完成拉伸曲面的创建。选取刚刚创建的拉伸曲面，单击工具栏中的 ◫（镜像）按钮，选取 FRONT 平面为镜像面，如图 2-203 所示，单击☑（完成）按钮完成镜像操作。在工具栏中单击☑（完成）按钮，完成分型面的创建，如图 2-204 所示。

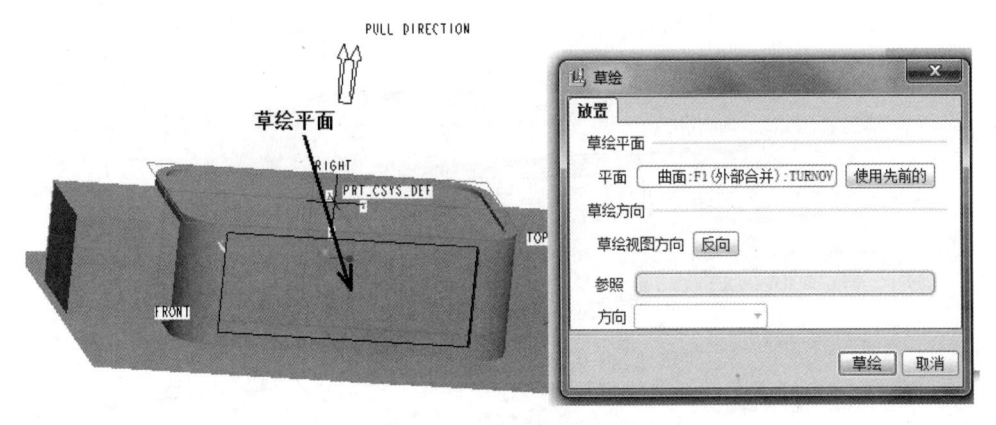

图 2-197　选取草绘平面

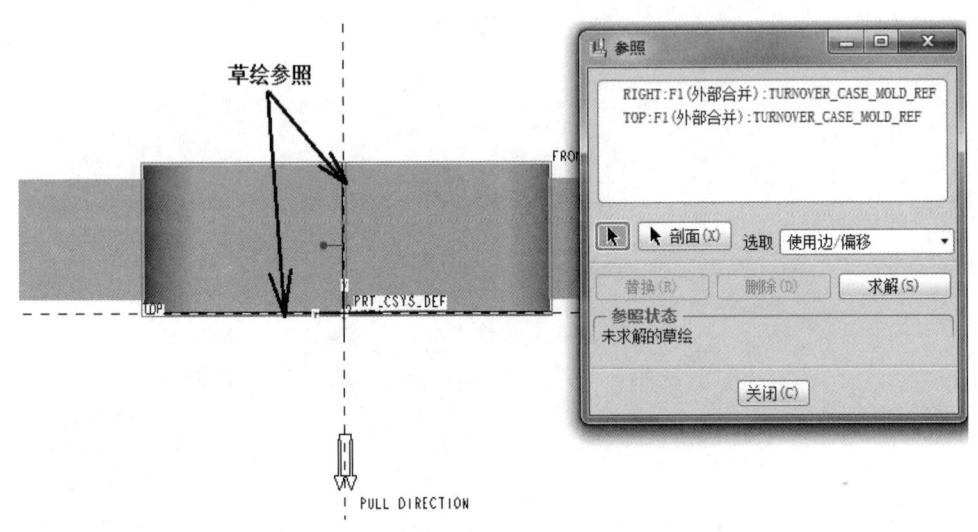

图 2-198　选取草绘参照

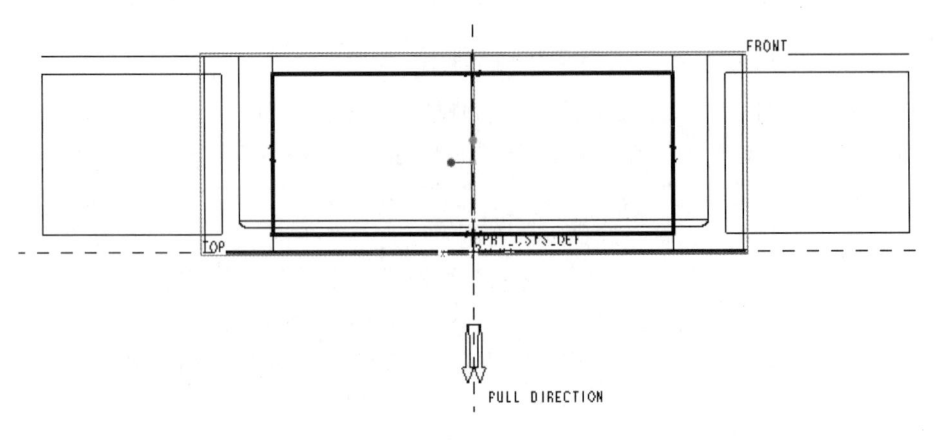

图 2-199　草绘图形

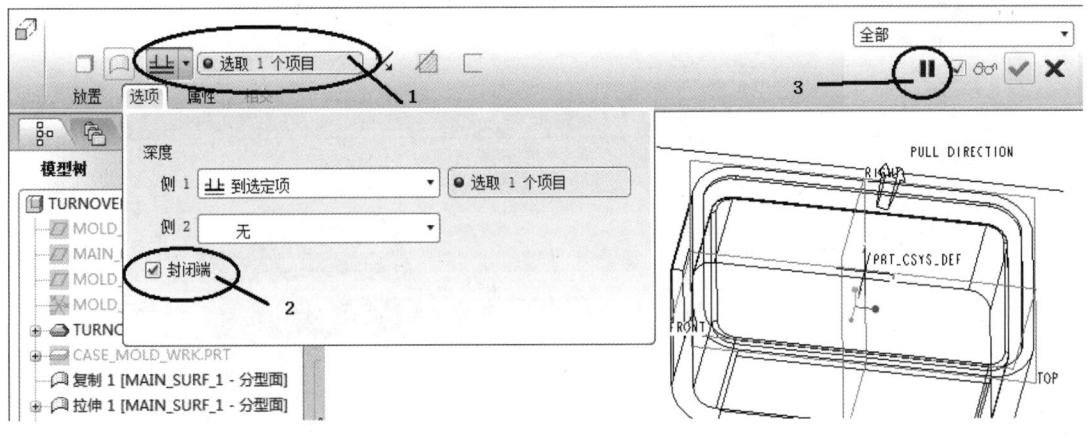

图 2-200　拉伸操控面板设置

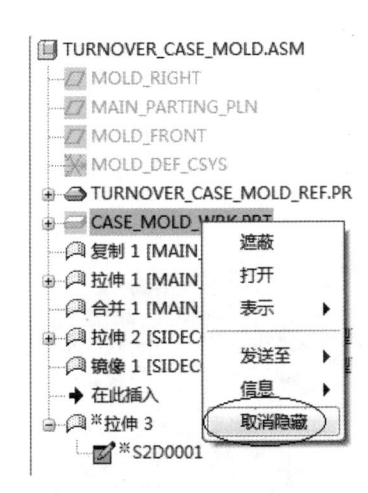

图 2-201　取消隐藏工件

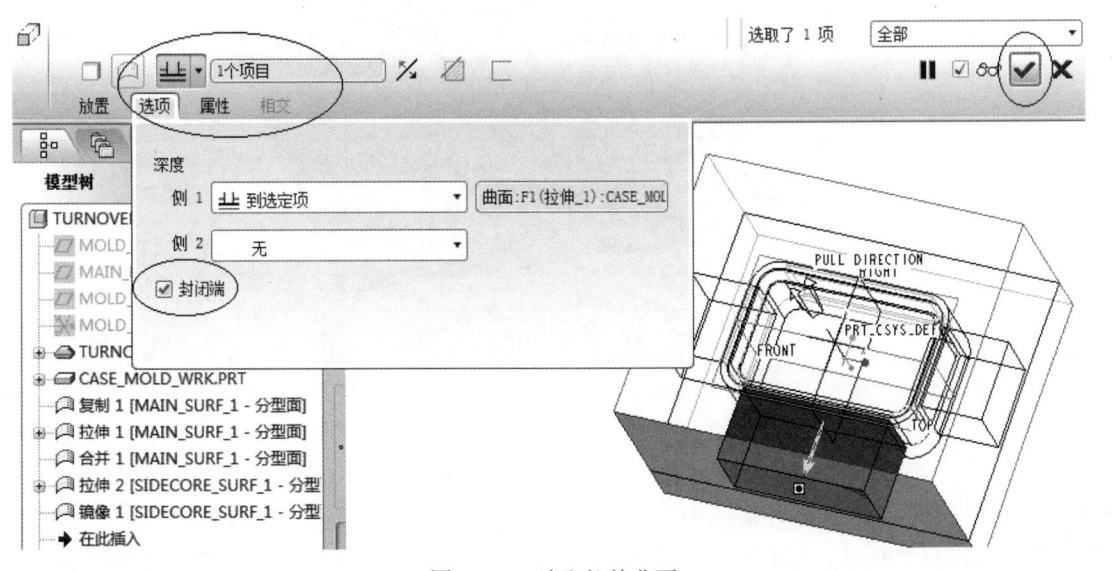

图 2-202　选取拉伸曲面

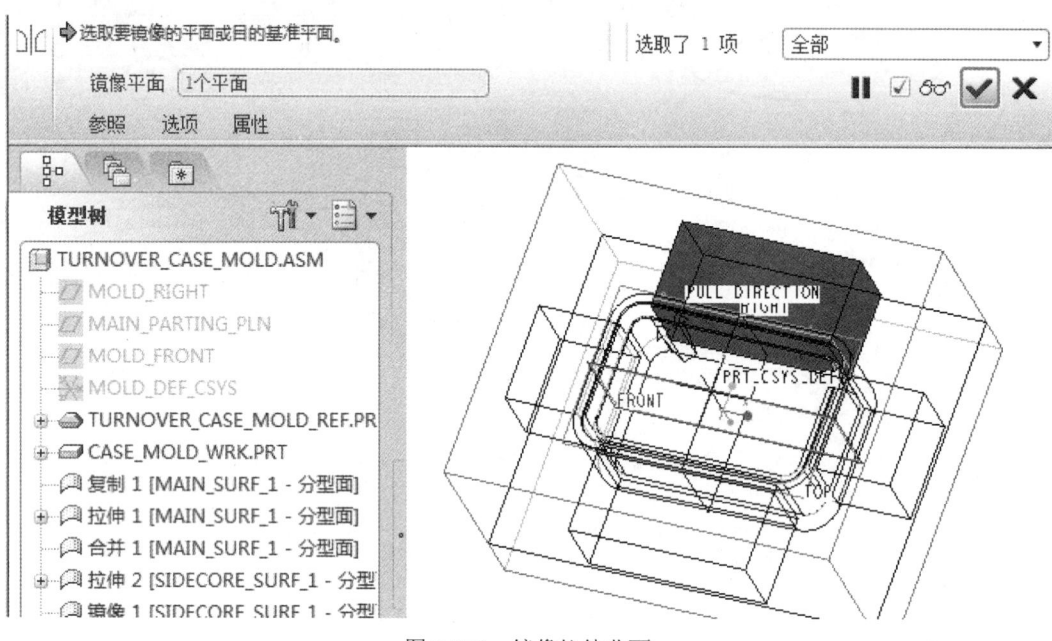

图 2-203 镜像拉伸曲面

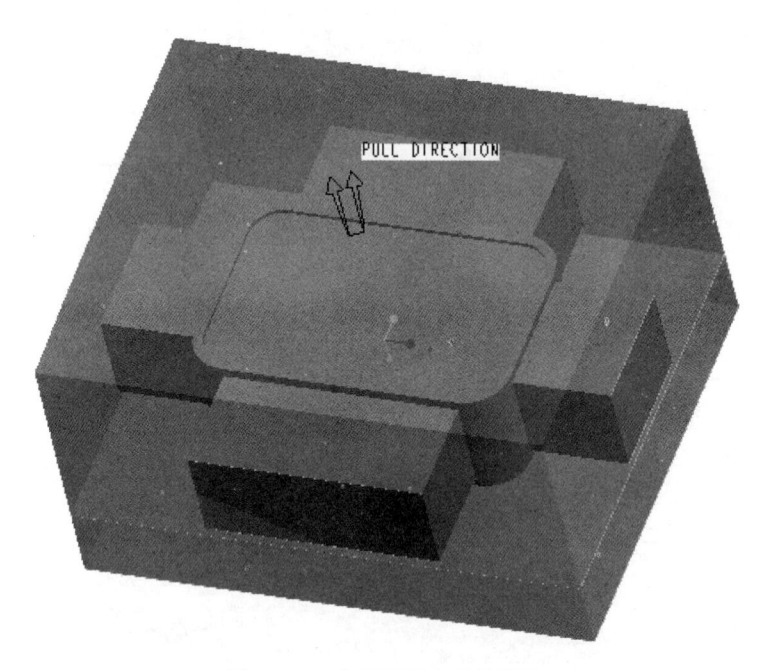

图 2-204 分型面创建完成效果

(13) 单击工具栏中的 ![] (体积块分割) 按钮，在菜单管理器中选择"两个体积块"→"所有工件"→"完成"命令，如图 2-205 所示。将鼠标移到刚刚创建的分型面上，单击鼠标右键，选择"在列表中拾取"命令，如图 2-206 所示。选取"MAIN_SURF_1"，如图 2-207 所示。在弹出的分割块属性对话框中单击"着色"按钮，查看分割块并将其命名为"CASE_CORE_MOLD"，如图 2-208 所示。同理，命名另一个分割块"BASE"，如图 2-209 所示。

80

图 2-205　分割选项

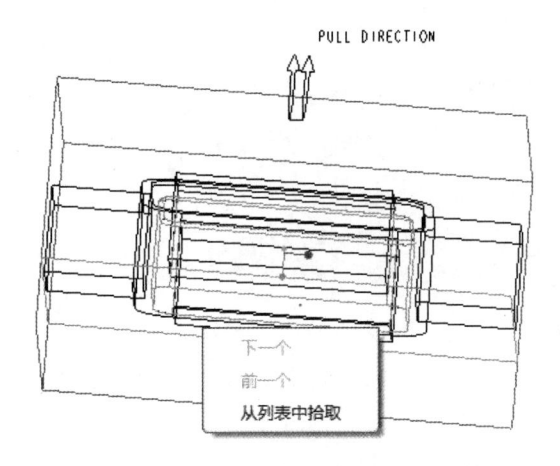

图 2-206　选择"从列表中拾取"命令

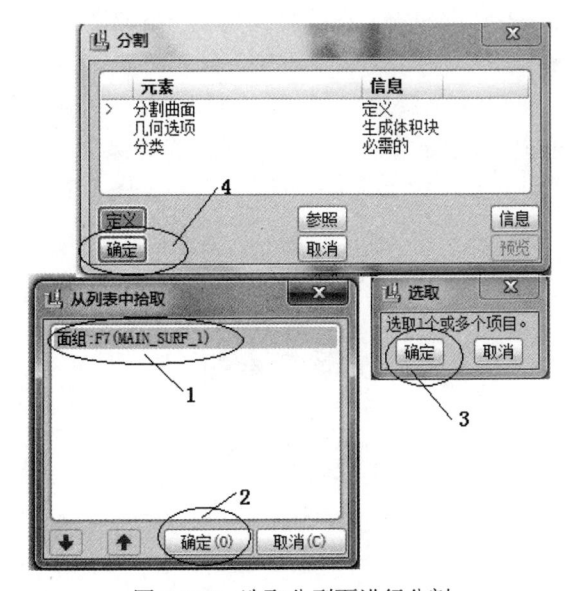

图 2-207　选取分型面进行分割

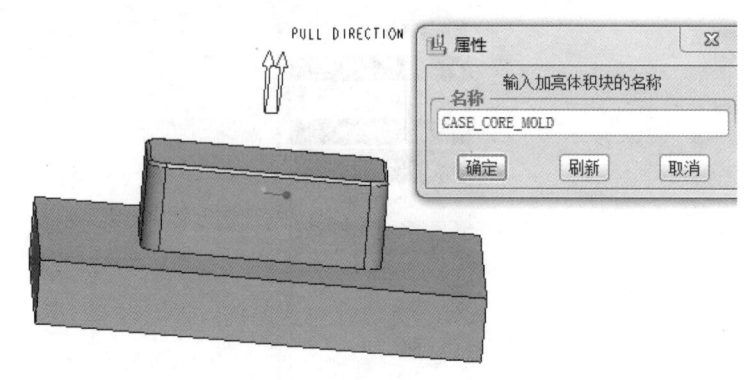

图 2-208　周转箱分割块命名

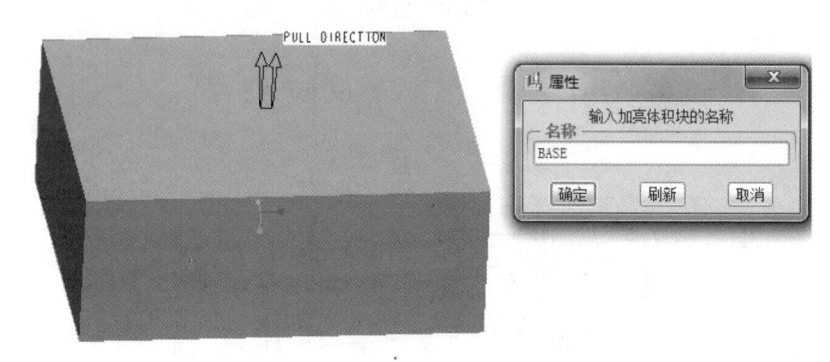

图 2-209　周转箱模具体积块命名

（14）单击工具栏中的 ⬚▸（体积块分割）按钮，在菜单管理器中选择"两个体积块"→"模具体积块"→"完成"命令，如图 2-210 所示。在弹出的"搜索工具:1"对话框中选择"BASE"移到右边框中，如图 2-211 所示。鼠标移到绘图区右边并右击，选择"在列表中拾取"命令，如图 2-212 所示。选取"面组:F11"，单击"确定"按钮，如图 2-213 所示。按住CTRL 键，鼠标移到绘图区左边并右击，选择"在列表中拾取"命令，如图 2-214 所示。选取"面组:F10（SIDECORE_SURF_1）"，单击"确定"按钮，如图 2-215 所示。在"选取"对话框中单击"确定"按钮，在弹出的"岛列表"框中选取"岛 2"与"岛 3"，如图 2-216 所示。在分割块属性对话框中单击"着色"按钮，查看分割块并将其命名为"XIAO_SIDECORE"，如图 2-217 所示。同理，命名另一个分割块"BASE_2"，如图 2-218 所示。

图 2-210　模具体积块分割选项

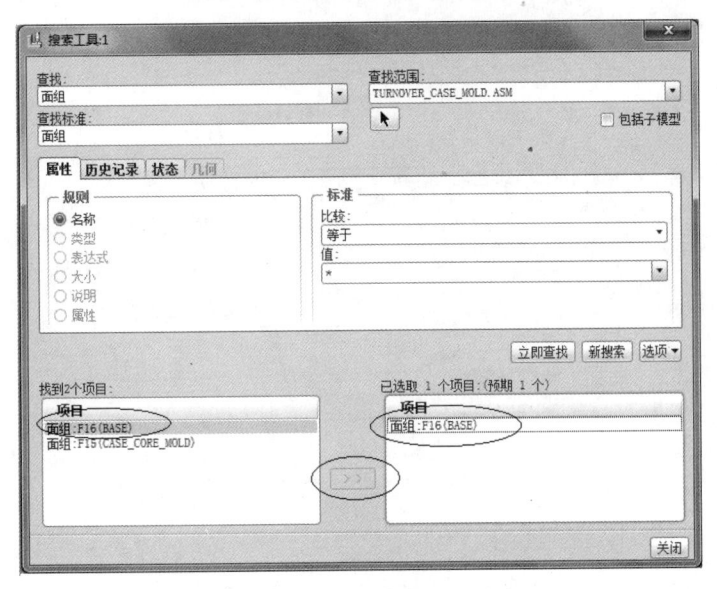

图 2-211 选择分割模具体积块

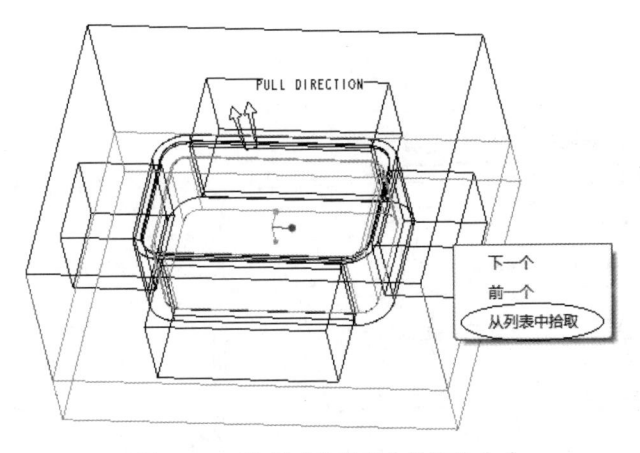

图 2-212 选择"从列表中拾取"命令

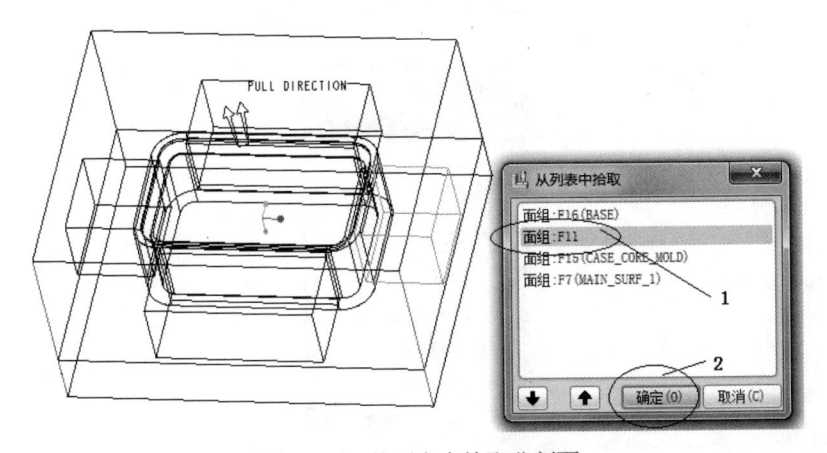

图 2-213 从列表中拾取分割面

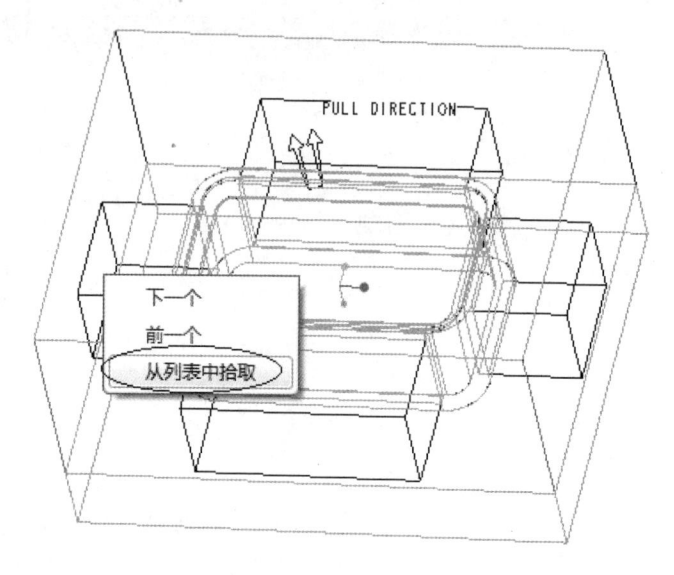

图 2-214 选择"从列表中拾取"命令

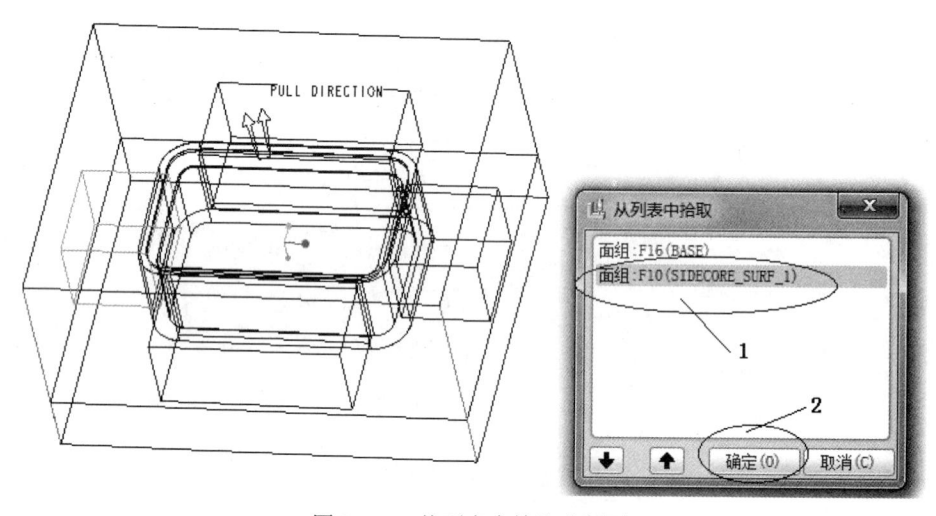

图 2-215 从列表中拾取分割面

图 2-216 "岛列表"选项

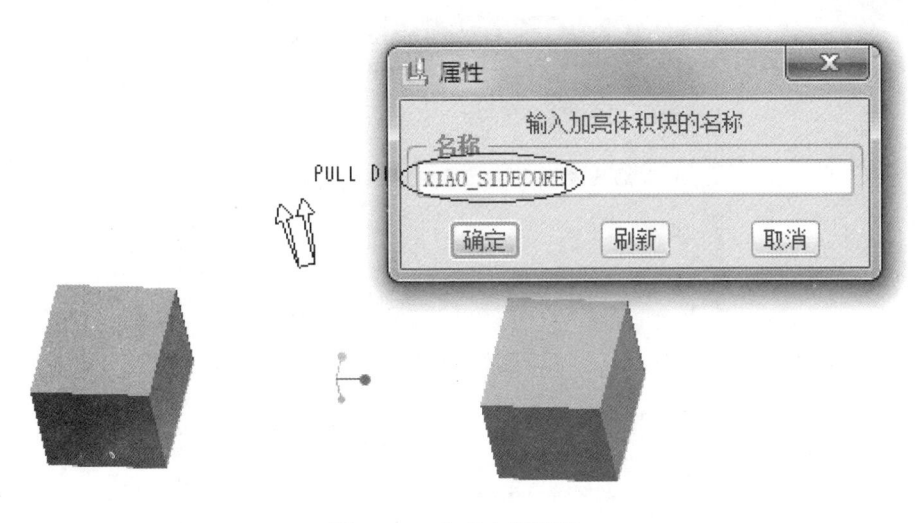

图 2-217　命名小侧型芯

图 2-218　命名体积块

（15）参考上一步操作，分割另两侧型芯。单击工具栏中的 ▣·（体积块分割）按钮，在菜单管理器中选择"两个体积块"→"模具体积块"→"完成"命令，在弹出的"搜索工具:1"对话框中选择"BASE_2"移到右边框中，如图 2-219 所示。参照上一步选取分割面，如图 2-220 和图 2-221 所示，在"选取"对话框中单击"确定"按钮，在弹出的"岛列表"框中选取"岛 2"与"岛 3"，如图 2-222 所示。在分割块属性对话框中单击"着色"按钮，查看分割块并将其命名为"BIG_SIDECORE"，如图 2-223 所示。同理，命名另一个分割块"CASE_FEMALE_MOLD"，如图 2-224 所示。

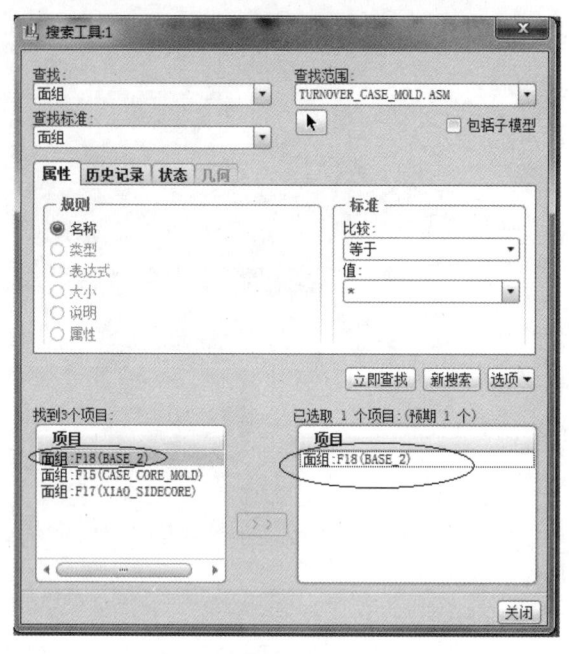

图 2-219 选择分割模具体积块

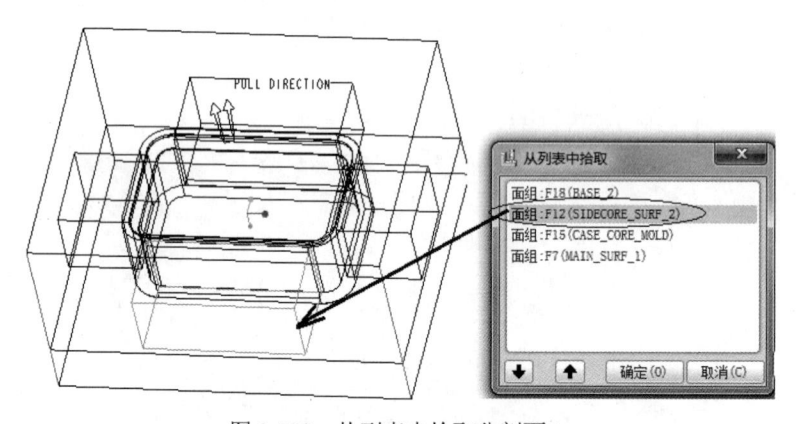

图 2-220 从列表中拾取分割面 1

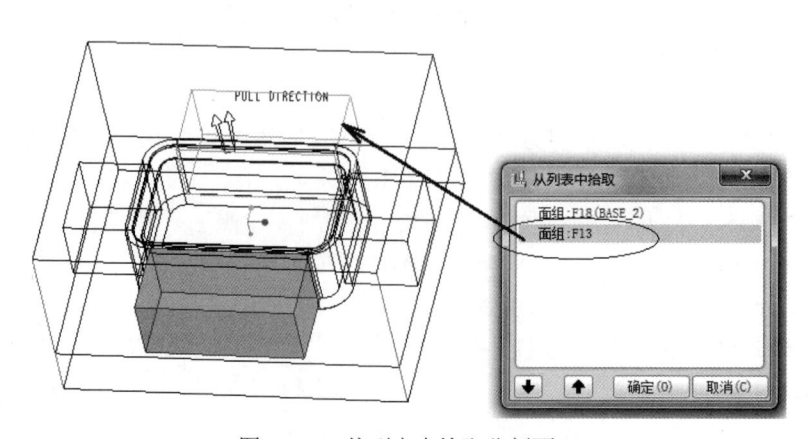

图 2-221 从列表中拾取分割面 2

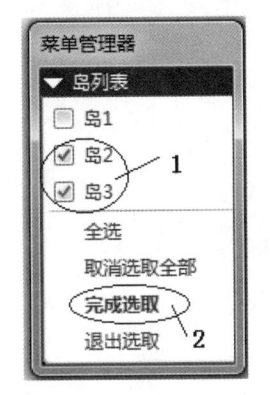

图 2-222 "岛列表"选项

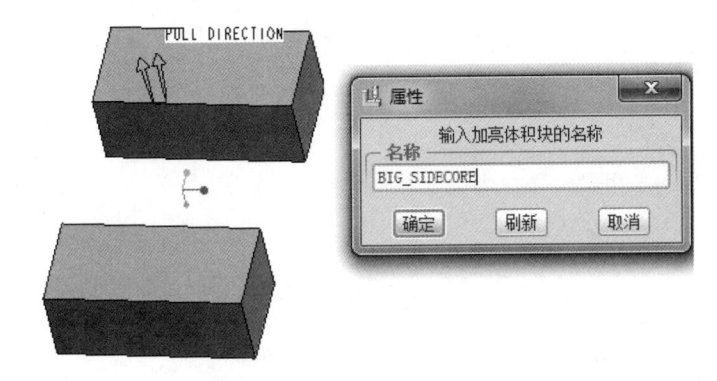

图 2-223 命名大侧型芯

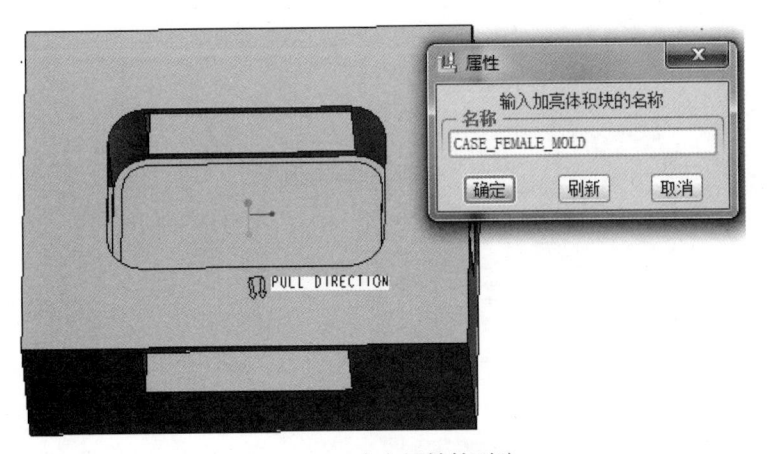

图 2-224 命名周转箱型腔

（16）在菜单管理器中选择"模具元件"→"抽取"命令，在弹出的"创建模具元件"对话框中单击 ■（全选）按钮，然后单击"确定"按钮。在菜单管理器中单击"完成返回"按钮，此时模型树中便有了四个模具元件。

（17）创建浇注系统，在菜单管理器中选择"特征"→"型腔组件"→"实体"→"切减材料"→"旋转"→"完成"命令，在弹出的旋转操作面板中，单击"放置"按钮，单击"定义"按钮，弹出"草绘"对话框。在模型树中选择 MOLD_FRONT 作为草绘平面，以

MOLD_RIGHT 平面为参照，方向左进入草绘，如图 2-225 所示。草绘如图 2-226 所示的图形，完成效果如图 2-227 所示，完成主流道的创建。

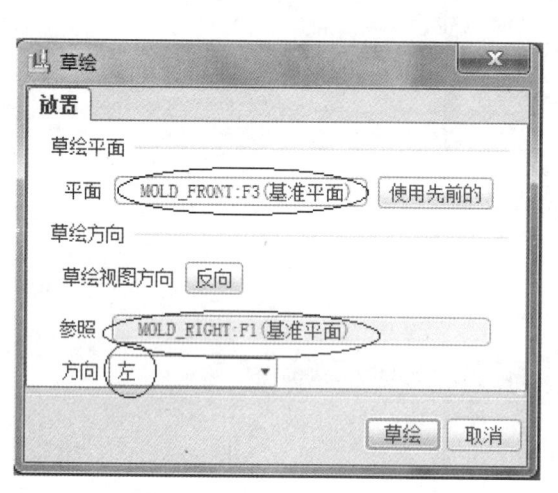

图 2-225　浇注系统草绘平面　　　　图 2-226　草绘图形

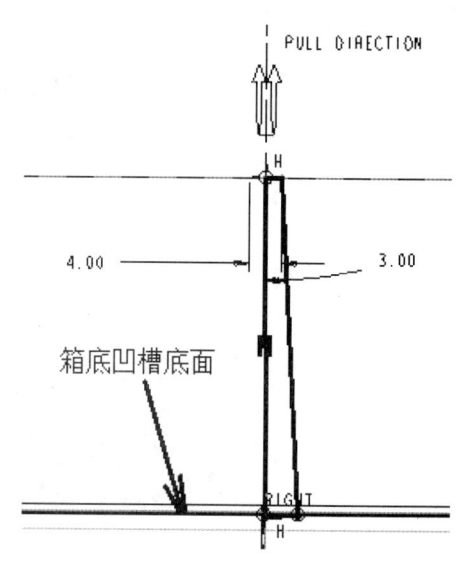

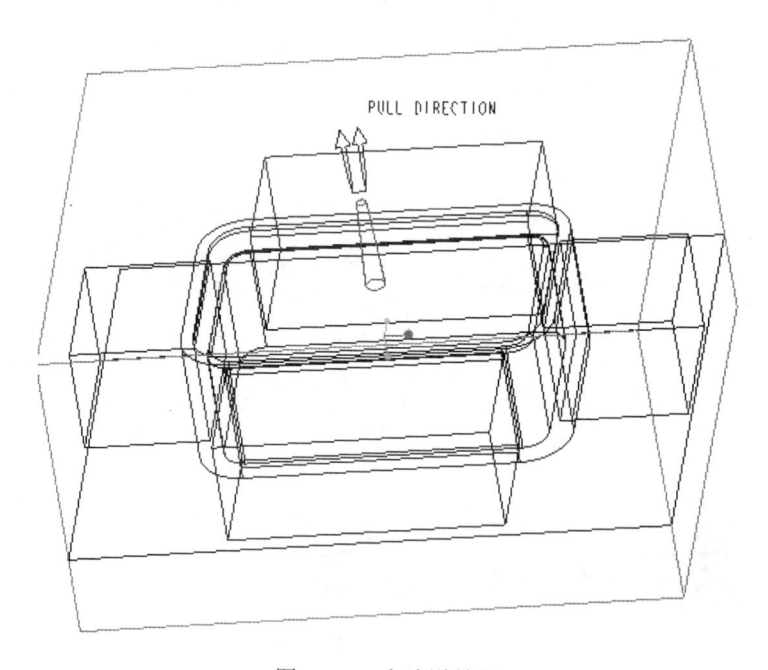

图 2-227　主流道效果

（18）在菜单管理器中选择"制模"→"创建"命令，在弹出的"零件名称"对话框中输入"TURNOVER_CASE_MOLDING"，单击两次 ✓（确定）按钮，完成制模的创建。

（19）单击工具栏中的 ❊（遮蔽/取消遮蔽）按钮，在弹出的"遮蔽—取消遮蔽"对话框中选择要遮蔽的元件，如图 2-228 所示。然后单击"分型面"，选择要遮蔽的分型面，如图 2-229 所示，单击"关闭"按钮，完成遮蔽操作。

图 2-228　选择要遮蔽的元件

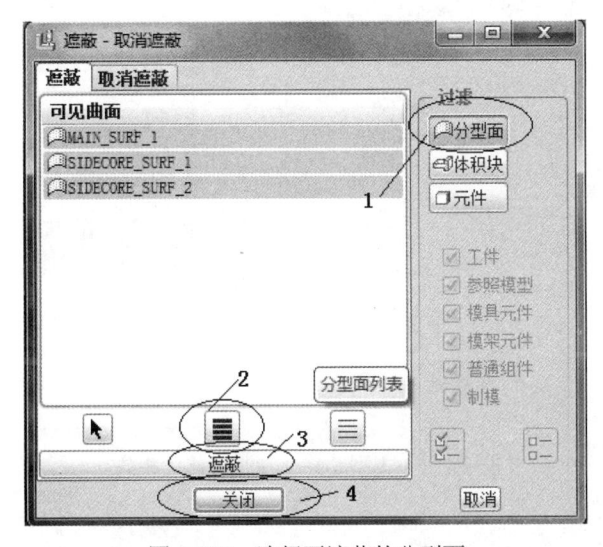

图 2-229　选择要遮蔽的分型面

（20）单击工具栏中的 （模具开模）按钮，在弹出的菜单中选择"定义间距"→"定义移动"命令，在模型树上选取"CASE_CORE_MOLD.PRT"。在"选取"对话框中单击"确定"按钮，如图 2-230 所示。选取模具上表面为移动参照，根据提示输入移动距离"-200"，单击 ✓（确定）按钮，如图 2-231 所示；在模型树上选取"CASE_FEMALE_MOLD.PRT"，在"选取"对话框中单击"确定"按钮，如图 2-232 所示。选取模具上表面为移动参照，根据提示输入移动距离"100"，单击 ✓（确定）按钮，如图 2-233 所示；在模型树上选取"TURNOVER_CASE_MOLDING.PRT"，在"选取"对话框中单击"确定"按钮，如图 2-234 所示，选取模具上表面为移动参照，根据提示输入移动距离"-100"，单击 ✓（确定）按钮，如图 2-235 所示。完成开模如图 2-236 所示，在菜单管理器中单击"完成返回"按钮（说明：此处侧抽芯是将同样的两个作为一个零件进行分割的，如果读者也想每个侧抽芯都能进行单独的开模模拟，只需将侧抽芯每处都单独做分型面，抽取为单独四个零件，独立定义开模间距即可）。

图 2-230　选取主型芯

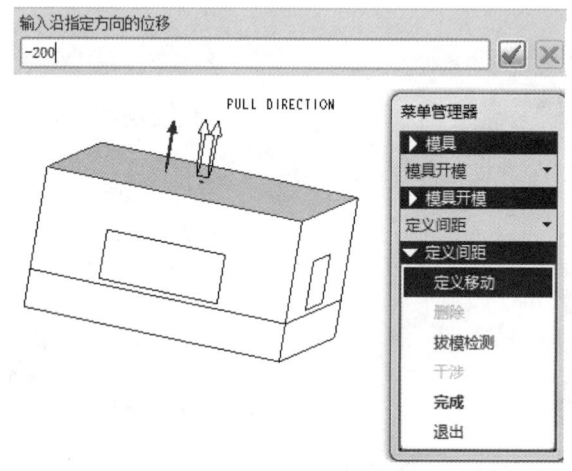

图 2-231　主型芯移动参照与移动距离

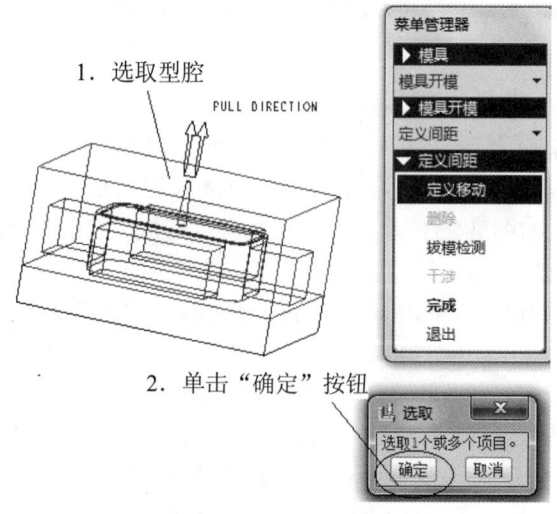

图 2-232　选取型腔零件

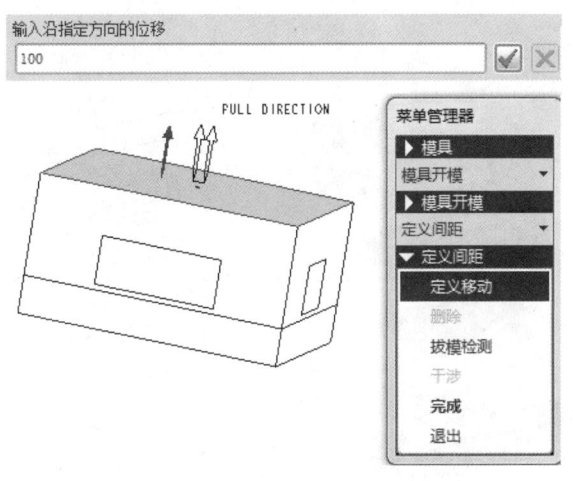

图 2-233　型腔零件移动参照与移动距离

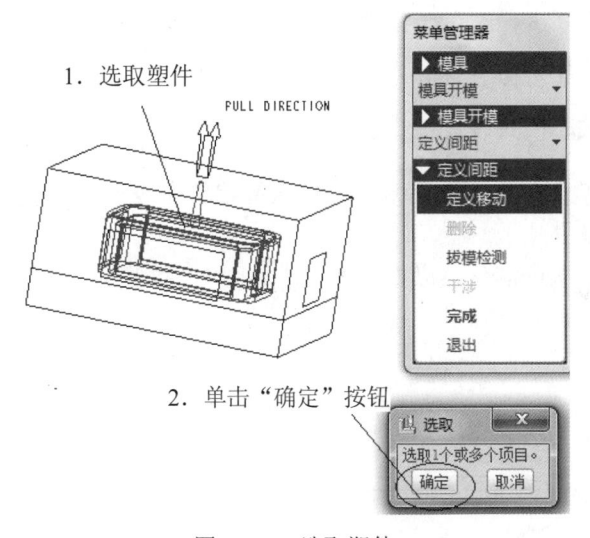

图 2-234　选取塑件

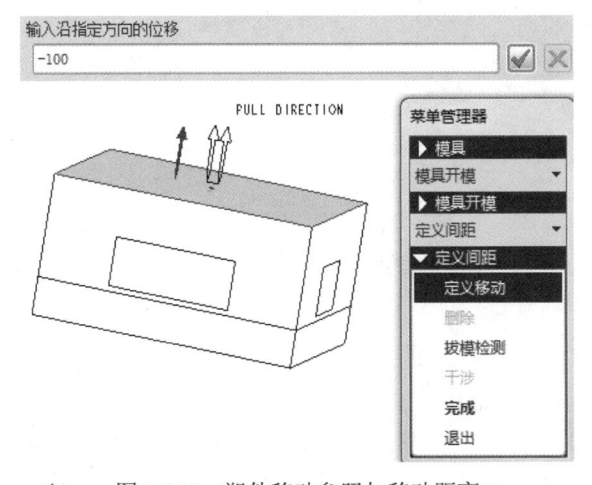

图 2-235　塑件移动参照与移动距离

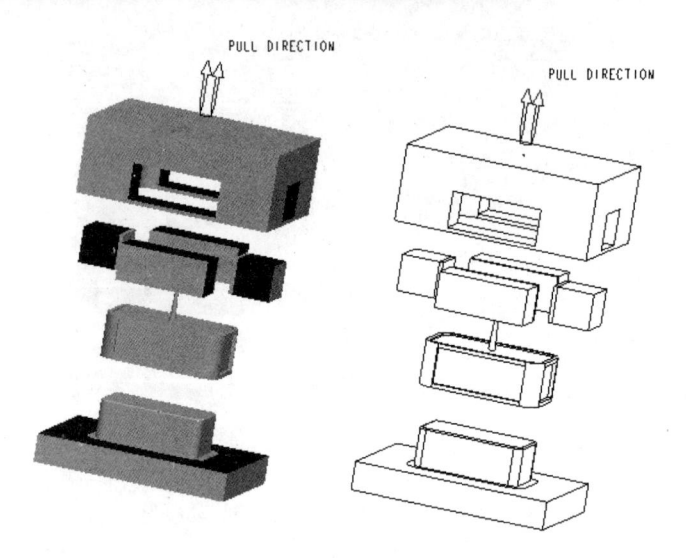

图 2-236　开模图

（21）单击工具栏中的 🖫（保存）按钮，保存文件。

2.2.3　底盖零件斜顶抽芯模具设计

本节重点：多分型面创建；曲面复制、镜像等编辑命令创建分型面；多分型面情况下的模具体积块分割顺序及方法。

底盖零件的零件结构已简化，以方便教学，如图 2-237 所示。

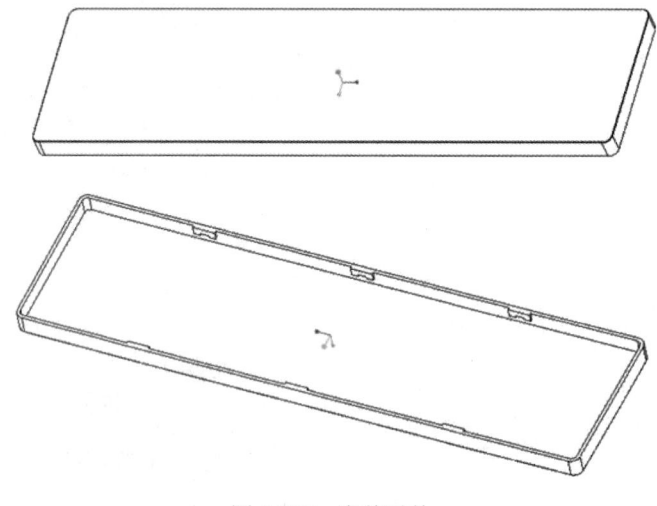

图 2-237　底盖零件

1. 零件分析

（1）分型面的建立位置如图 2-238 所示，箭头位置为模具开模位置，此零件内腔有凸台、凹槽，不易强制脱模，需要内抽芯脱模，因此底盖内部六个凸台凹槽处需要做六个斜顶分型。因此，此副模具的分型面应有水平位置主分型面及六个凸台凹槽处的侧分型面，另外这个底盖零件为 PC 料，它的收缩率与前面几个有所不同，具体详见设计流程。

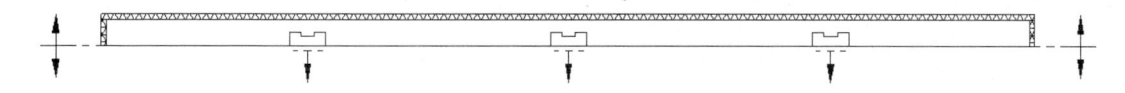

图 2-238 底盖零件分型面位置

（2）此零件结构稍复杂，需做斜顶，无孔等结构，分型面的位置如图 2-238 箭头所示。此零件的分型面可以通过前面章节介绍的方法创建。此处不进行浇注系统的创建分析，读者可以尝试直浇口、侧浇口或其他形式浇口的创建。

2．零件模具设计

（1）新建文件夹"lower_mold"，用以放置模具设计的全部文件。

（2）请将本书配套资料（可从网站下载或者自建模型）CH2\源文件 lower.prt 文件复制到 lower_mold 文件夹下。

（3）启动 Pro/ENGINEER 软件，在菜单栏中选择"文件"→"设置工作目录"命令，在弹出的对话框中选择"lower_mold 文件夹"为要设置的工作目录。

（4）单击 □（创建新对象）按钮，打开"新建"对话框，创建模具模型文件 lower_mold.asm。

（5）单击菜单管理器中的"模具模型"→"装配"→"参照模型"命令，选择参照零件 lower.prt，单击"打开"按钮，在弹出的装配操控面板上选择"缺省"装配，如图 2-239 所示。然后单击 ✓（接受）按钮，完成参照零件装配。在随后弹出的"创建参照模型"对话框中单击"确定"按钮，在"警告"对话框中单击"确认"按钮，在"菜单管理器"中单击"完成返回"按钮，完成参照模型的创建。

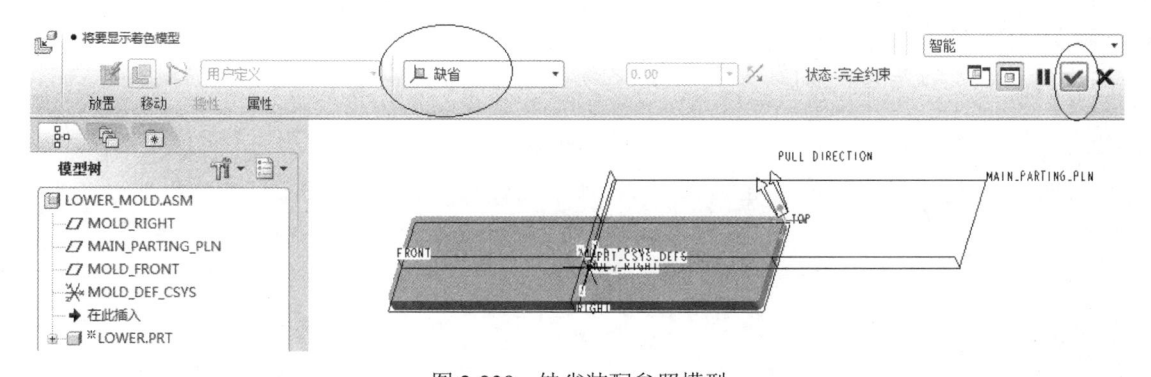

图 2-239 缺省装配参照模型

（6）在菜单管理器中选择"模具模型"→"创建"→"工件"→"手动"命令，在弹出的"元件创建"对话框中输入工件名称"lower_mold_wrk"，如图 2-240 所示。在"创建选项"对话框中选择"创建特征"，在随后的"菜单管理器"中选择"实体"→"伸出项"→"拉伸"→"实体"→"完成"命令，在拉伸操作面板中选择 □·（对称拉伸）选项，在拉伸深度中输入 140，如图 2-241 所示，然后单击"放置"按钮，单击"定义"按钮，弹出"草绘"对话框。选择 MOLD_FRONT 表面作为草绘平面，以 MOLD_RIGHT 为"右"参照进入草绘模式，如图 2-242 所示。设置"MOLD_RIGHT"及"MAIN_PARTING_PLN"草绘参照，如图 2-243 所示，绘制如图 2-144 所示图形。单击拉伸工具操作栏中的 ✓（完成）按钮，在菜单管理器中选择"完成返回"命令，零件效果如图 2-245 所示。

图 2-240　底盖模具工件名称

图 2-241　拉伸命令操作控面板

图 2-242　草绘平面设置

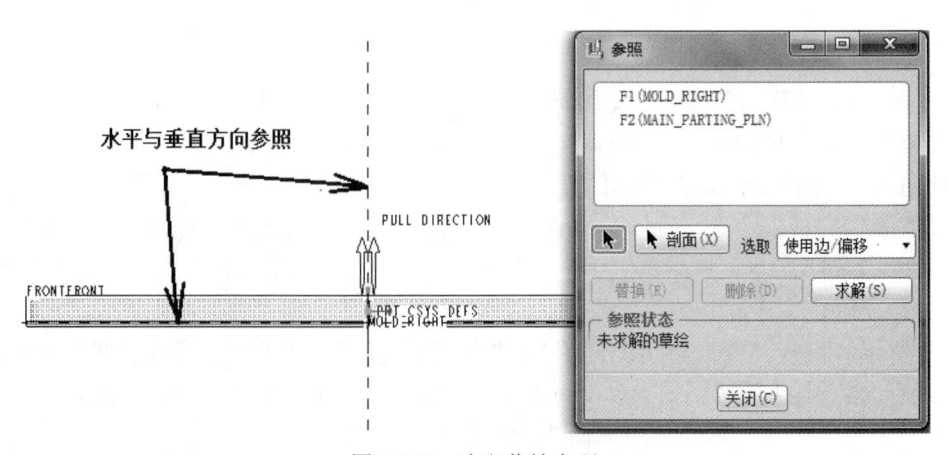

图 2-243　选取草绘参照

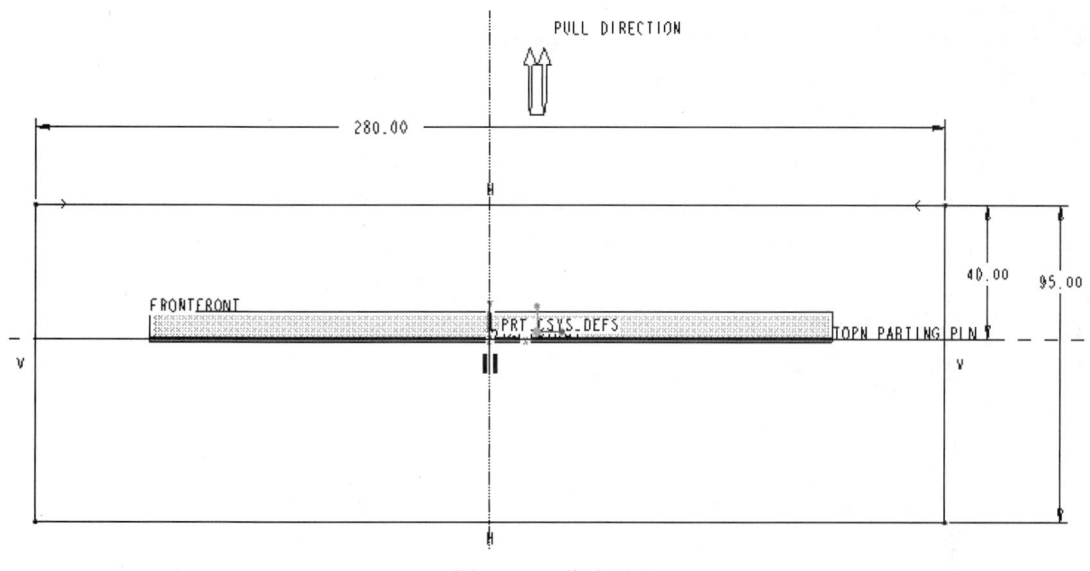

图 2-244　草绘图形

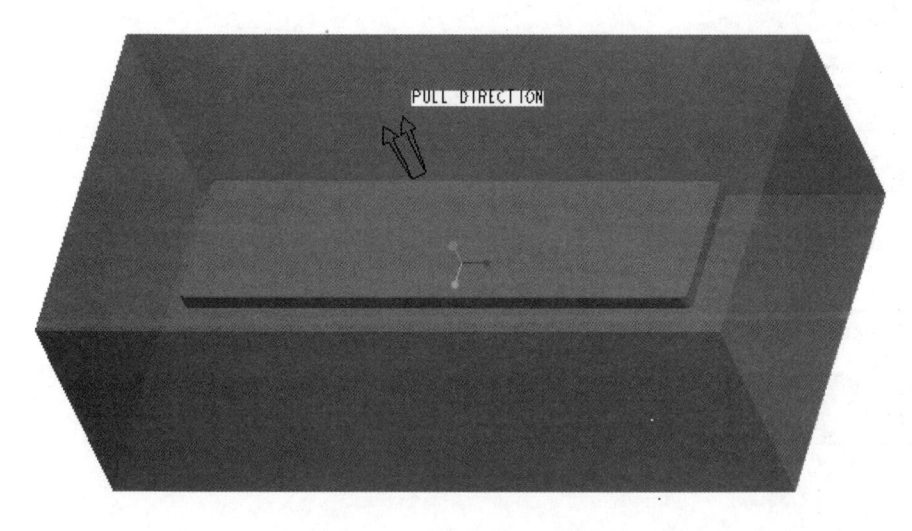

图 2-245　完成工件模型效果图

（7）在菜单管理器中选择"收缩"→"按尺寸"命令，在弹出的"按尺寸收缩"对话框中输入收缩率 0.0032，单击 ✓（完成）按钮，在菜单管理器中选择"完成返回"命令，完成收缩率的设置。

（8）在模型树上选择坐标系（MOLD_DEF_CSYS）、坐标平面（MOLD_FRONT、MAIN_PARTING_PLN、MOLD_RIGHT）及 LOWER_MOLD_WRK.PRT，单击鼠标右键，选择"隐藏"命令。

（9）单击工具栏中的 ⬜（分型面）按钮，然后单击 ⬛（属性）按钮，修改分型面名称为"MAIN_SURF_1"，在绘图区按住 CTRL 键选择底盖全部外表面（也可以先选取底盖上表面然后按住 SHIFT 键选取盖口平面，松开 SHIFT 键后就选取了全部外表面），如图 2-246 所示。单击工具栏中的 ⬛（复制）按钮，然后单击 ⬛（粘贴）按钮，在弹出的粘贴操作框中单击 ✓（完成)按钮,如图 2-247 所示。在模型树上选择 LOWER_MOLD_WRK.PRT,单击鼠标右键,选择"取消隐藏"命令,如图 2-248 所示。单击工具栏中的 ☐ (拉伸工具)按钮,单击"放置"按钮,单击"定义"按钮,弹出"草绘"对话框,选择工件前表面为草绘平面,如图 2-249 所示。选择参照,如图 2-250 所示。关闭"参照"对话框,进入草绘模式,绘制直线,如图 2-251 所示,单击✔(继续当前部分)按钮。在拉伸操控板中选择 ⊥ (拉伸到曲面)选项,如图 2-252 所示,单击✔(完成)按钮,完成拉伸平面操作;在模型树上选择刚刚创建的两个平面,如图 2-253 所示,单击工具栏中的 ☐ (合并)图标,注意 MAIN_SURF_1 在上面,调整合并曲面的方向,如图 2-254 所示。单击✔(完成)按钮,单击工具栏中的✔(确定)按钮,完成分型面的创建,分型面如图 2-255 所示。

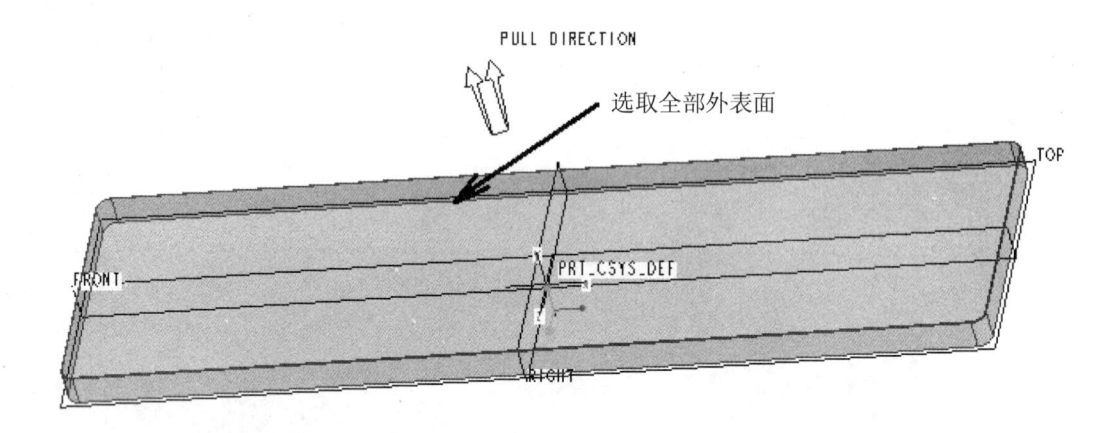

图 2-246　选取底盖全部外表面

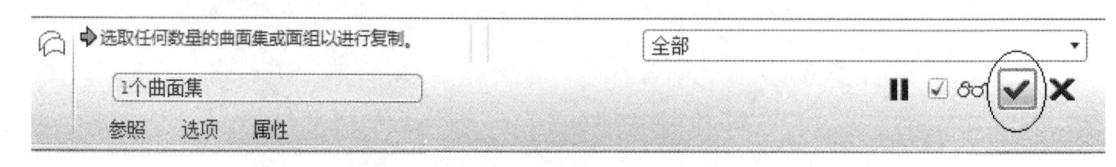

图 2-247　粘贴操作面板

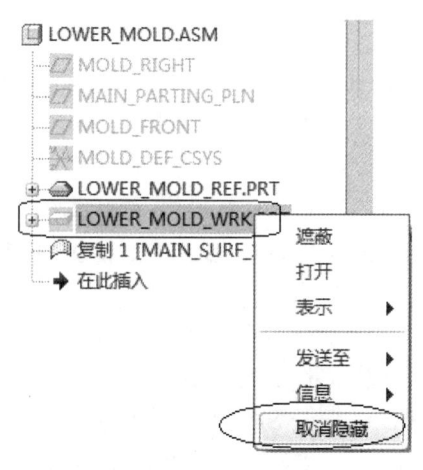

图 2-248　取消隐藏工件

单型腔模具设计 第2章

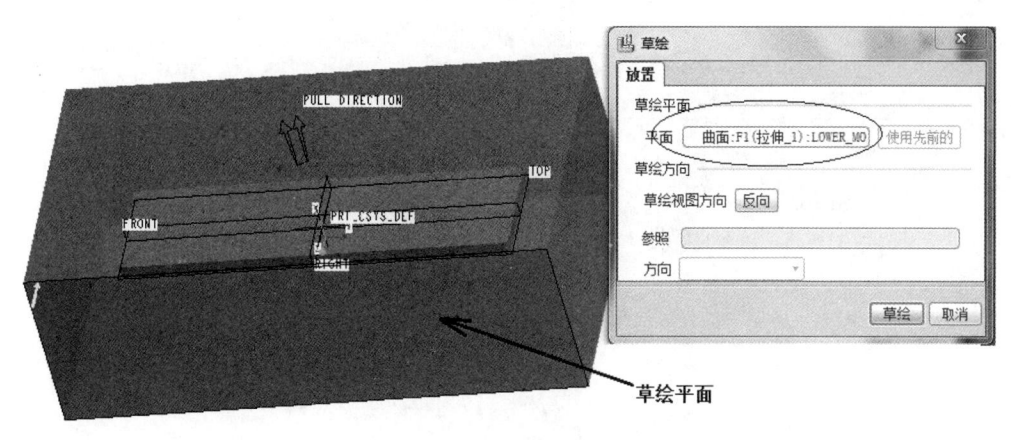

图 2-249 设置草绘平面

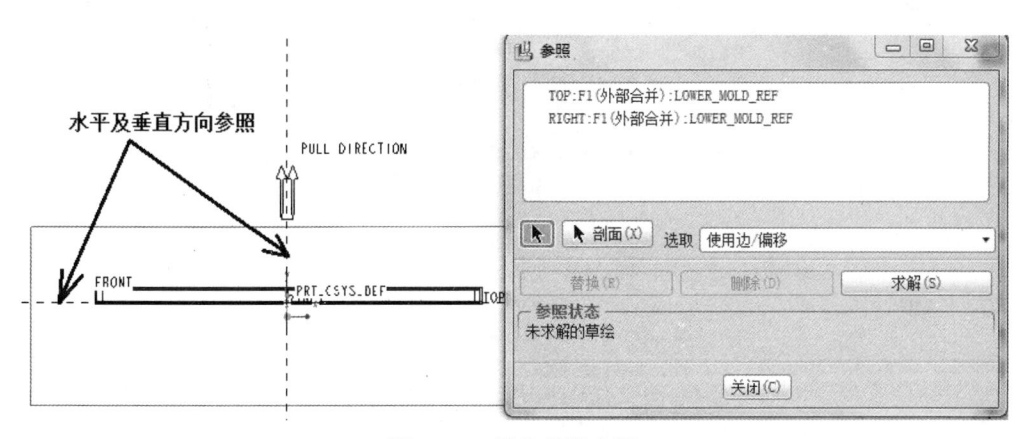

图 2-250 选取草绘参照

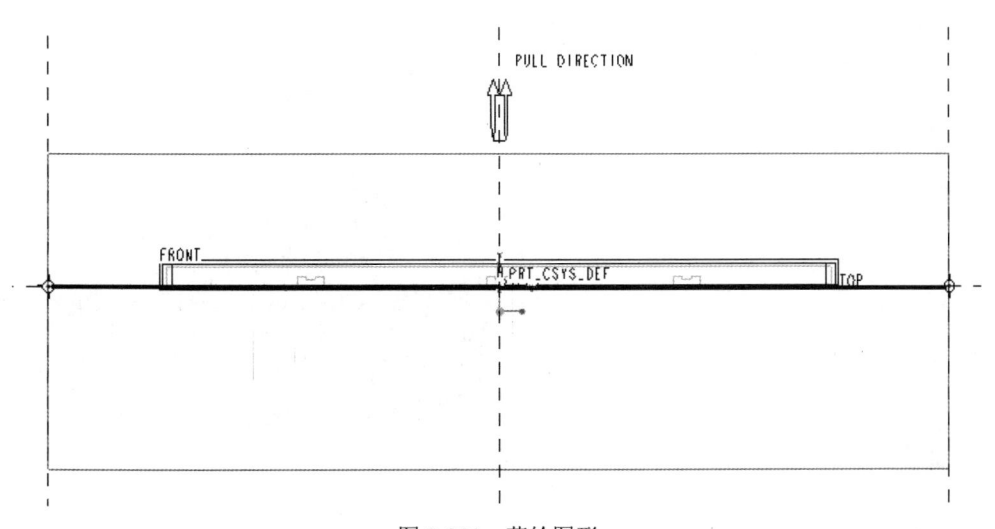

图 2-251 草绘图形

97

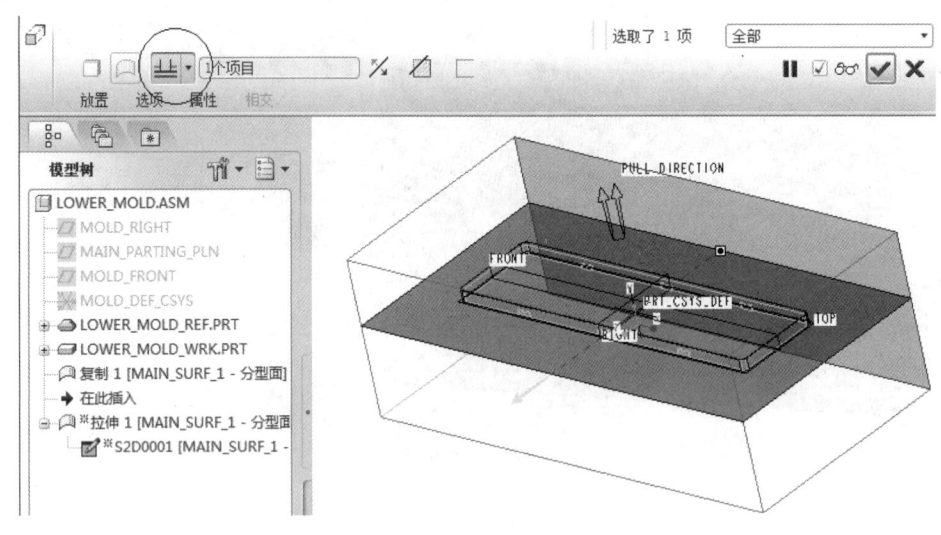

图 2-252　拉伸到曲面

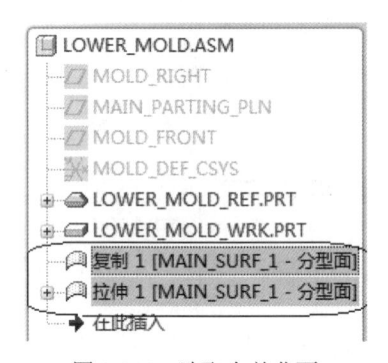

图 2-253　选取合并曲面

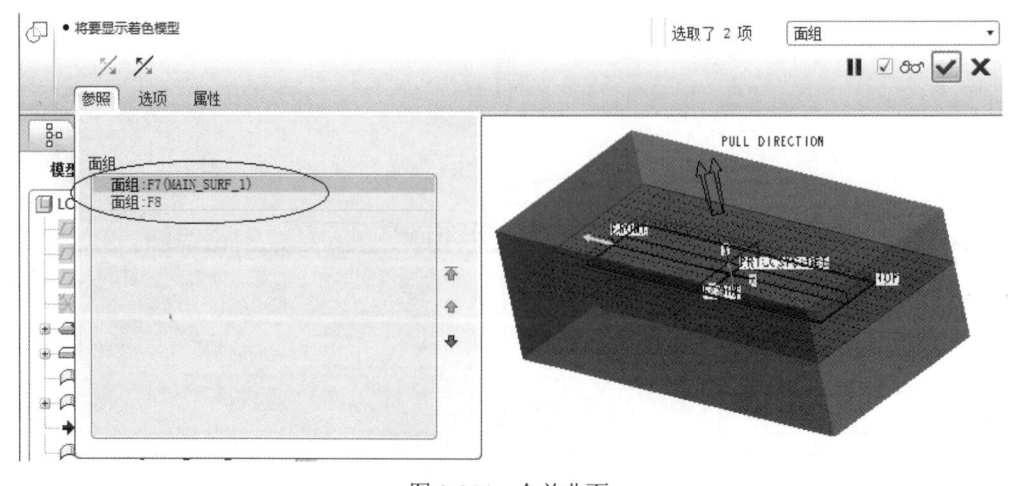

图 2-254　合并曲面

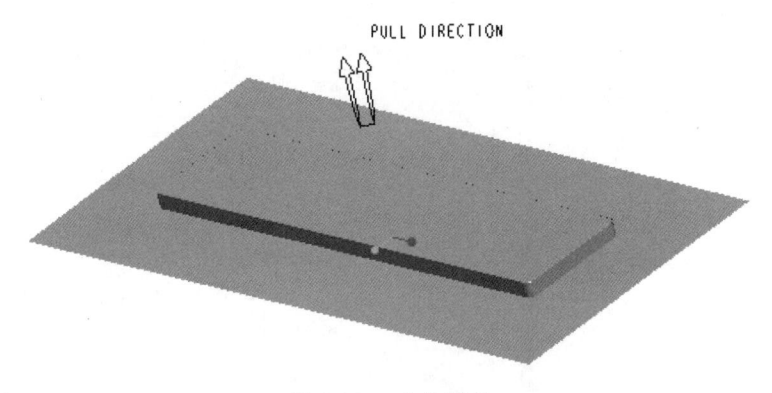

图 2-255 主分型面

（10）在模型树上选择 LOWER_MOLD_WRK.PRT，单击鼠标右键，选择"隐藏"命令，如图 2-256 所示；单击工具栏中的 ❀（遮蔽/取消遮蔽）按钮，在弹出的"遮蔽—取消遮蔽"对话框中选择 "分型面"，遮蔽"MAIN_SURF_1"分型面，如图 2-257 所示，单击"关闭"按钮完成遮蔽操作；单击工具栏中的 ⁂（基准点）按钮，打开"基准点对话框"，在"偏移"文本框中输入"0.5"比率（即中点位置），创建如图 2-258 所示的基准点 PNT0；单击工具栏中的 ▱（平面）按钮，打开"基准平面"对话框，按住 CTRL 键并选择基准点 PNT0 与 RIGHT 平面，创建基准面 ADTM1，如图 2-259 所示。

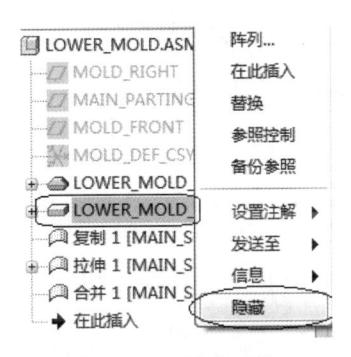

图 2-256 隐藏工件

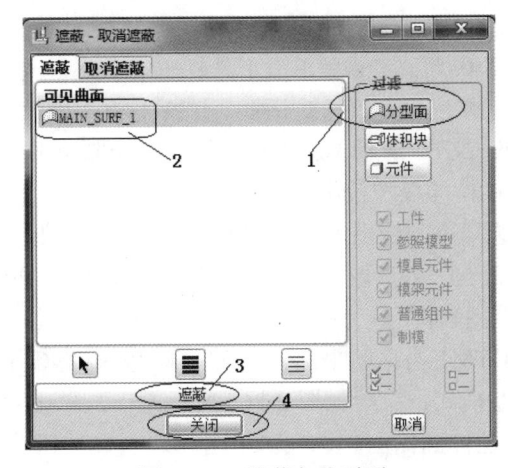

图 2-257 遮蔽主分型面

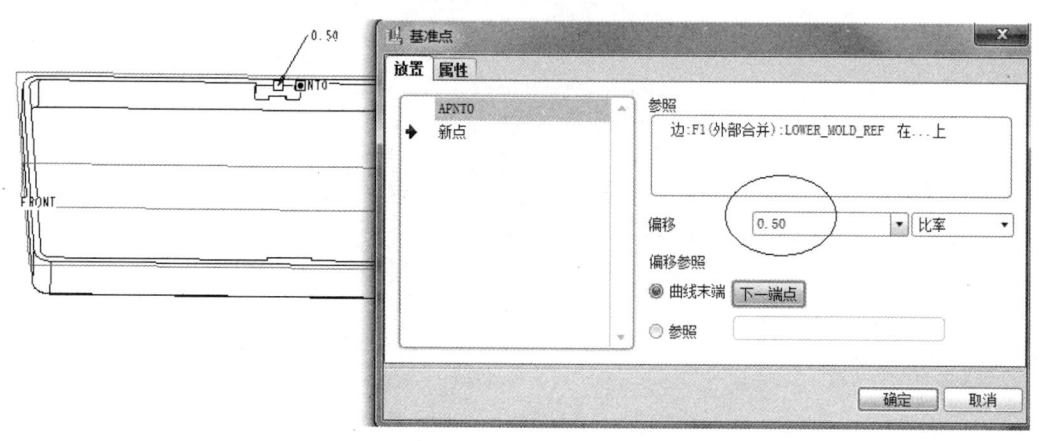

图 2-258　创建基准点（中点）

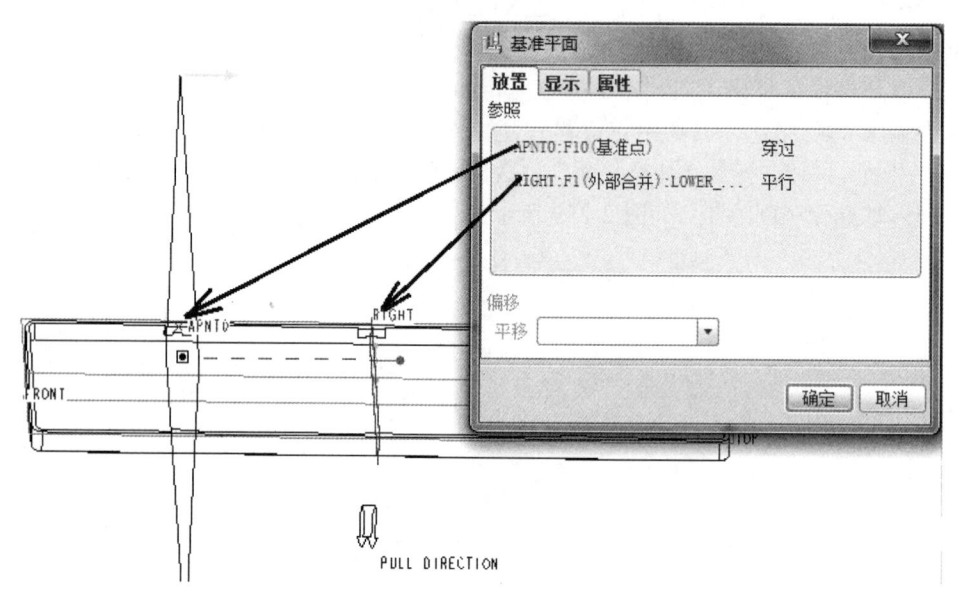

图 2-259　创建基准面

（11）单击工具栏中的 ◻（分型面）按钮，然后单击 🖹（属性）按钮，修改分型面名称为 lifter_SURF_1，如图 2-260 所示。然后单击工具栏中的 🗗（拉伸工具）按钮，单击"放置"按钮，单击"定义"按钮，弹出"草绘"对话框，选择盖板内侧表面为草绘平面，如图 2-261 所示。选择草绘参照，如图 2-262 所示。进入草绘模式，绘制矩形，如图 2-263 所示，单击 ✔（继续当前部分）按钮，在拉伸操控板中选择 ⬚（拉伸到曲面）选项，单击"选项"按钮，选中"封闭端"复选框，选择小凸台上表面，如图 2-264 所示，单击 ✔（完成）按钮，完成拉伸曲面的创建；在模型树上右击并选取"取消隐藏"LOWER_MOLD_WRK.PRT，如图 2-265 所示。单击工具栏中的 🗗（拉伸工具）按钮，单击"放置"按钮，单击"定义"按钮，弹出"草绘"对话框，选择 ADTM1 为草绘平面，以 MAIN_PARTING_PLN 为参照，"顶"方向，如图 2-266 所示。进入草绘模式，草绘如图 2-267 所示图形，单击 ✔（继续当前部分）按钮，在拉伸操控板中选择 ⬚（拉伸到曲面）选项。单击"选项"按钮，选择小凸台两边侧面，选中"封闭端"复选框，如图 2-268 所示，单击 ✔（完成）按钮，完成拉伸曲面的创建；在模型

100

树上选择刚刚创建的两个曲面,如图 2-269 所示,单击工具栏中的 ☐（合并）图标,注意 LIFTER_SURF_1 在上面,调整合并曲面的方向,如图 2-270 所示,单击 ✓（完成）按钮完成曲面的合并;选取刚创建的合并曲面,如图 2-271 所示,单击工具栏中的 ☐（复制）按钮,然后单击 ☐（选择性粘贴）按钮,在弹出的复制操作框中设置偏移"58*1.0032",如图 2-272 所示,同时打开"选项"控制面板,去掉勾选"隐藏原始几何"复选框,如图 2-273 所示,单击 ✓（完成）按钮,完成复制曲面操作;选取合并曲面,单击工具栏中的 ☐（镜像）按钮,选取 RIGHT 平面为镜像面,完成镜像操作,如图 2-274 所示,单击 ✓（完成）按钮,完成镜像操作。同样道理,进行另外一侧的镜像操作,如图 2-275 所示,单击 ✓（完成）按钮,完成镜像操作,在工具栏中单击 ✓（完成）按钮,完成分型面的创建,如图 2-276 所示。

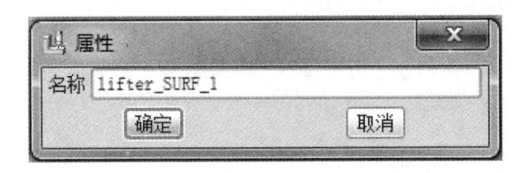

图 2-260　斜顶分型面命名

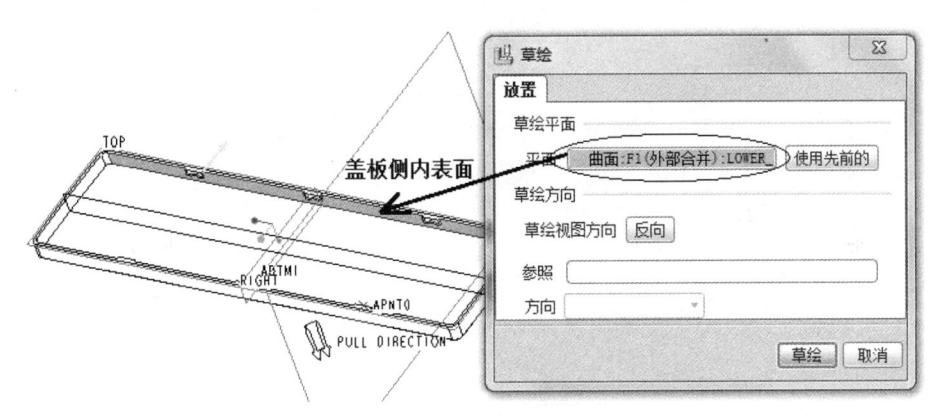

图 2-261　选取草绘平面

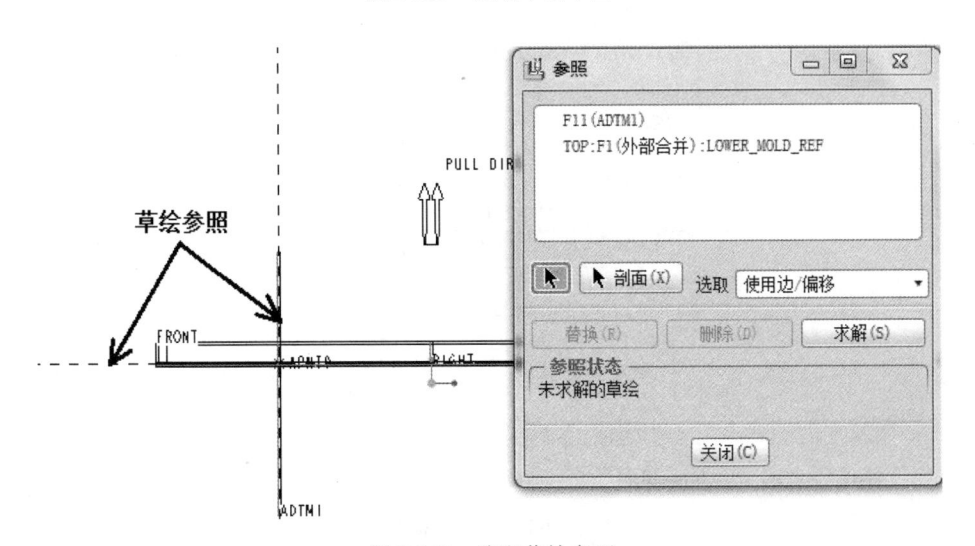

图 2-262　选取草绘参照

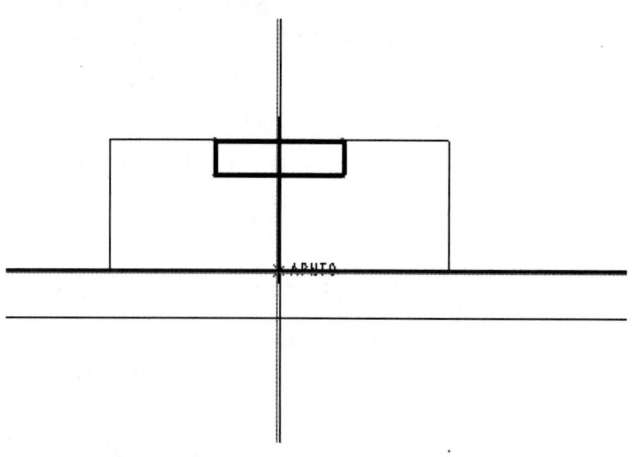

图 2-263　草绘图形

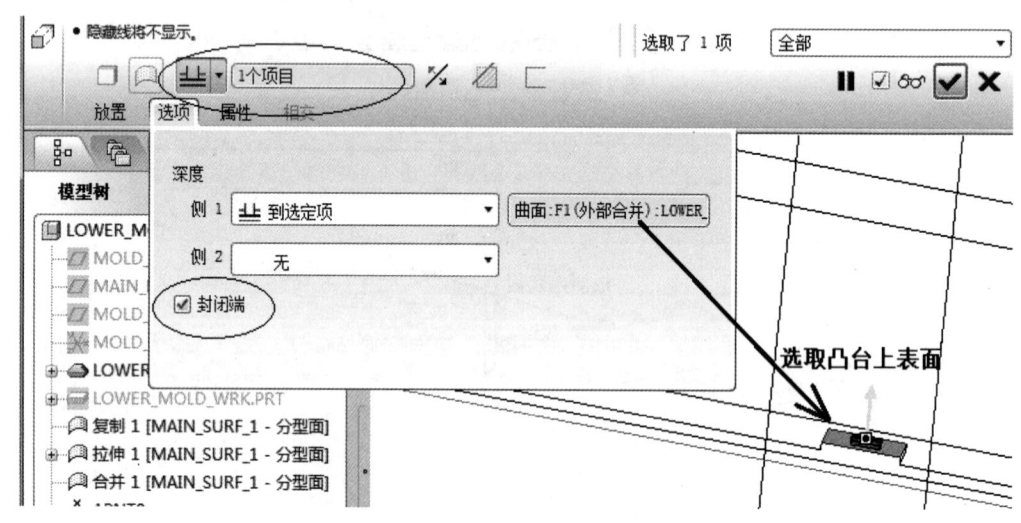

图 2-264　拉伸操控面板设置

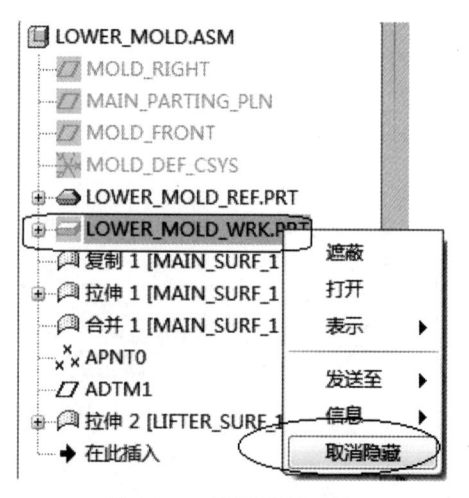

图 2-265　取消隐藏工件

单型腔模具设计 第 2 章

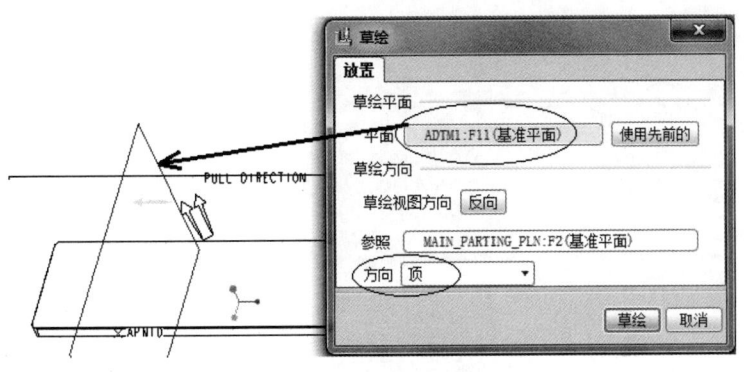

图 2-266 定义草绘平面

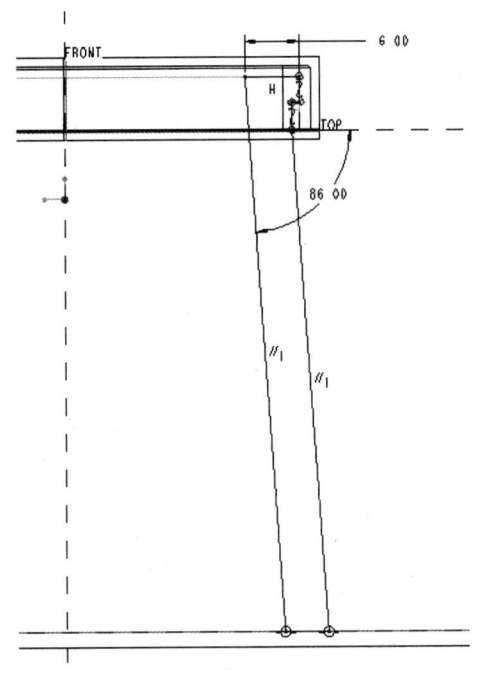

图 2-267 草绘图形

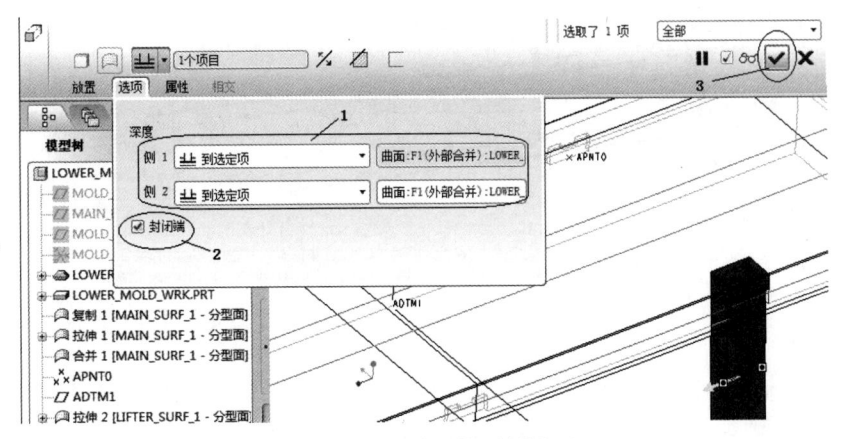

图 2-268 拉伸操控面板设置

图 2-269 选取合并曲面

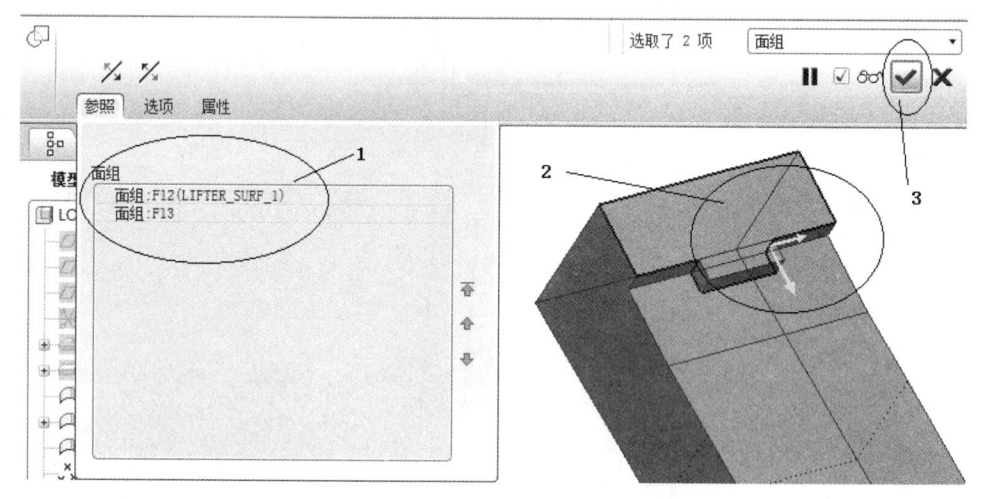

图 2-270 合并曲面

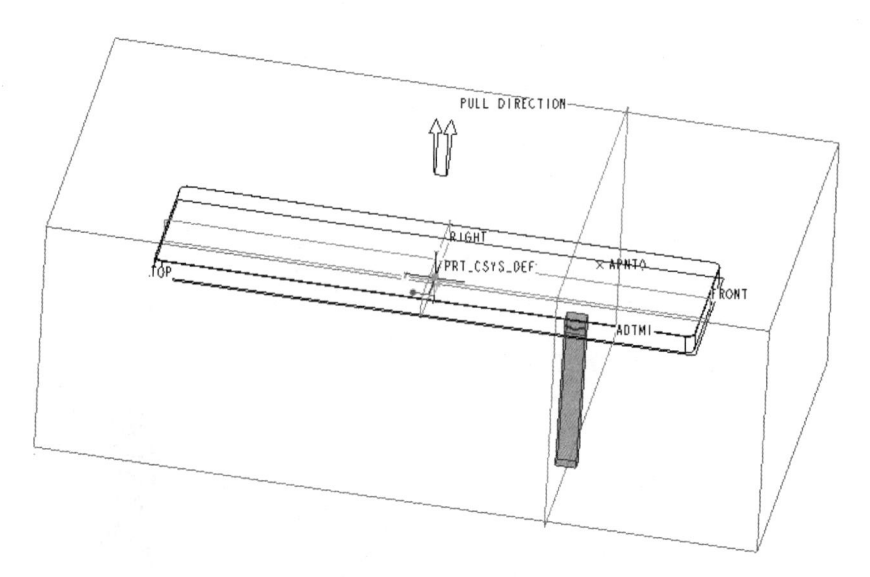

图 2-271 选取曲面

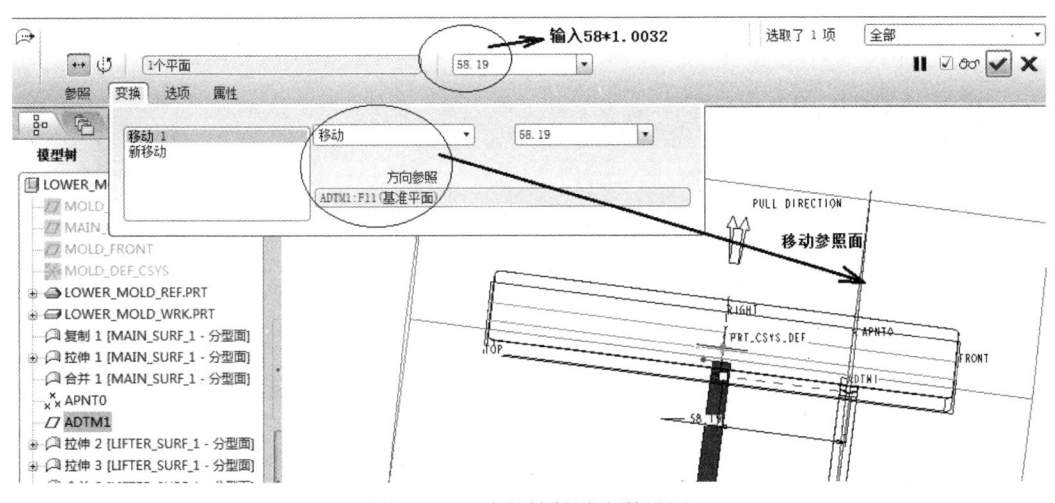

图 2-272　选择性粘贴参数设置

图 2-273　草绘图形

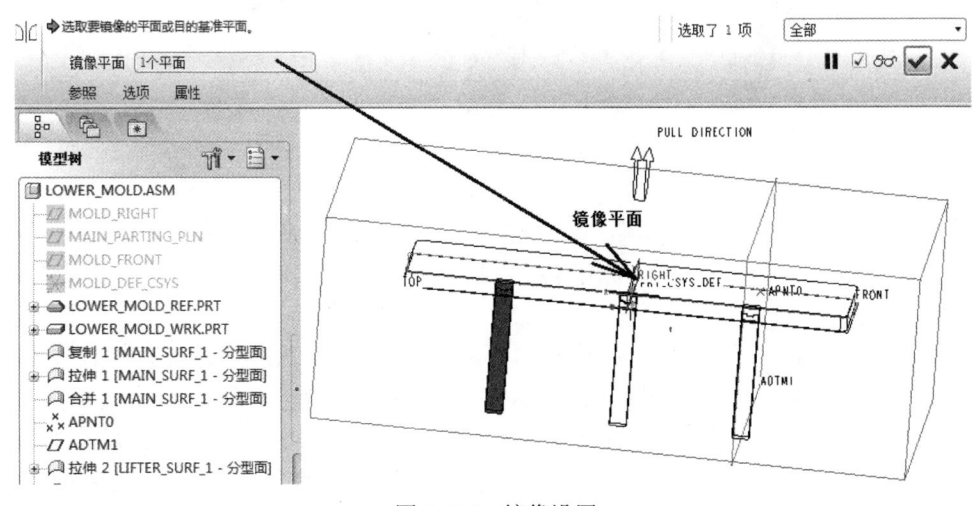

图 2-274　镜像设置

图 2-275 镜像曲面操作

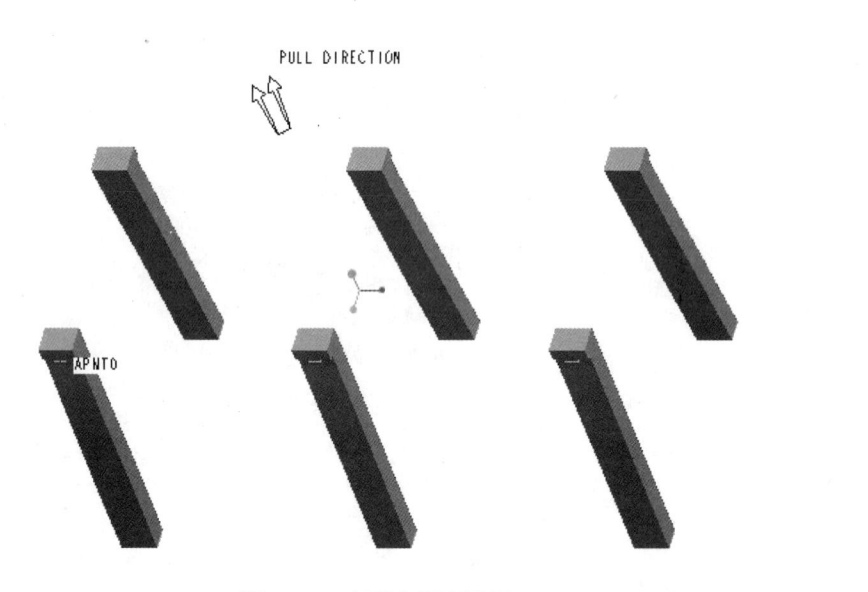

图 2-276 斜顶分型面效果

（12）单击工具栏中的 （遮蔽/取消遮蔽）按钮，在弹出的"遮蔽—取消遮蔽"对话框中选择"取消遮蔽"→"分型面"，取消遮蔽分型面"MAIN_SURF_1"，单击"关闭"按钮完成遮蔽操作。

（13）单击工具栏中的 （体积块分割）按钮，在菜单管理器中选择"两个体积块"→"所有工件"→"完成"命令，如图 2-277 所示，鼠标移到刚刚创建的分型面上并右击，选择"在列表中拾取"命令，如图 2-278 所示。选取"MAIN_SURF_1"，如图 2-279 所示，在弹出的分割块属性对话框中单击"着色"按钮，查看分割块并将其命名为"LOWER_FEMALE_MOLD"，如图 2-280 所示。同理，命名另一个分割块"BASE"，如图 2-281 所示。

图 2-277 分割选项

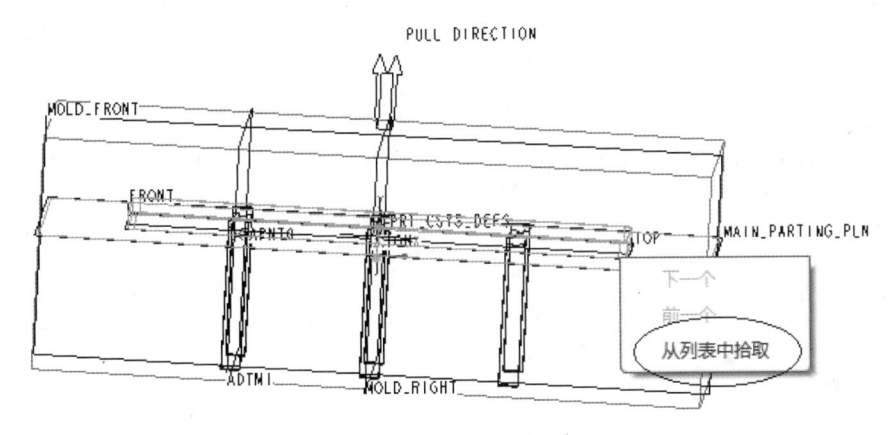

图 2-278 从列表中拾取

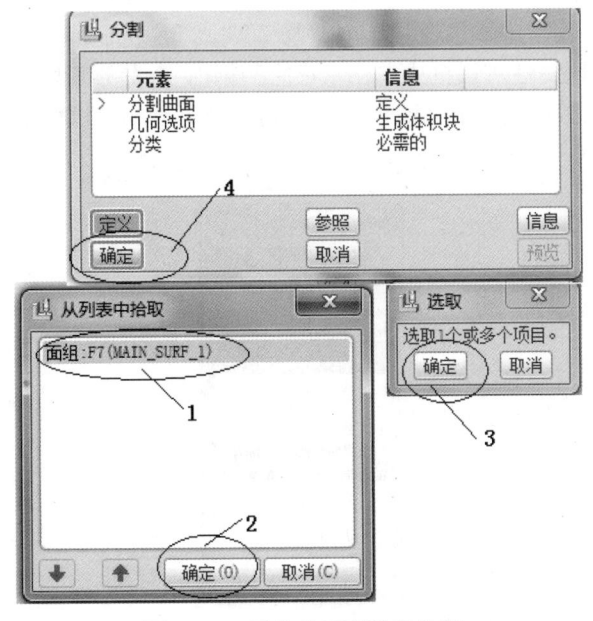

图 2-279 选取分型面进行分割

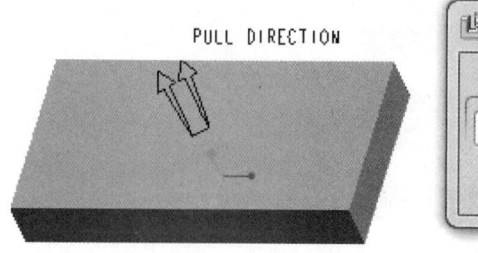

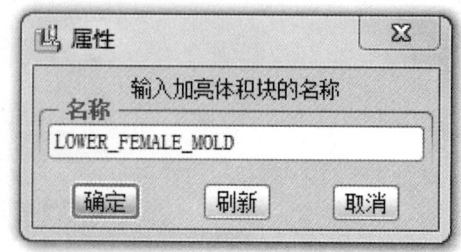

图 2-280　命名底盖型腔分割块

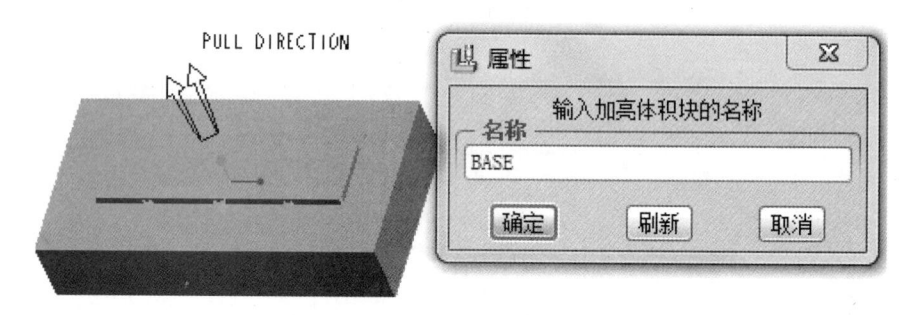

图 2-281　命名底盖模具体积块

（14）单击工具栏中的 🗇·（体积块分割）按钮，在菜单管理器中选择"两个体积块"→"模具体积块"→"完成"命令，如图 2-282 所示。在弹出的"搜索工具:1"对话框中选择"BASE"移到右边框中，如图 2-283 所示。鼠标移到绘图区右边并右击，选择"在列表中拾取"命令，如图 2-284 所示，选取"面组:F17"，单击"确定"按钮，如图 2-285 所示。按住 CTRL 键，鼠标移到绘图区左边并右击，选择"在列表中拾取"命令，选取斜顶曲面六次，拾取全部的斜顶曲面，如图 2-286 所示，然后在"选取"对话框中单击"确定"按钮，在弹出的"岛列表"框中，根据模型中颜色变化选取"岛 2""岛 3""岛 4""岛 5""岛 6""岛 7"，如图 2-287 所示。在分割块属性对话框中单击"着色"按钮，查看分割块并将其命名为"LIFTER_CORE_MOLD"，如图 2-288 所示。同理，命名另一个分割块"LOWER_CORE_MOLD"，如图 2-289 所示。

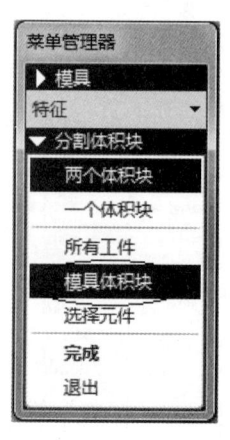

图 2-282　模具体积块分割选项

单型腔模具设计　第 2 章

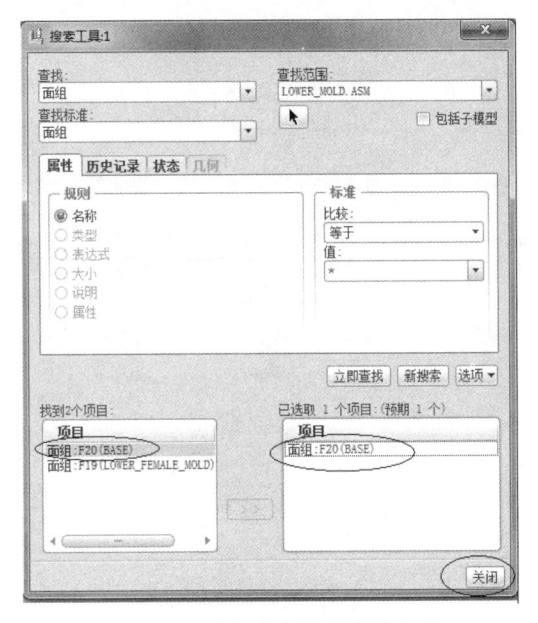

图 2-283　选择分割的模具体积块

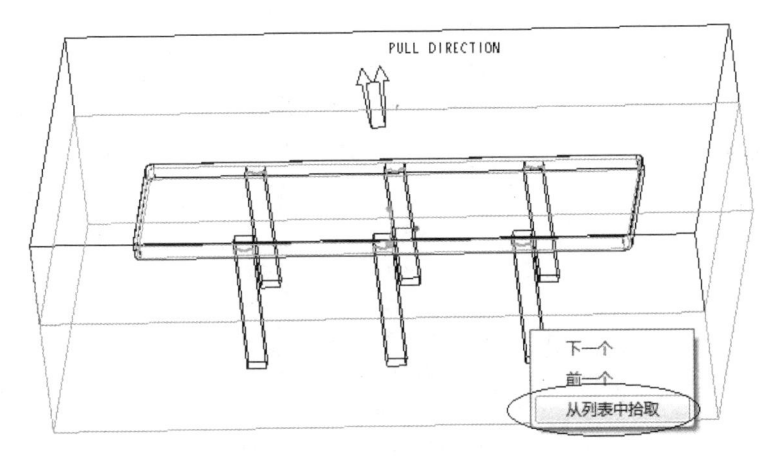

图 2-284　选择 "从列表中拾取" 命令

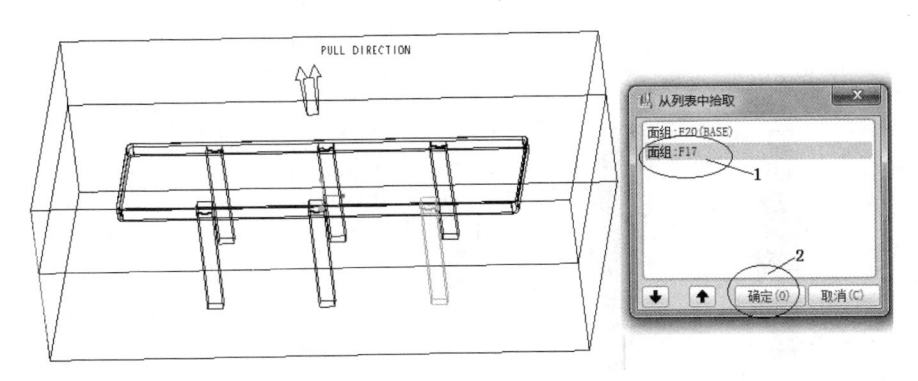

图 2-285　从列表中拾取分割面

109

共六处斜顶分割曲面

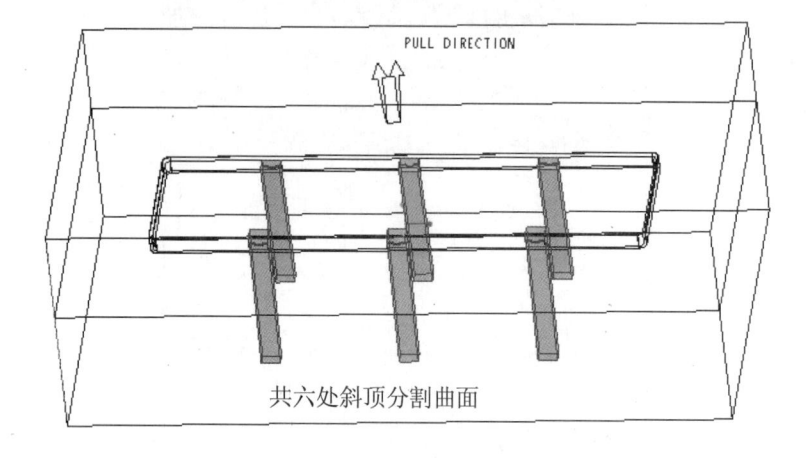

图 2-286　拾取斜顶分割曲面

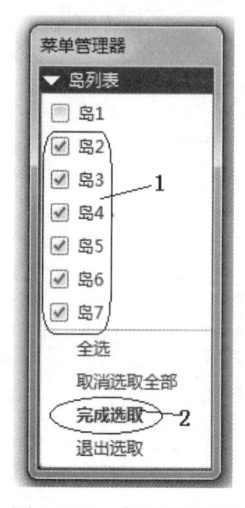

图 2-287　岛列表选项

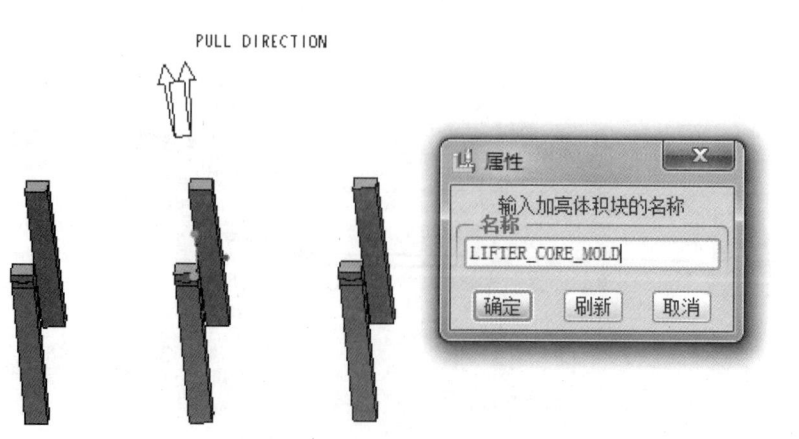

图 2-288　命名斜顶杆体积块

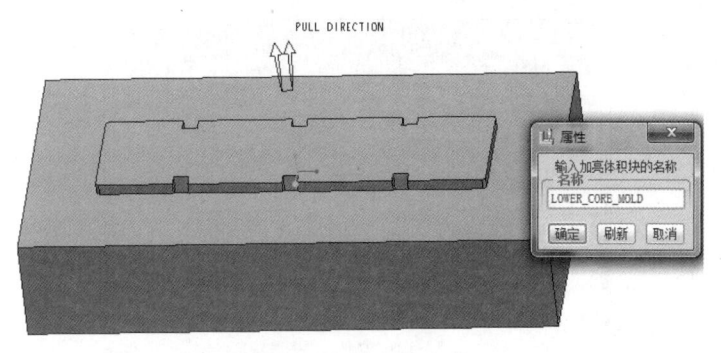

图 2-289　命名型芯体积块

（15）在菜单管理器中选择"模具元件"→"抽取"命令，在弹出的"创建模具元件"对话框中选择▇（全选）选项，然后单击"确定"按钮，在菜单管理器中单击"完成返回"按钮，此时模型树中便有了三个模具元件。

（16）在菜单管理器中选择"制模"→"创建"命令，在弹出的零件名称对话框中输入"lower_molding"，单击两次✓（确定）按钮，完成制模的创建。

（17）单击工具栏中的（遮蔽/取消遮蔽）按钮，在弹出的"遮蔽－取消遮蔽"对话框中选择要遮蔽的元件，如图 2-290 所示，然后单击"分型面"选择要遮蔽的分型面，如图 2-291 所示，单击"关闭"按钮，完成遮蔽操作。

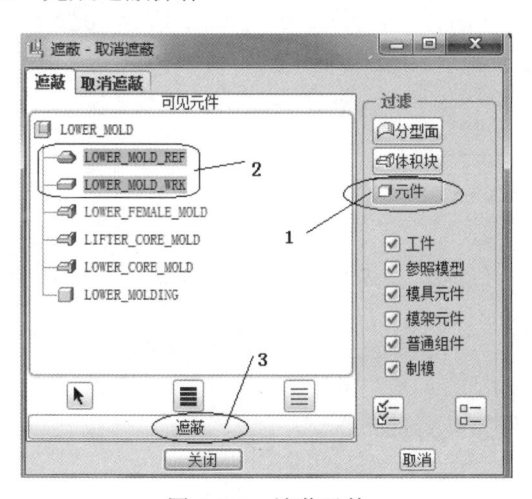

图 2-290　遮蔽元件

（18）单击工具栏中的（模具开模）按钮，在弹出的菜单中选择"定义间距"→"定义移动"命令，在模型树上选取"LOWER_FEMALE_MOLD.PRT"，在"选取"对话框中单击"确定"按钮，如图 2-292 所示。选取模具上表面为移动参照，根据提示输入移动距离"250"，单击✓（确定）按钮，如图 2-293 所示；在模型树上选取"LOWER_MOLDING.PRT"，在"选取"对话框中单击"确定"按钮，如图 2-294 所示。选取模具上表面为移动参照，根据提示输入移动距离"100"，单击✓（确定）按钮，如图 2-295 所示；在模型树上选取"LOWER_CORE_MOLD.PRT"，在"选取"对话框中单击"确定"按钮，如图 2-296 所示。选取模具上表面为移动参照，根据提示输入移动距离"-100"，单击✓（确定）按钮，如图 2-297 所示。完成开模如图 2-298 所示，在菜单管理器中单击"完成返回"按钮。

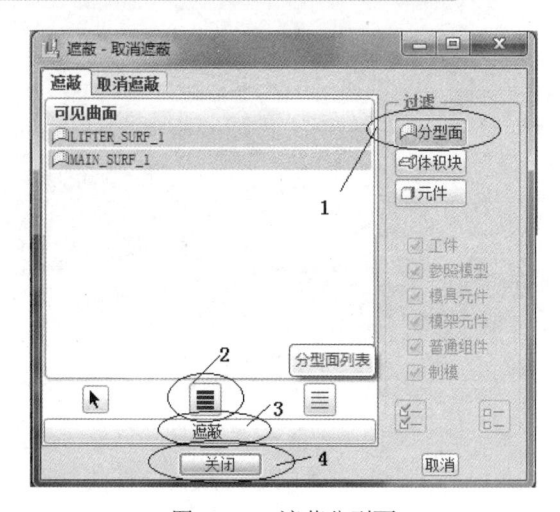

图 2-291　遮蔽分型面

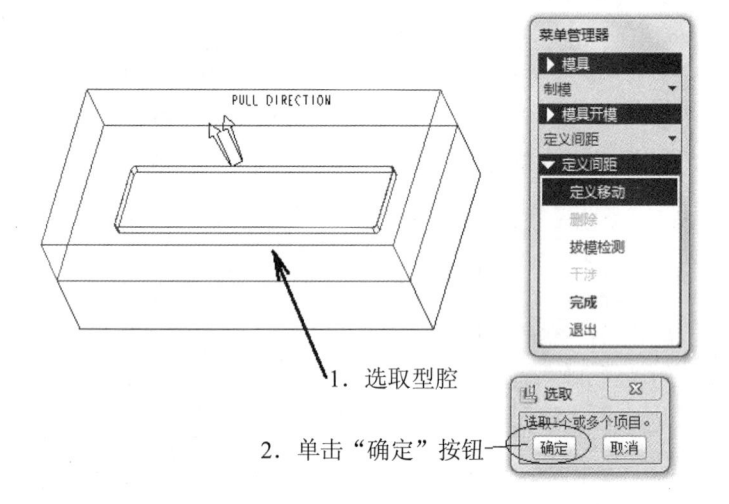

图 2-292　选取型腔进行开模定义

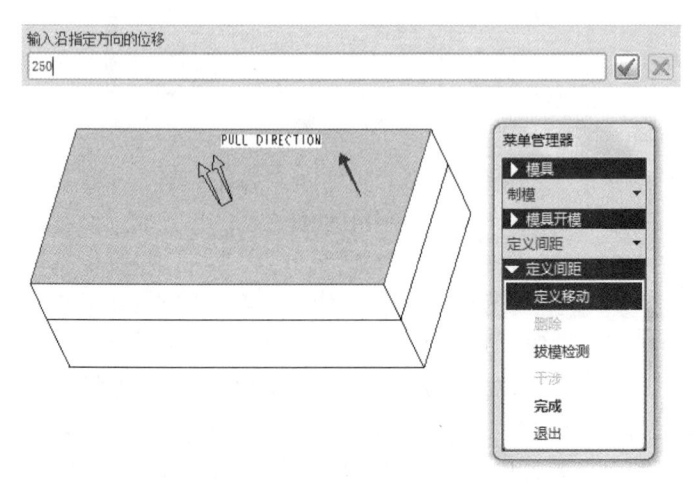

图 2-293　型腔移动参照与移动距离

图 2-294 选取塑件进行开模定义

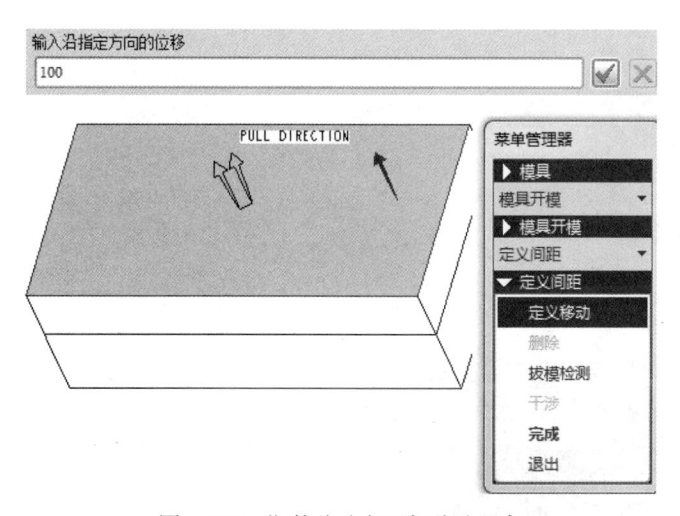

图 2-295 塑件移动参照与移动距离

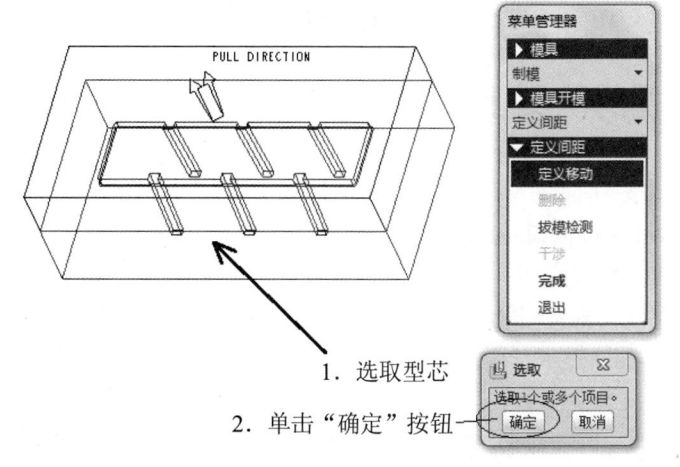

图 2-296 选取型芯进行开模定义

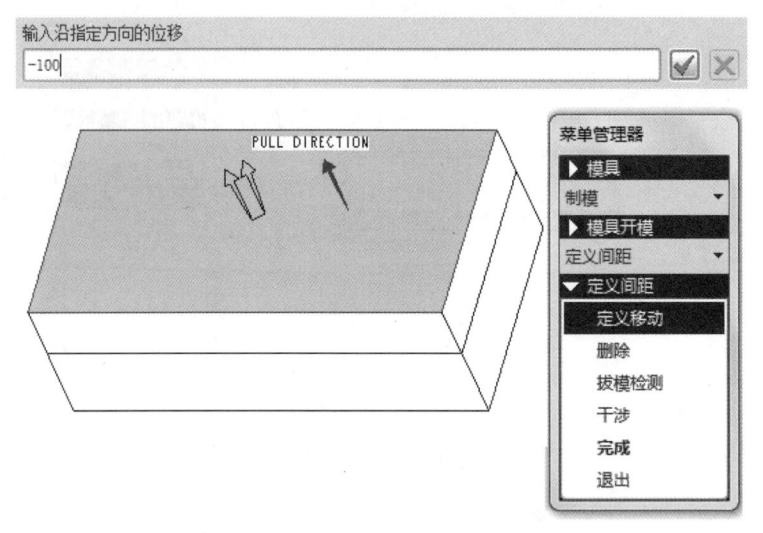

图 2-297　型芯移动参照与移动距离

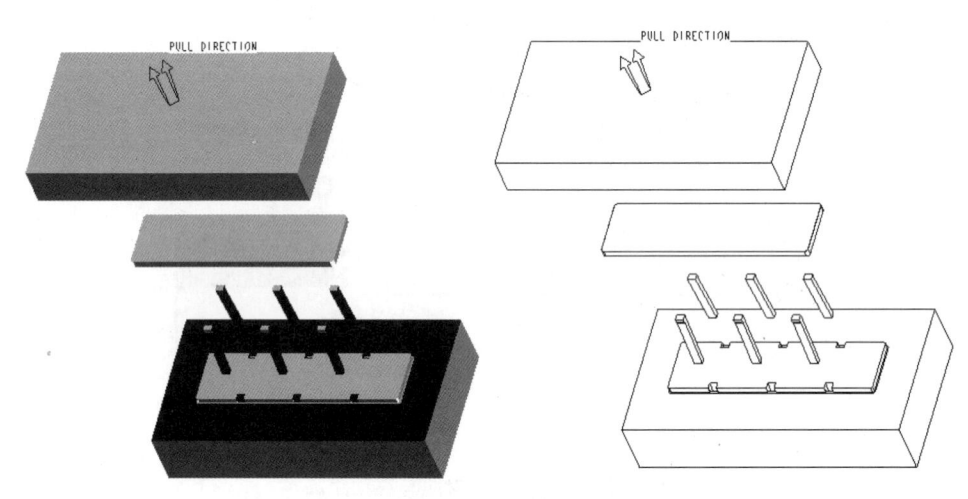

图 2-298　开模图

（19）单击工具栏中的 🔲（保存）按钮，保存文件。

2.3　带有孔结构的模具设计

　　前面章节所讲的零件都是没有孔的，我们也见过很大一部分产品都是有孔的。这类有孔的零件在进行模具设计时，我们就要考虑孔的方向问题，有的孔是平行于开模方向的，有的孔是垂直于开模方向的，孔的方向与位置的不同对我们设计模具是有影响的，我们就要考虑是用侧抽芯，还是利用靠破孔在零件上制造孔。但不管如何在产品上制造孔，我们在模具分模设计时都必须要考虑将孔填补起来，不然不能顺利完成开模，因此，有孔的零件进行模具分型面的设计时具有一定的难度与复杂性。

　　本节我们将以三个具体的例子来说明如何填补孔并创建分型面的模具设计方法。鉴于我们前面已经做过好几套模具，大家对模具设计的流程有了一定程度的了解，从本节开始，我们对一些比较基础、简单的操作将仅作文字说明，如创建工作目录、设置收缩率、隐藏工件等，以不影响大家理解学习模具设计为限。

2.3.1 盖零件模具设计

本节重点：分型面创建；单一分型面破面填补；模具体积块分割与开模。

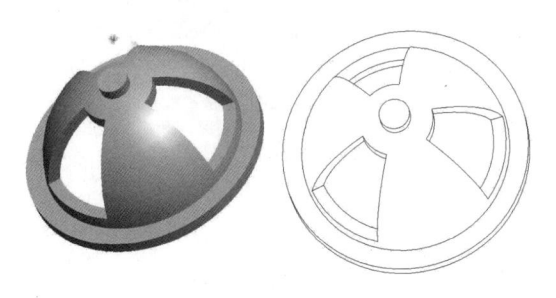

盖零件结构如图 2-299 所示。

图 2-299　盖零件

1. 零件分析

分型面的建立位置如图 2-300 所示，箭头位置为模具开模位置，此零件上部有三个扇形槽孔，孔与开模方向一致，开模方便。因此，此副模具的分型面只有水平位置主分型面一个即可，关键是要把分型面上的孔补上即可开模。

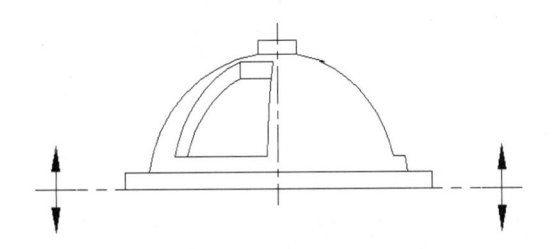

图 2-300　盖零件分型面位置

2. 零件模具设计

（1）新建文件夹 cover_mold，放置模具设计的全部文件。

（2）请将本书配套资料（可从网站下载或者自建模型）CH2\源文件 cover.prt 文件复制到 cover_mold 文件夹下。

（3）启动 Pro/ENGINEER 软件，在菜单栏中选择"文件"→"设置工作目录"命令，在弹出的对话框中选择"cover_mold"文件夹为要设置的工作目录。

（4）单击 □（创建新对象）按钮，打开"新建"对话框，创建 cover_mold.asm 模具模型文件。

（5）单击菜单管理器中的"模具模型"→"装配"→"参照模型"命令，选择参照零件 cover.prt。单击"打开"按钮，在弹出的装配操控面板上选择"缺省"装配，如图 2-301 所示，然后单击 ✓（接受）按钮完成参照零件装配。在随后弹出的"创建参照模型"对话框中单击"确定"按钮，在"警告"对话框中单击"确认"按钮，在"菜单管理器"中单击"完成返回"按钮，完成参照模型的创建。

图 2-301　缺省装配参照模型

（6）在菜单管理器中选择"模具模型"→"创建"→"工件"→"手动"命令，在弹出的"元件创建"对话框中输入工件名称"cover_mold_wrk"，在"创建选项"对话框中选择"创建特征"，在弹出的"菜单管理器"中选择"实体"→"伸出项"→"拉伸"→"实体"→"完成"命令，在拉伸操作面板中选择 （对称拉伸）选项，在拉伸深度中输入150，如图2-302所示，然后单击"放置"按钮，单击"定义"按钮，弹出"草绘"对话框。选择MOLD_FRONT表面作为草绘平面，以 MOLD_RIGHT 为"右"参照进入草绘模式，如图 2-303 所示。设置"MOLD_RIGHT"及"MAIN_PARTING_PLN"草绘参照，如图2-304所示。绘制如图2-305所示图形，单击拉伸工具操作栏中的 （完成）按钮，在菜单管理器中选择"完成返回"命令，零件效果如图2-306所示。

图 2-302　拉伸命令操作控面板

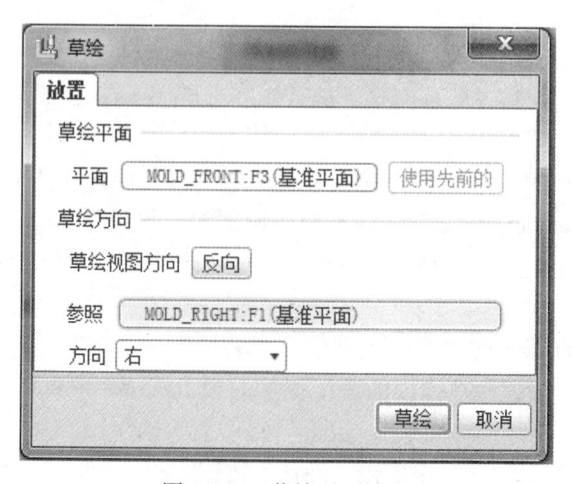

图 2-303　草绘平面设置

116

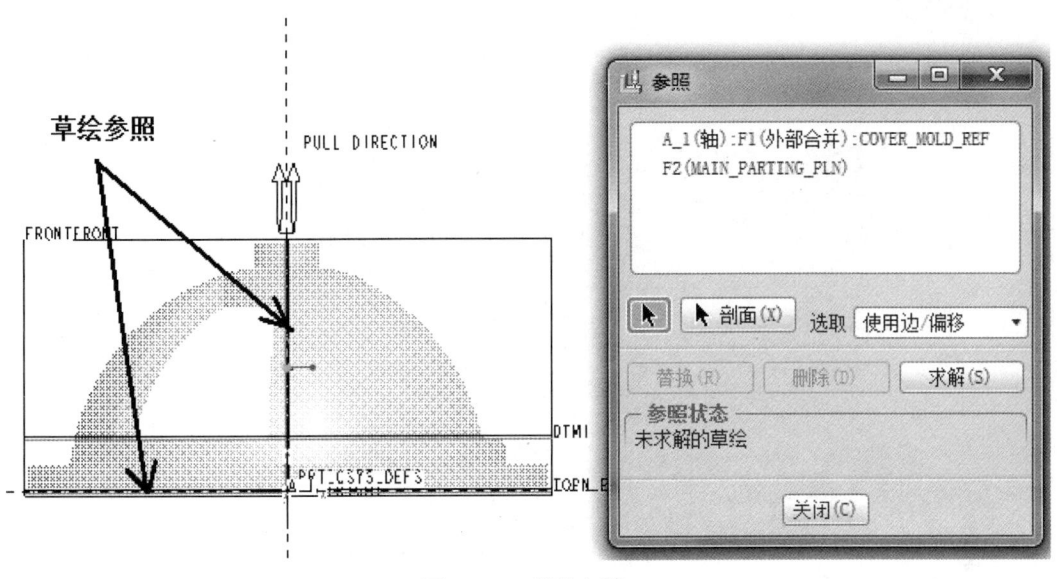

图 2-304　草绘参照

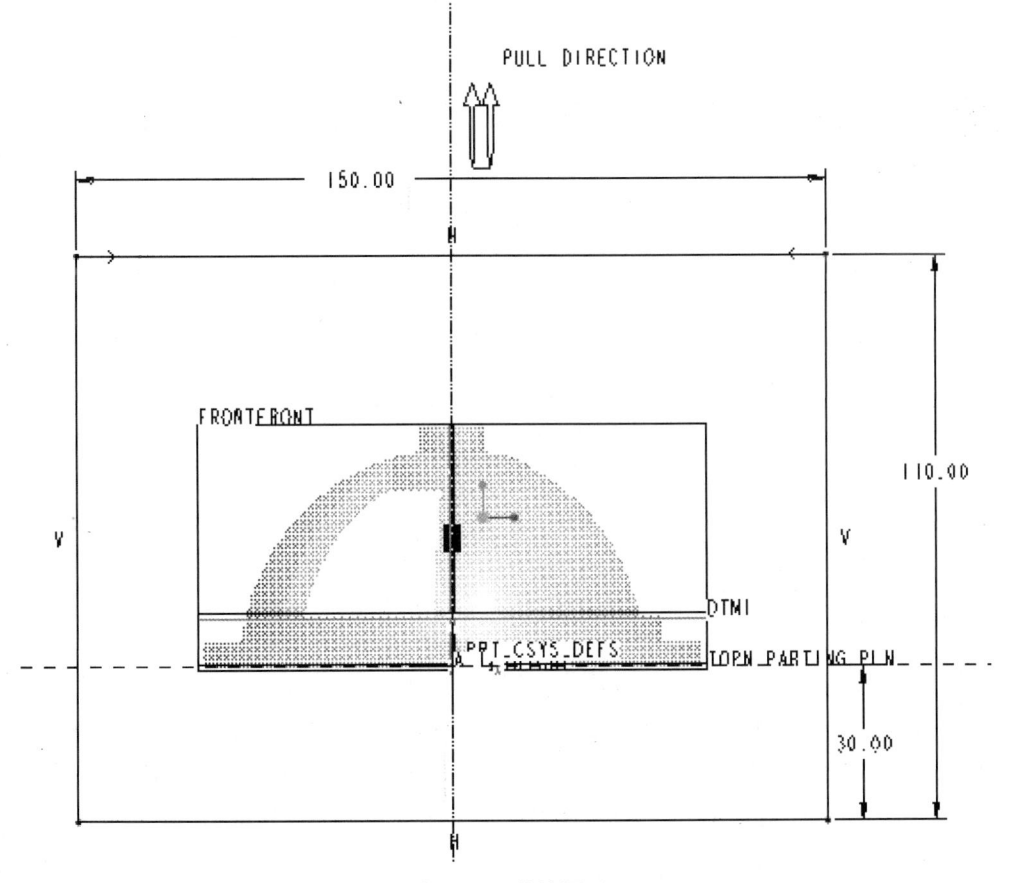

图 2-305　草绘图形

图 2-306 完成工件模型效果图

（7）在菜单管理器中选择"收缩"→"按尺寸"命令，在弹出的"按尺寸收缩"对话框中输入收缩率 0.005，单击☑（完成）按钮，在菜单管理器中选择"完成返回"命令，完成收缩率的设置。

（8）在模型树上选择 COVER_MOLD_WRK.PRT 并右击，选择"隐藏"命令，如图 2-307 所示。

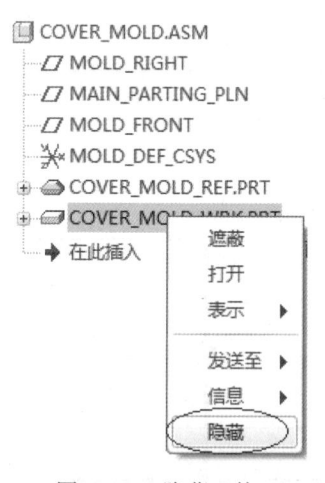

图 2-307 隐藏工件

（9）单击工具栏中的 ◻（分型面）按钮，然后单击 ▤（属性）按钮，修改分型面名称为 main_SURF_1，在绘图区按住 CTRL 键并选择盖全部外表面，如图 2-308 所示。单击工具栏中的 ▤（复制）按钮，然后单击 ▤（粘贴）按钮，在弹出的粘贴操作框中打开"选项"面板，选择"排除曲面并填充孔"单选项，如图 2-309 所示。单击 ⚭（预览）按钮查看正确后，单击☑（完成）按钮；在模型树上选择 COVER_MOLD_WRK.PRT 并右击，选择"取消隐藏"命令，单击工具栏中的 ▤（拉伸工具）按钮，单击"放置"按钮，单击"定义"按钮，弹出

118

"草绘"对话框。选择工件前表面为草绘平面，选择 MOLD_RIGHT 为"右"参照，进入草绘模式，如图 2-310 所示。绘制直线，如图 2-311 所示，单击 ✔（继续当前部分）按钮，在拉伸操控板中选择 ≟（拉伸到曲面）选项，如图 2-312 所示，单击 ✔（完成）按钮完成拉伸平面操作；在模型树上选择刚刚创建的两个平面，如图 2-313 所示，单击工具栏中的 ⌘（合并）图标，注意 MAIN_SURF_1 在上面，调整合并曲面的方向，如图 2-314 所示，单击 ✔（完成）按钮。单击工具栏中的 ✔（确定）按钮，完成分型面的创建，如图 2-315 所示。

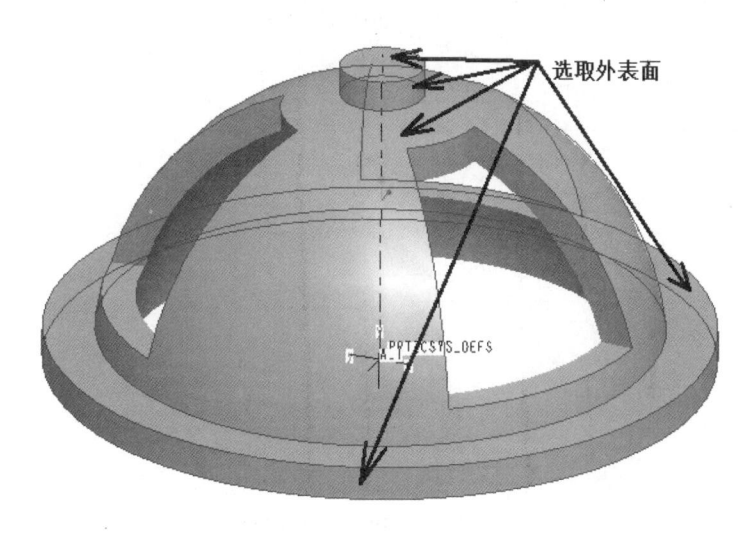

图 2-308　选取盖外表面

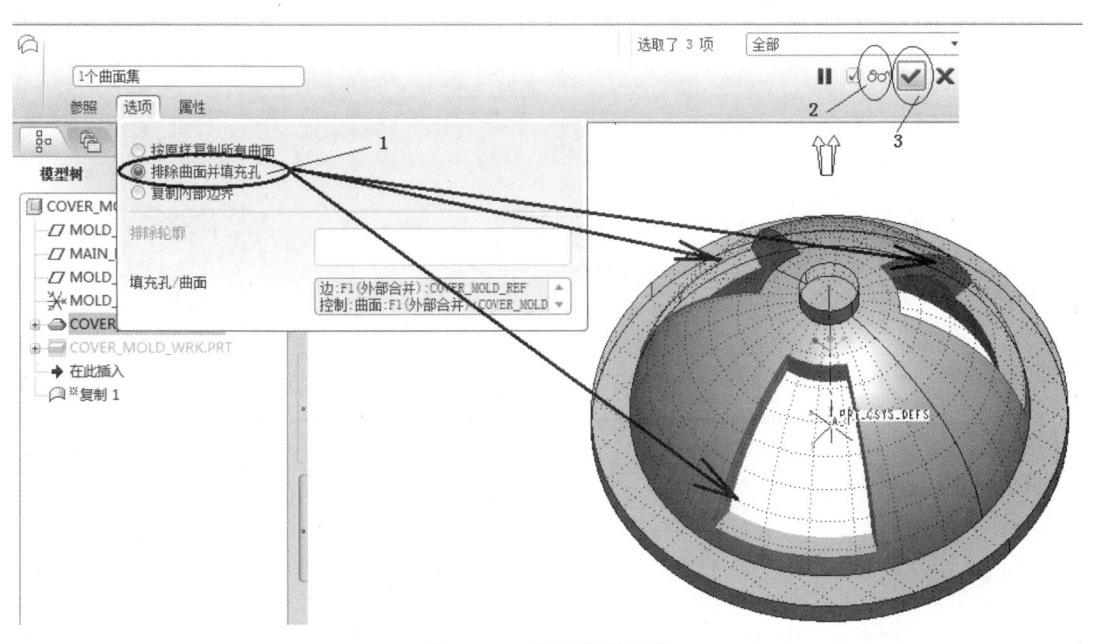

图 2-309　粘贴操作面板

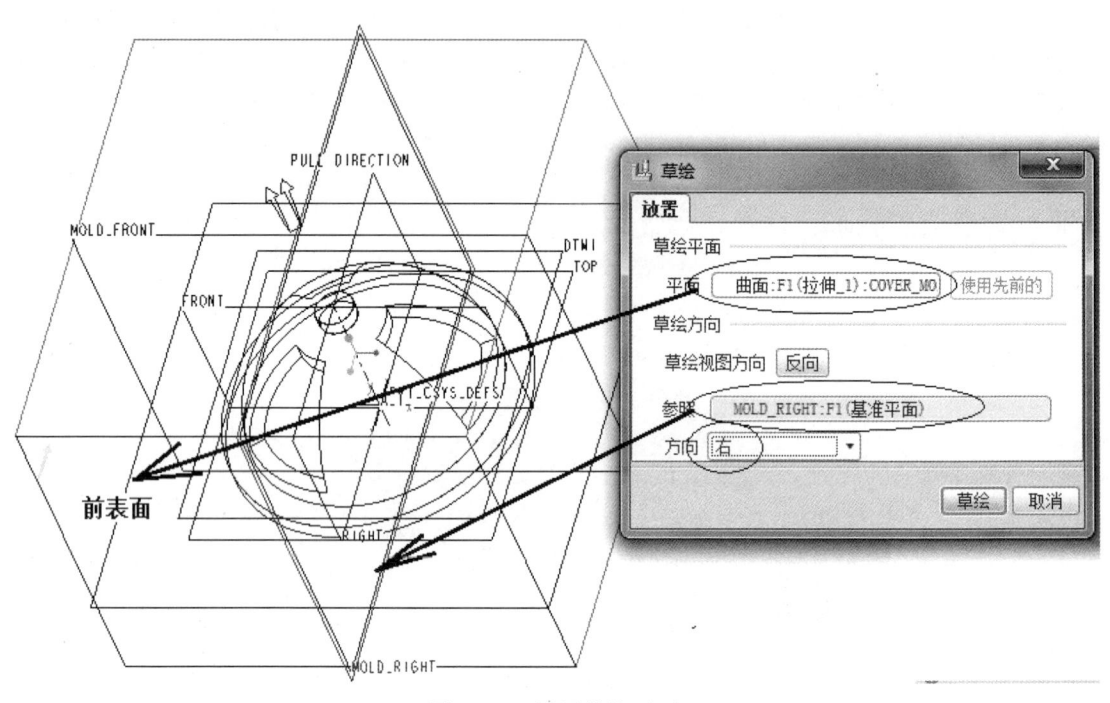

图 2-310　设置草绘平面

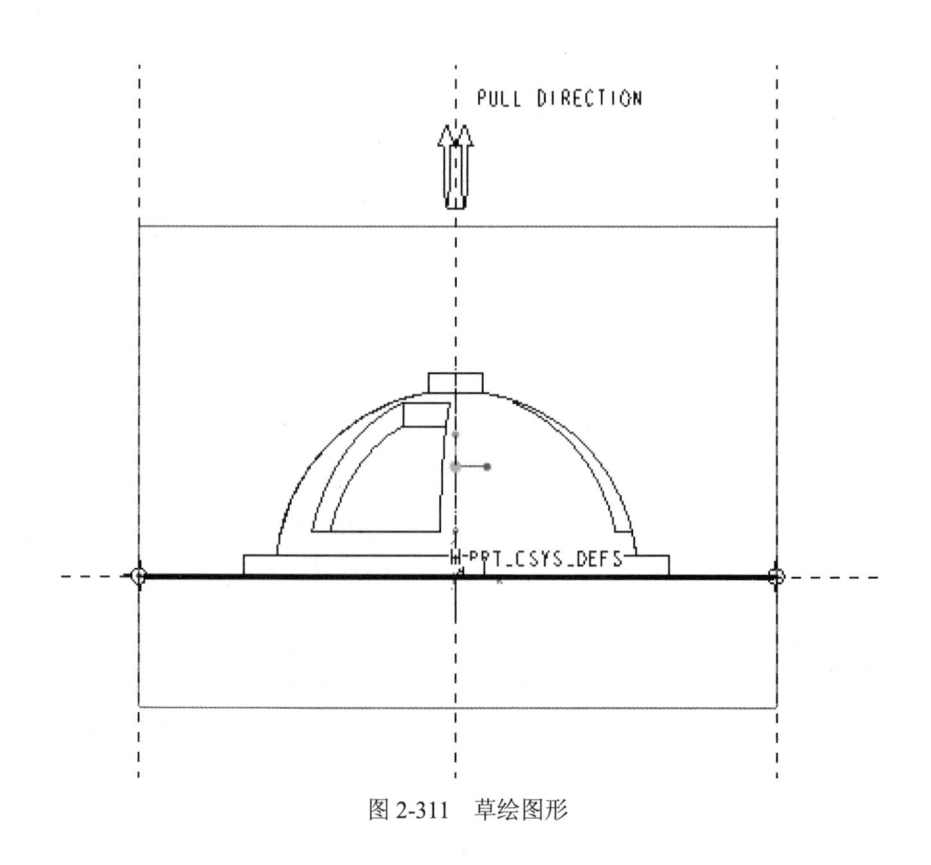

图 2-311　草绘图形

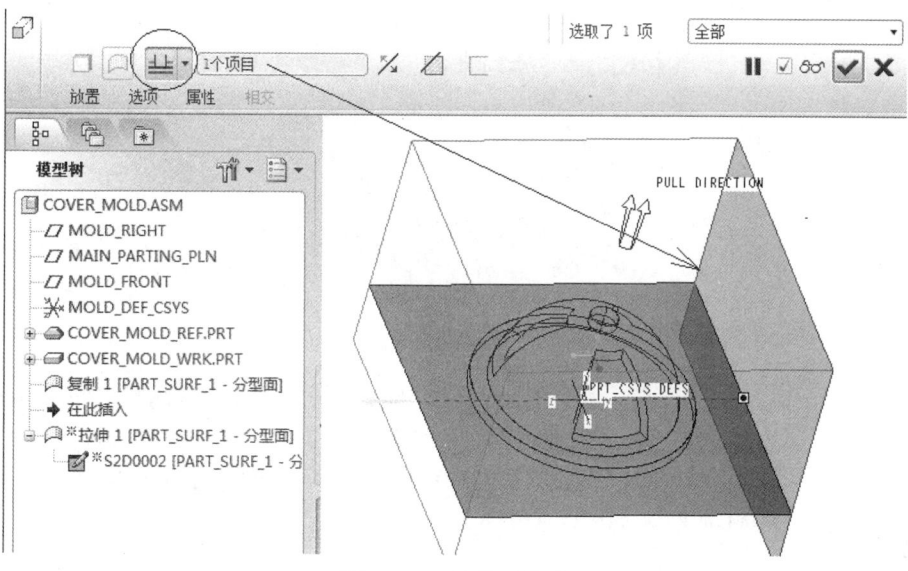

图 2-312 拉伸到曲面

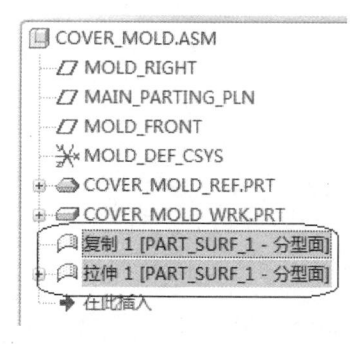

图 2-313 选取合并曲面

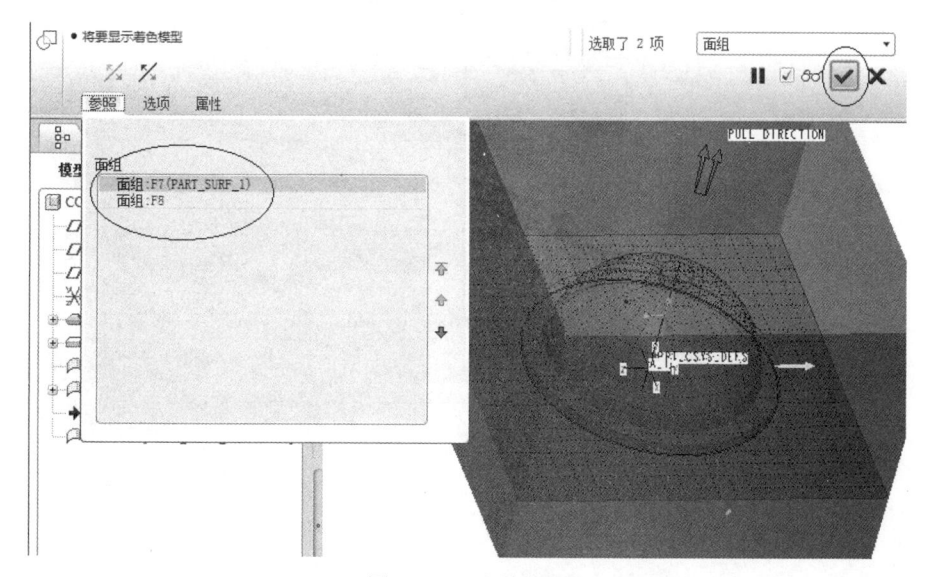

图 2-314 合并曲面

图 2-315　主分型面

（10）单击工具栏中的 ⬚▾ （体积块分割）按钮，在菜单管理器中选择"两个体积块"→"所有工件"→"完成"命令，鼠标移到刚刚创建的分型面上，选取"MAIN_SURF_1"，如图 2-316 所示，在弹出的分割块属性对话框中单击"着色"按钮，查看分割块并将其命名为"COVER_MOLD_FEMALE"，如图 2-317 所示。同理，命名另一个分割块"COVER_MALE_MOLD"，如图 2-318 所示。

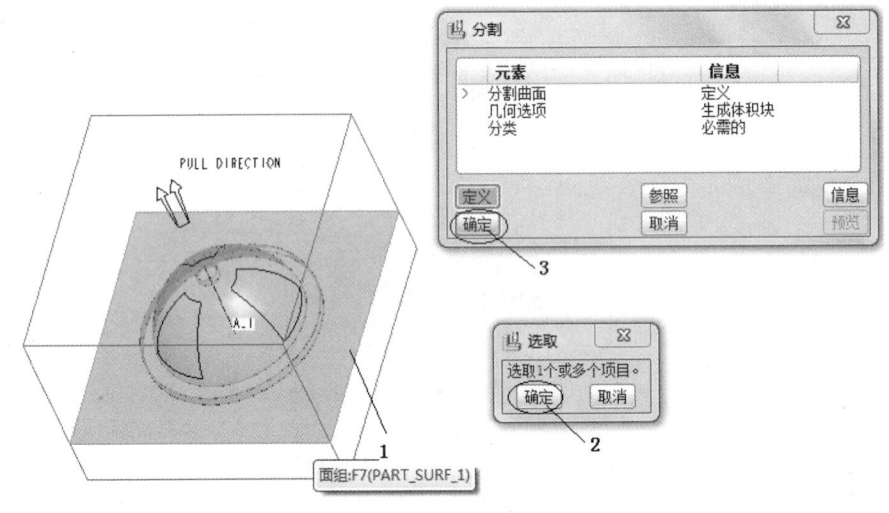

图 2-316　选取分型面进行分割

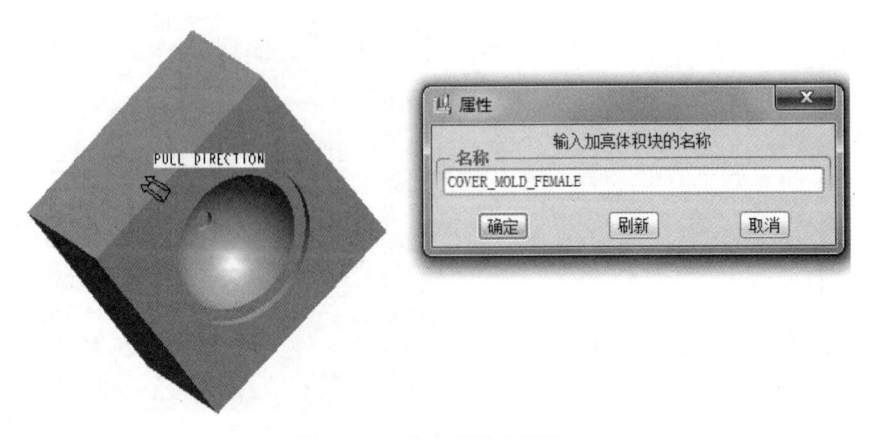

图 2-317　命名型腔分割块

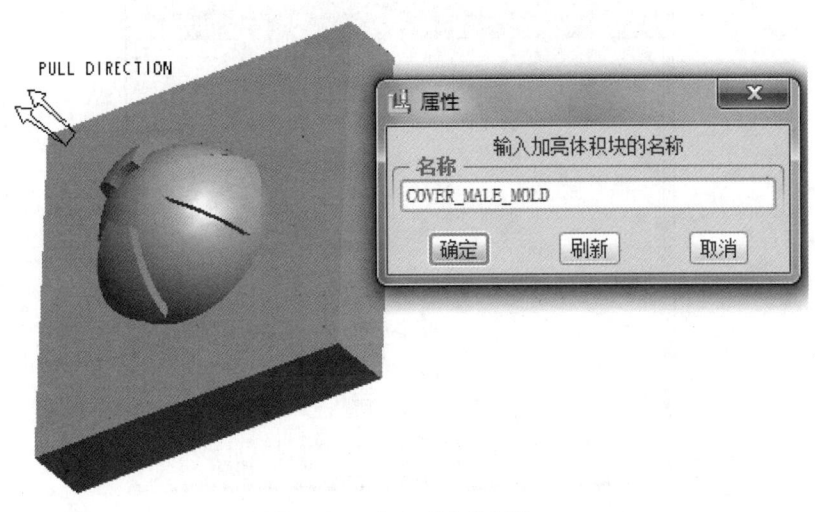

图 2-318 命名型芯分割块

（11）在菜单管理器中选择"模具元件"→"抽取"命令，在弹出的"创建模具元件"对话框中选择■（全选）选项，然后单击"确定"按钮，在菜单管理器中单击"完成返回"按钮，此时模型树中便有了两个模具元件。

（12）在菜单管理器中选择"制模"→"创建"命令，在弹出的的零件名称对话框中输入"cover_molding"，单击两次✓（确定）按钮，完成制模的创建。

（13）单击工具栏中的 ✕（遮蔽/取消遮蔽）按钮，在弹出的"遮蔽－取消遮蔽"对话框中选择要遮蔽的元件，如图 2-319 所示。然后单击"分型面"按钮，选择要遮蔽的分型面，如图 2-320 所示，单击"关闭"按钮完成遮蔽操作。

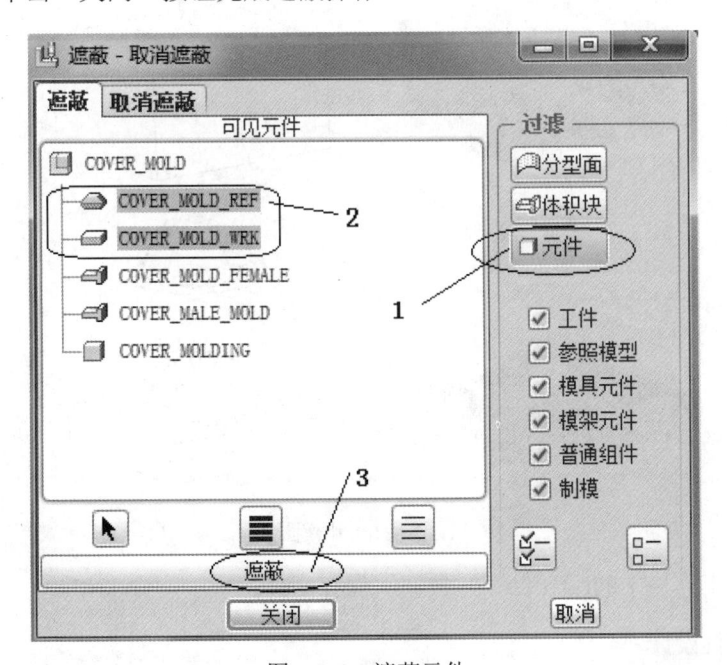

图 2-319 遮蔽元件

123

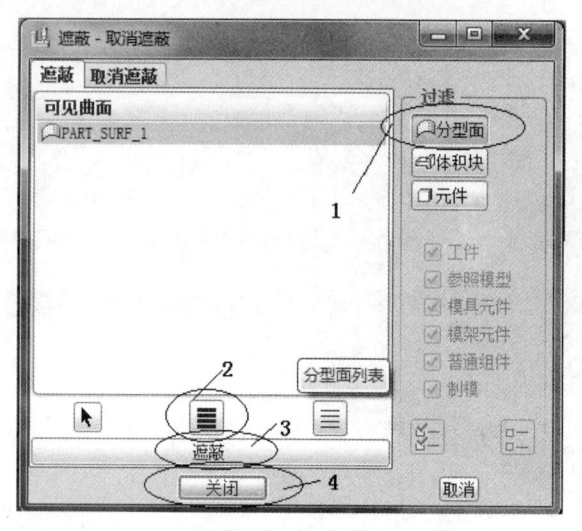

图 2-320 遮蔽分型面

（14）单击工具栏中的 ■（模具开模）按钮，在弹出的菜单中选择"定义间距"→"定义移动"命令，在模型树上选取"COVER_FEMALE_MOLD.PRT"，选取模具上表面为移动参照，根据提示输入移动距离"100"，单击 ■（确定）按钮；在模型树上选取"COVER_MALE_MOLD.PRT"，选取模具上表面为移动参照，根据提示输入移动距离"-100"，单击 ■（确定）按钮。完成开模如图 2-321 所示，在菜单管理器中选择"完成返回"命令。

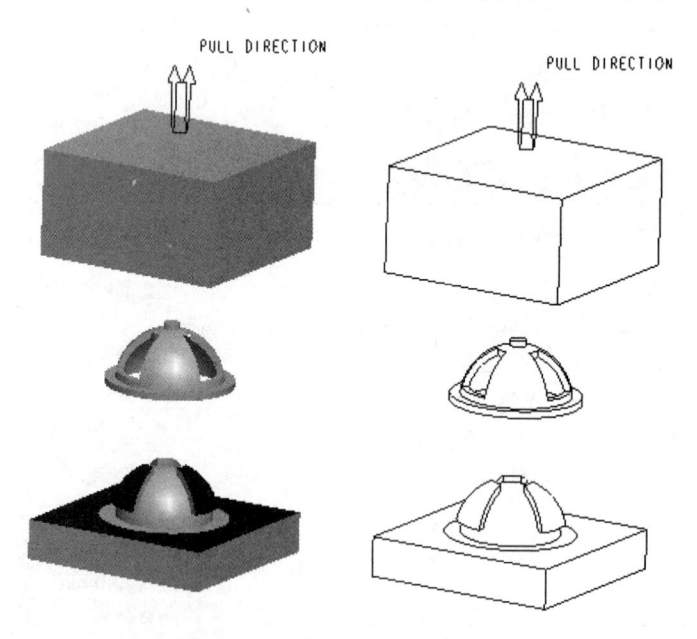

图 2-321 开模图

（15）单击工具栏中的 ■（保存）按钮，保存文件。

2.3.2 帽零件模具设计

本节重点：分型面创建；延伸命令的操作；多分型面破面填补；模具体积块分割与开模。

帽零件结构如图 2-322 所示。

图 2-322　帽零件

1. 零件分析

分型面的建立位置如图 2-323 所示，箭头位置为模具开模位置，此零件内部隔层有四个扇形槽孔，孔与开模方向一致，开模方便。因此，此副模具的分型面除底部水平位置主分型面外，还有中间隔层一个分型面，此处的分型面需要进行补孔。

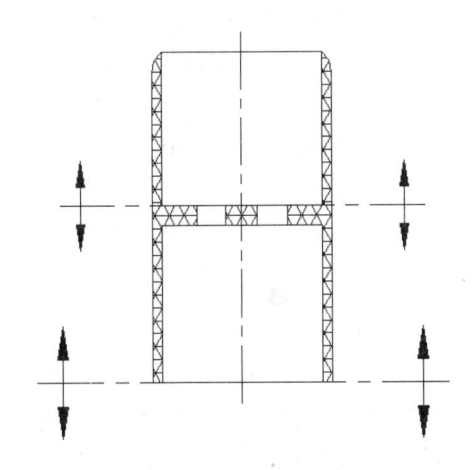

图 2-323　帽零件分型面位置

2. 零件模具设计

（1）新建文件夹 cup_mold，放置模具设计的全部文件。

（2）请将本书配套资料（可从网站下载或者自建模型）CH2\源文件 cup.prt 文件复制到 cup_mold 文件夹下。

（3）启动 Pro/ENGINEER 软件，在菜单栏中选择"文件"→"设置工作目录"命令，在弹出的对话框中选择"cup_mold"文件夹为要设置的工作目录。

（4）单击 （创建新对象）按钮，打开"新建"对话框，创建 cup_mold.asm 模具模型文件。

（5）单击菜单管理器中的"模具模型"→"装配"→"参照模型"命令，选择参照零件 cup.prt，单击"打开"按钮，在弹出的装配操控面板上选择"缺省"装配，如图 2-324 所示，然后单击 （接受）按钮完成参照零件装配。在随后弹出的"创建参照模型"对话框中单击"确定"按钮，在"警告"对话框中单击"确认"按钮，在菜单管理器中单击"完成返回"命令，完成参照模型的创建。

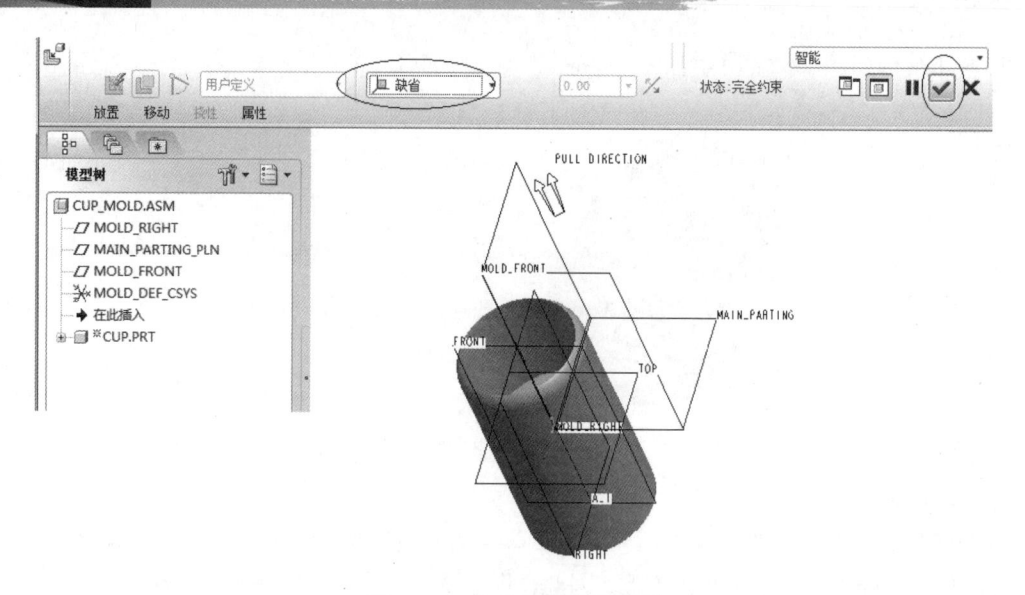

图 2-324　缺省装配参照模型

（6）在菜单管理器中选择"模具模型"→"创建"→"工件"→"手动"命令，在弹出的"元件创建"对话框中输入工件名称"CUP_MOLD_WRK"，在"创建选项"对话框中选择"创建特征"，在弹出的"菜单管理器"中选择"实体"→"伸出项"→"拉伸"→"实体"→"完成"命令，在拉伸操作面板中选择 （对称拉伸）选项，在"拉伸深度"框中输入 50，如图 2-325 所示。然后单击"放置"按钮，单击"定义"按钮，弹出"草绘"对话框，选择 MOLD_FRONT 表面作为草绘平面。以 MOLD_RIGHT 为"右"参照进入草绘模式，如图 2-326 所示。设置"MOLD_RIGHT"及"MAIN_PARTING_PLN"草绘参照，如图 2-327 所示，绘制如图 2-328 所示图形。单击拉伸工具栏中的 （完成）按钮，在菜单管理器中选择"完成返回"命令。零件效果如图 2-329 所示。

图 2-325　拉伸命令操作控面板

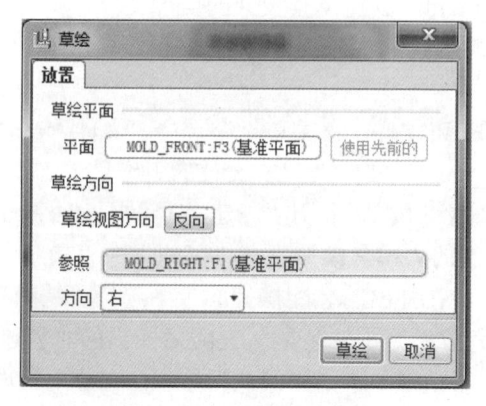

图 2-326　草绘平面设置

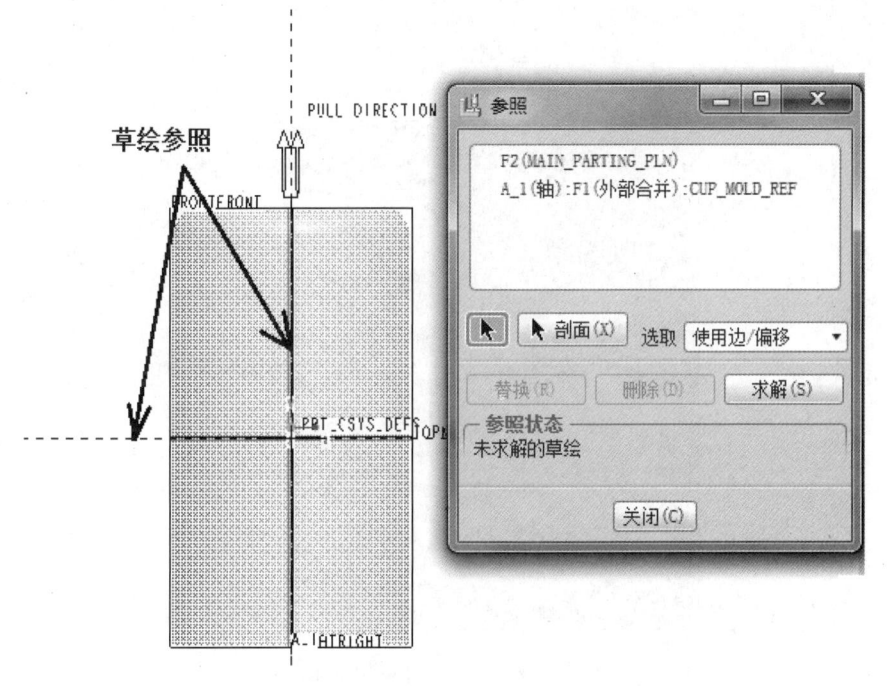

图 2-327 选取绘参照

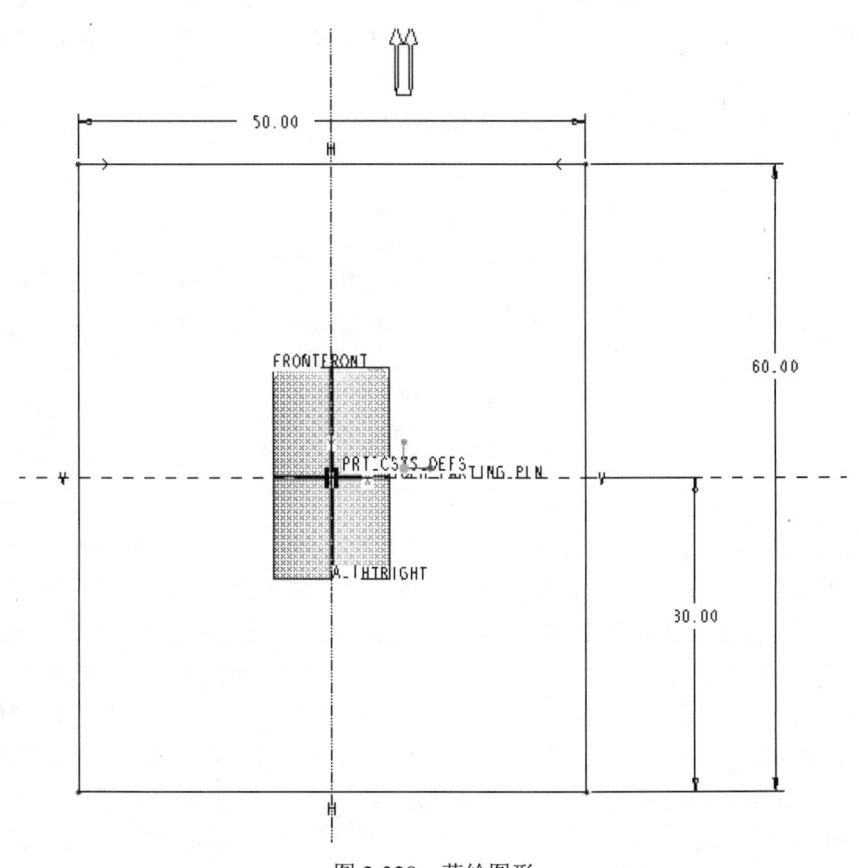

图 2-328 草绘图形

图 2-329 完成工件模型效果图

（7）在菜单管理器中选择"收缩"→"按尺寸"命令，在弹出的"按尺寸收缩"对话框中输入收缩率 0.005，单击☑（完成）按钮，在菜单管理器中选择"完成返回"命令，完成收缩率的设置。

（8）在模型树上选择 CUP_MOLD_WRK.PRT 并右击，选择"隐藏"命令，如图 2-330 所示。

图 2-330 隐藏工件

（9）单击工具栏中的◻（分型面）按钮，然后单击◻（属性）按钮，修改分型面名称为"main_SURF_1"。在绘图区按住 CTRL 键并选择帽全部外表面，如图 2-331 所示。单击工具栏中的◻（复制）按钮，然后单击◻（粘贴）按钮，在弹出的粘贴操作框中单击☑（完成）按钮，如图 2-332 所示；在模型树上选择 CUP_MOLD_WRK.PRT 并右击，选择"取消隐藏"命令，单击工具栏中的◻（拉伸工具）按钮，单击"放置"按钮，单击"定义"按钮，弹出"草绘"对话框。选择工件前表面为草绘平面，选择 MOLD_RIGHT 为"右"参照，进入草绘模式，如图 2-333 所示。绘制直线，如图 2-334 所示，单击✓（继续当前部分）按钮，在拉伸操控板中选择◻（拉伸到曲面），如图 2-335 所示，单击☑（完成）按钮，完成拉伸平面操作；用同样的方法，在帽口也做一个拉伸平面，单击工具栏中的◻（拉伸工具）按钮，单击"放置"按钮,单击"定义"按钮,弹出"草绘"对话框,选择"使用先前的"表面为草绘平面。绘制直线,如图 2-336 所示,单击✔(继续当前部分)按钮,在拉伸操控板中选择⊥(拉伸到曲面),如图 2-337 所示,单击✔(完成)按钮完成拉伸平面操作;在模型树上选择"复制 1"与"拉伸 1",如图 2-338 所示,单击工具栏中的⌒(合并)图标,注意 MAIN_SURF_1 在上面,调整合并曲面的方向,如图 2-339 所示,单击✔(完成)按钮;同样的方法合并帽口部的拉伸平面,在模型树上选择"拉伸 2"与"合并 1",如图 2-340 所示,单击工具栏中的⌒(合并)图标,注意 MAIN_SURF_1 在上面,调整合并曲面的方向,如图 2-341 所示,单击✔(完成)按钮。单击工具栏中的✔(确定)按钮,完成分型面的创建,如图 2-342 所示。

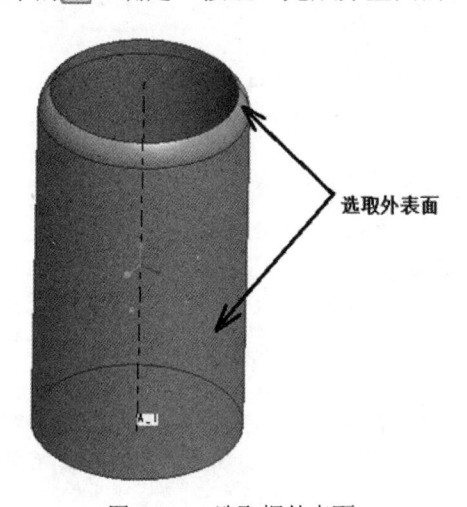

图 2-331 选取帽外表面

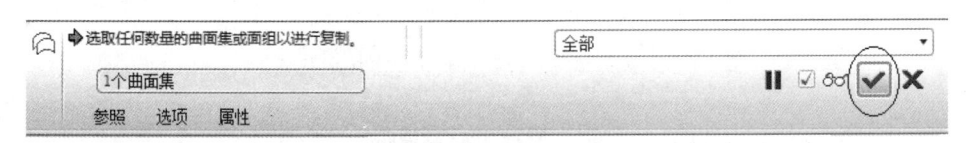

图 2-332 粘贴操作面板

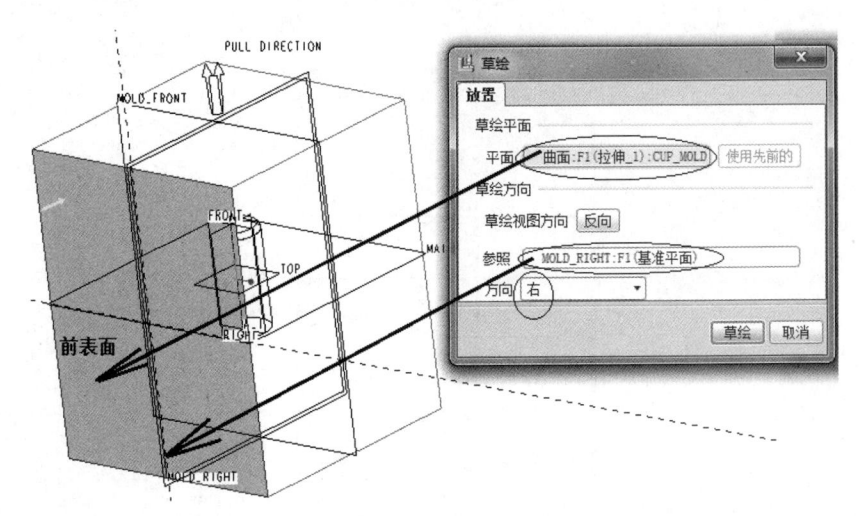

图 2-333 设置草绘平面

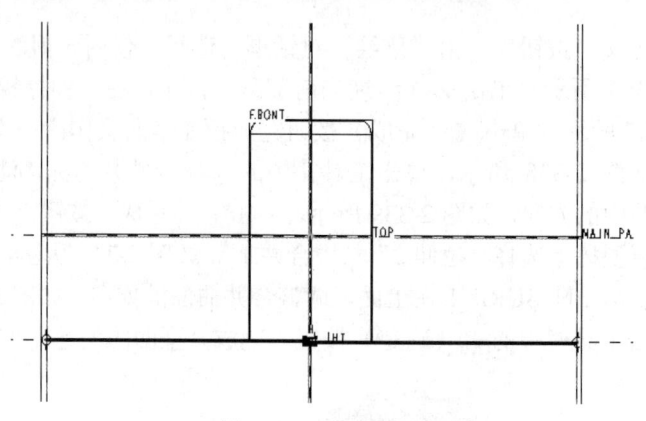

图 2-334 草绘图形

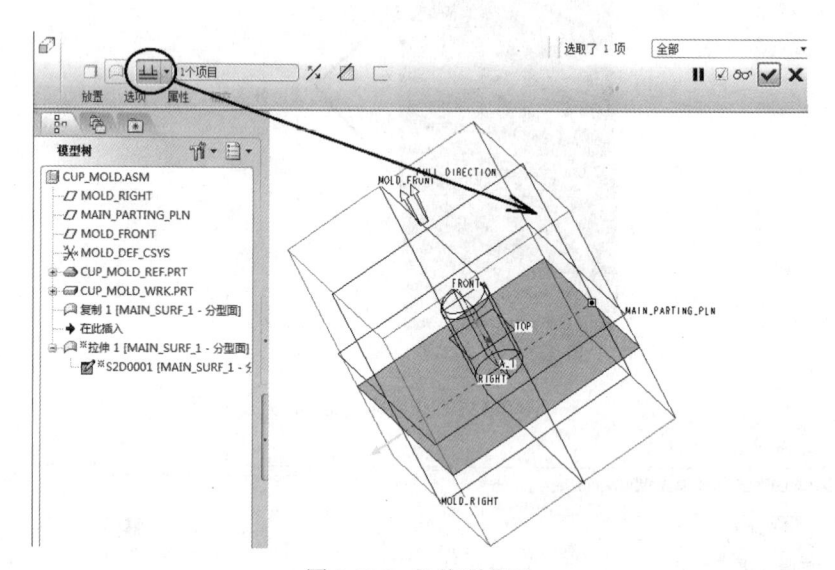

图 2-335 拉伸到曲面

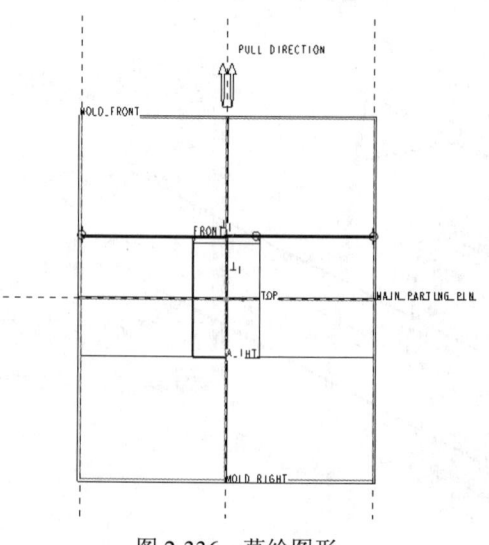

图 2-336 草绘图形

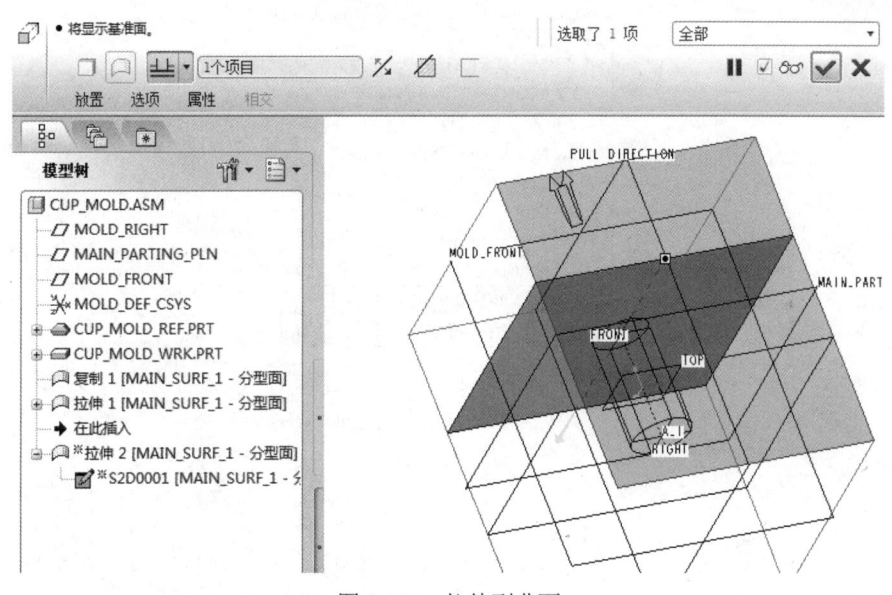

图 2-337 拉伸到曲面

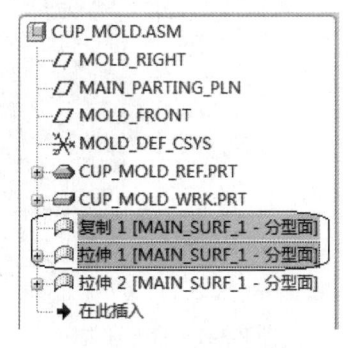

图 2-338 选取合并曲面

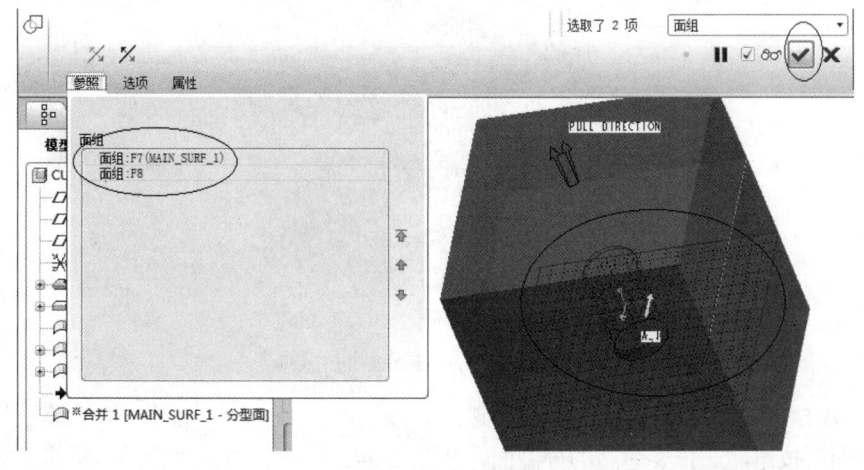

图 2-339 合并曲面

图 2-340　选取合并曲面

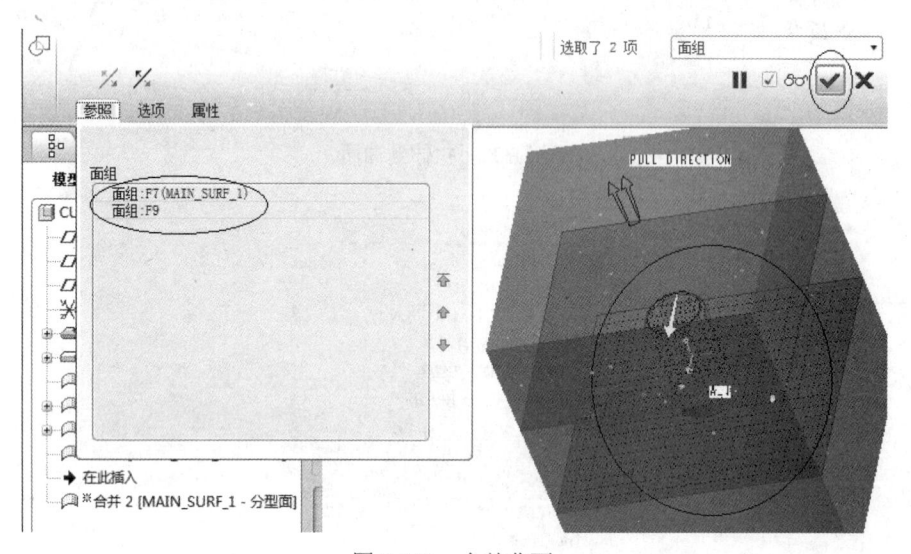

图 2-341　合并曲面

图 2-342　主分型面

（10）单击工具栏中的 ⌘ （遮蔽/取消遮蔽）按钮，在弹出的"遮蔽—取消遮蔽"对话框中单击"分型面"按钮，选择要遮蔽的分型面，如图 2-343 所示。单击"关闭"按钮，完成主分型面的遮蔽操作。

132

图 2-343　遮蔽分型面

（11）单击工具栏中的 ☐（分型面）按钮，然后单击 ☐（属性）按钮，修改分型面名称为"XK_SURF_1"。在绘图区按住 CTRL 键并选择帽口部内表面，如图 2-344 所示。单击工具栏中的 ☐（复制）按钮，然后单击 ☐（粘贴）按钮，在弹出的粘贴操作框中打开"选项"面板，选择"排除曲面并填充孔"单选项，如图 2-345 所示。单击 ☐（预览）按钮查看正确后，单击 ☑（完成）按钮；在模型树上选择 CUP_MOLD_WRK.PRT 并右击，选择"取消隐藏"命令；单击模型树中的"复制 2"特征，然后鼠标移到绘图区，在复制曲面的边界右击，在弹出的菜单中选择"从列表中选取"命令，如图 2-346 所示。选择"边:F7（复制_2）"，如图 2-347 所示，单击"确定"按钮；在菜单栏中选择"编辑"→"延伸"命令，如图 2-348 所示，在弹出的延伸操控面板上单击"参照"→"细节"按钮，如图 2-349 所示。在"链"对话框中选择"基本规则"和"完整环"单选项，然后单击"确定"按钮，如图 2-350 所示。在返回的延伸操控面板中单击 ☐（将曲面延伸到参照平面）按钮，单击工件的上表面作为参照平面，如图 2-351 所示。在操控面板上单击 ☑（完成）按钮，在工具栏中单击 ☑（完成）按钮，完成分型面的创建，如图 2-352 所示。

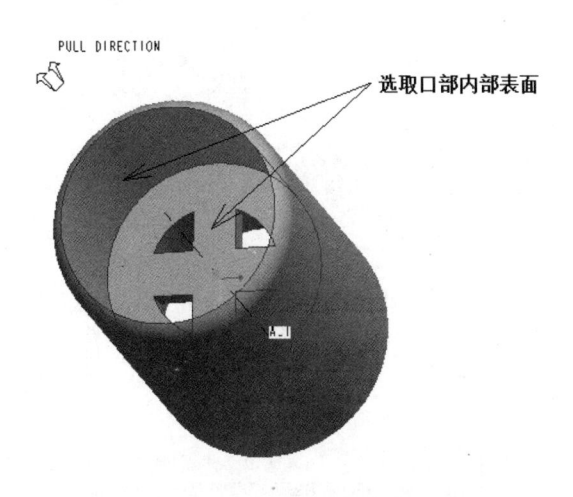

图 2-344　选取帽口部内表面

133

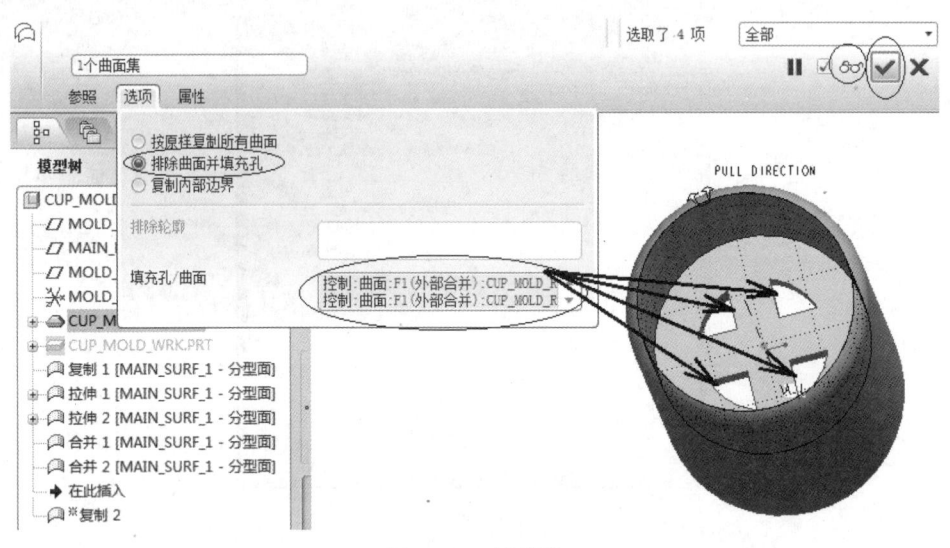

图 2-345 填补孔

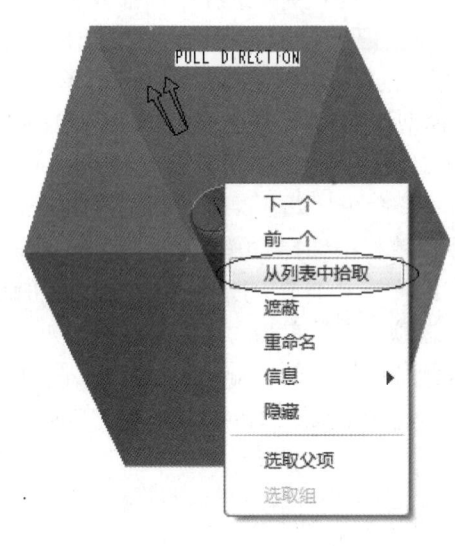

图 2-346 右键菜单

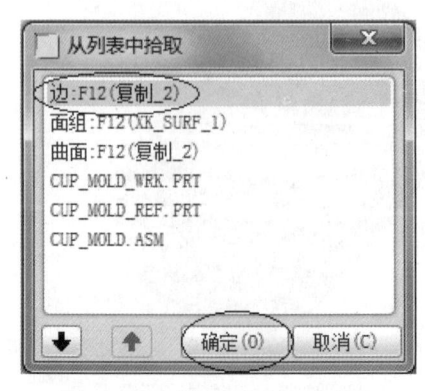

图 2-347 选择"复制_2"的边

单型腔模具设计　第 2 章

图 2-348　选择"延伸"命令

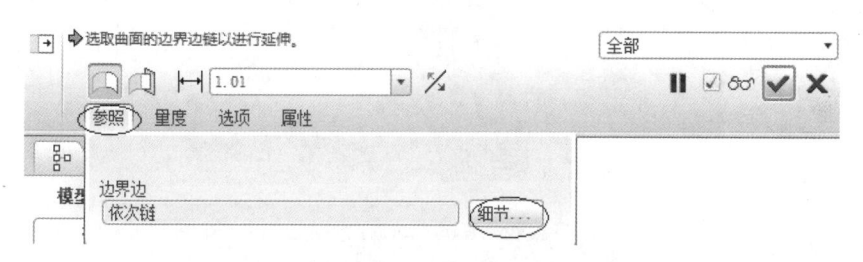

图 2-349　延伸操控面板

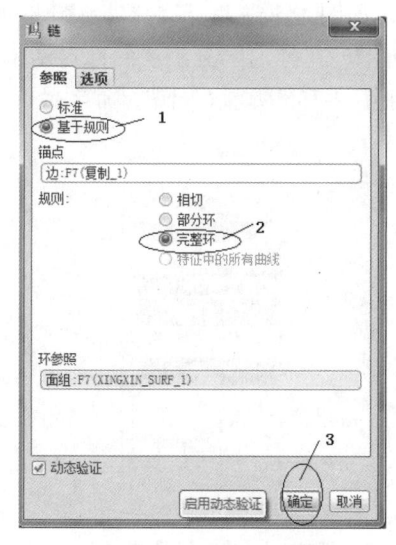

图 2-350　"链"对话框

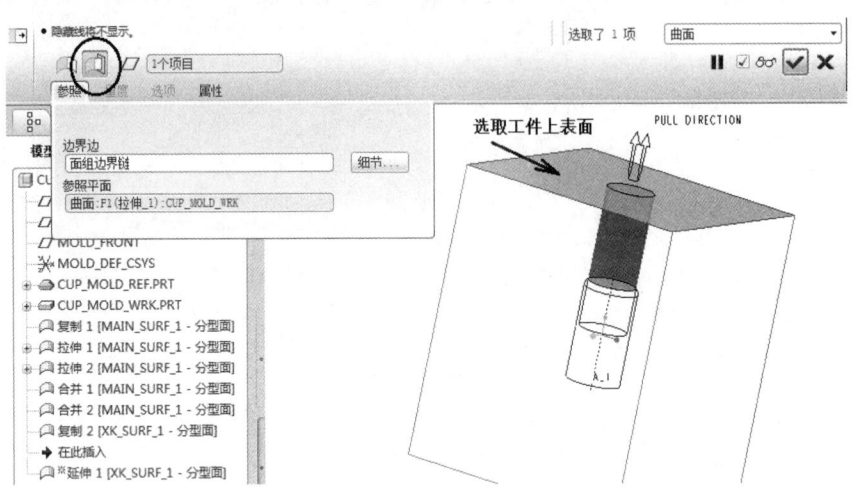

图 2-351　延伸选项

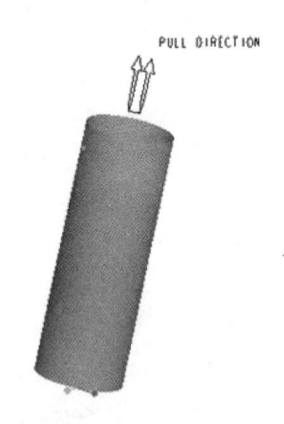

图 2-352　分型面

（12）单击工具栏中的 ⊟ ·（体积块分割）按钮，在菜单管理器中选择"两个体积块"→"所有工件"→"完成"命令，如图 2-353 所示。鼠标移到刚刚创建的延伸分型面上，选取"XK_SURF_1"，如图 2-354 所示，在弹出的分割块属性对话框中单击"着色"按钮，查看分割块并将其命名为"BASE"，如图 2-355 所示。同理，命名另一个分割块"CUP_XK_MOLD"，如图 2-356 所示。

图 2-353　分割选项

136

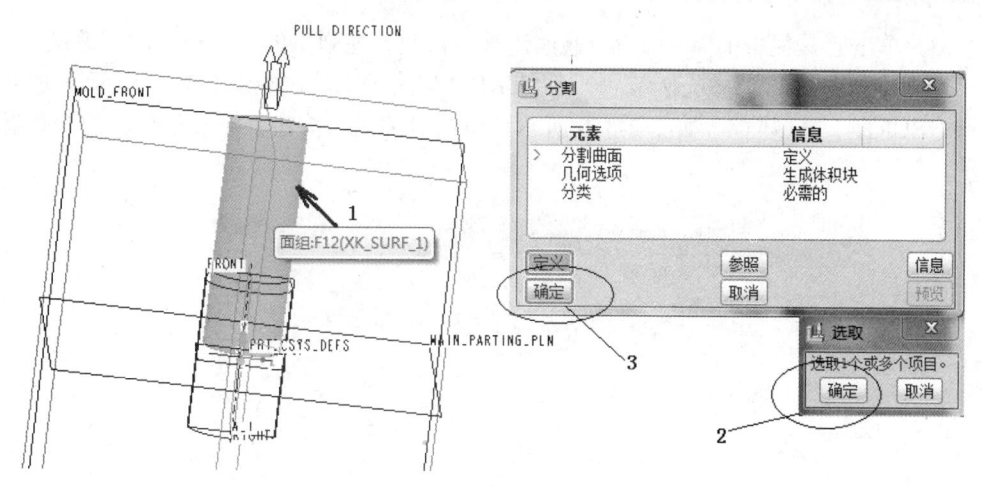

图 2-354　选取分型面进行分割

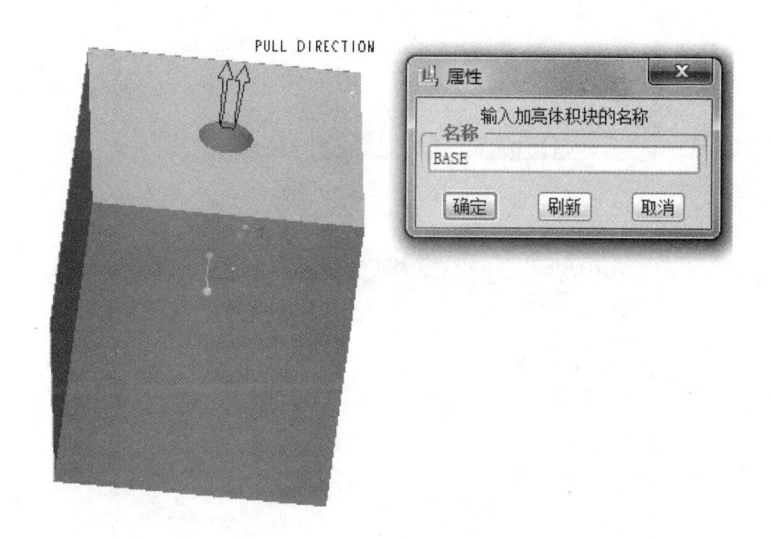

图 2-355　命名分割块

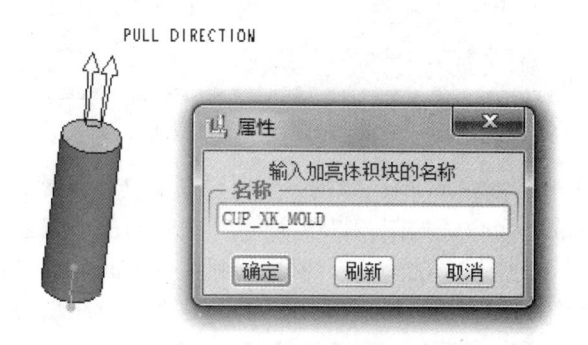

图 2-356　命名镶件分割块

（13）单击工具栏中的 按钮，在弹出的"遮蔽—取消遮蔽"窗口中单击"分型面"按钮，选择遮蔽"XK_SURF_1"分型面，如图 2-357 所示。取消遮蔽"MAIN_SURF_1 分型面"，如图 2-358 所示，单击"关闭"按钮，完成分型面的遮蔽/取消遮蔽操作。

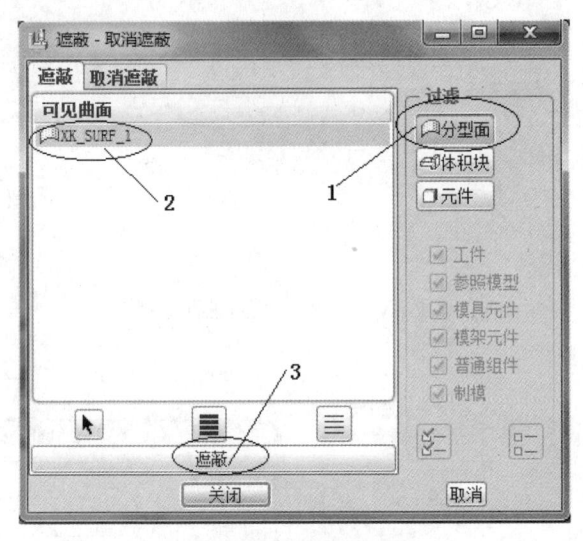

图 2-357 遮蔽分型面

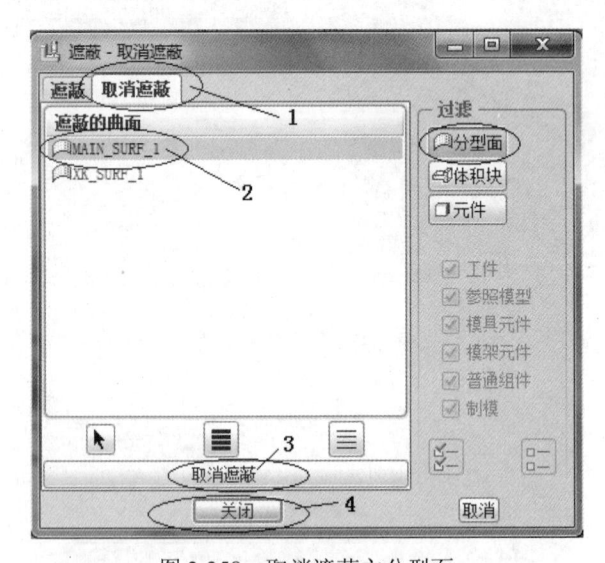

图 2-358 取消遮蔽主分型面

（14）单击工具栏中的 按钮，在菜单管理器中选择"两个体积块"→"模具体积块"→"完成"命令，如图 2-359 所示，在弹出的"搜索工具:1"对话框中选择"BASE"移到右边框中，如图 2-360 所示。鼠标移到主分型面附近并右击，选择"从列表中拾取"命令，如图 2-361 所示。选取"MAIN_SURF_1"，如图 2-362 所示，在弹出的分割块属性对话框中单击"着色"按钮，查看分割块并将其命名为"CUP_FEMALE_MOLD"，如图 2-363 所示。同理，命名另一个分割块"CUP_MALE_MOLD"，如图 2-364 所示。

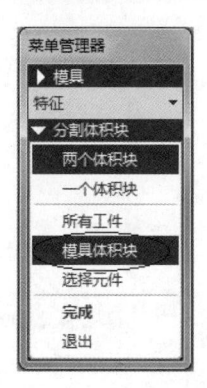

图 2-359　模具体积块分割选项

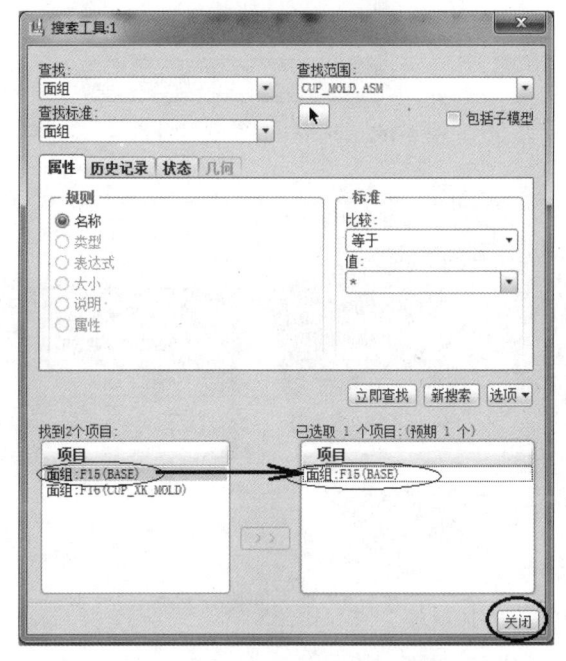

图 2-360　选择分割模具体积块

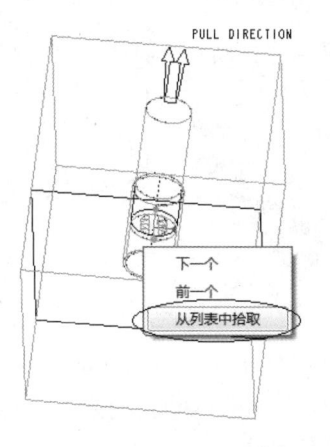

图 2-361　右键菜单

图 2-362 选取分型面进行分割

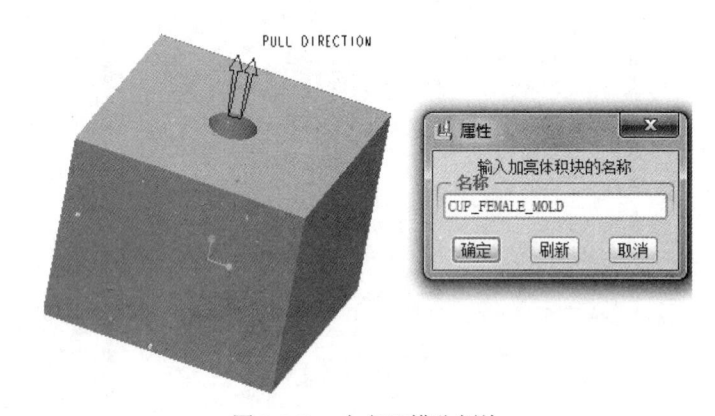

图 2-363 命名凹模分割块

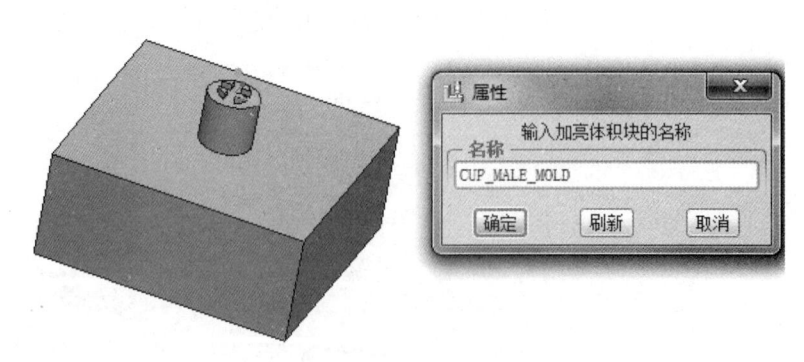

图 2-364 命名凸模分割块

（15）在菜单管理器中选择"模具元件"→"抽取"命令，在弹出的"创建模具元件"对话框中选择■（全选）选项，然后单击"确定"按钮，在菜单管理器中单击"完成返回"命令，此时模型树中便有了三个模具元件。

（16）在菜单管理器中选择"制模"→"创建"命令，在弹出的零件名称对话框中输入"cup_molding"，单击两次✓（确定）按钮，完成制模的创建。

（17）单击工具栏中的（遮蔽/取消遮蔽）按钮，在弹出的"遮蔽－取消遮蔽"窗口中选择要遮蔽的元件，如图 2-365 所示。然后单击"分型面"按钮，选择要遮蔽的分型面，如图 2-366 所示，单击"关闭"按钮，完成遮蔽操作。

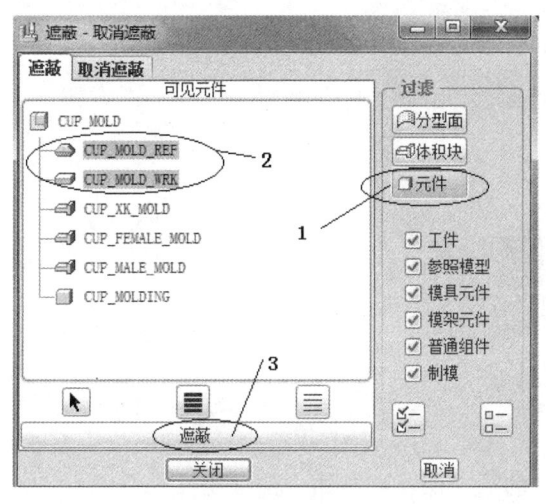

图 2-365　遮蔽元件

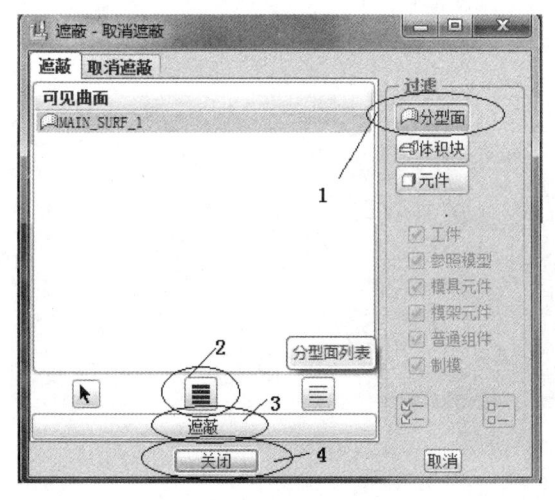

图 2-366　遮蔽分型面

（18）单击工具栏中的（模具开模）按钮，在弹出的菜单中选择"定义间距"→"定义移动"命令，在模型树上选取"CUP_XK_MOLD.PRT"，选取模具上表面为移动参照，根据提示输入移动距离"100"，单击✓（确定）按钮；在模型树上选取"CUP_FEMALE_MOLD.PRT"，选取模具上表面为移动参照，根据提示输入移动距离"50"，单击✓（确定）按钮；在模型树上选取 "CUP_MALE_MOLD.PRT"，选取模具上表面为移动参照，根据提示输入移动距离"-30"，单击✓（确定）按钮，完成开模如图 2-367 所示，在菜单管理器中选择"完成返回"命令。

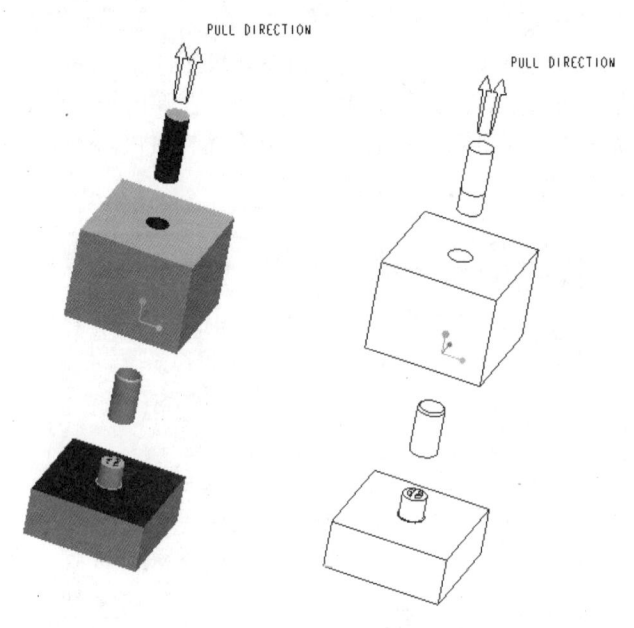

图 2-367　开模图

（19）单击工具栏中的 🖫（保存）按钮，保存文件。

2.3.3　座机壳零件模具设计

本节重点：分型面创建；延伸命令的操作；多分型面破面填补；模具体积块分割与开模。座机壳零件结构如图 2-368 所示。

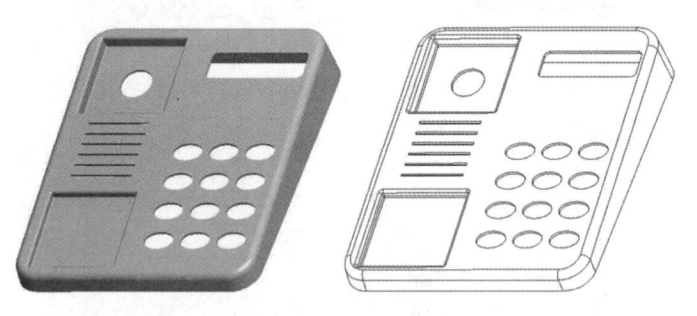

图 2-368　座机壳零件

1．零件分析

分型面的建立位置如图 2-369 所示，箭头位置为模具开模位置，此零件外表面开有多种不同形状的孔，孔与开模方向一致，开模方便。因此，此副模具的分型面选取底部投影面积最大处，分型面需要进行补孔。

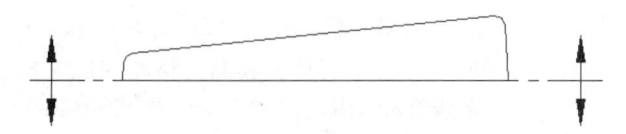

图 2-369　座机壳零件分型面位置

2. 零件模具设计

（1）新建文件夹 seat_casing_mold，放置模具设计的全部文件。

（2）请将本书配套资料（可从网站下载或者自建模型）CH2\源文件 seat_casing.prt 文件复制到 seat_casing_mold 文件夹下。

（3）启动 Pro/ENGINEER 软件，在菜单栏中选择"文件"→"设置工作目录"命令，在弹出的对话框中选择"seat_casing_mold"文件夹为要设置的工作目录。

（4）单击 ☐ （创建新对象）按钮，打开"新建"对话框，创建 casing_mold.asm 模具模型文件。

（5）单击菜单管理器中的"模具模型"→"装配"→"参照模型"命令，选择参照零件 seat_casing.prt，单击"打开"按钮，在弹出的装配操控面板上选择"缺省"装配，如图 2-370 所示，然后单击 ✓（接受）按钮，完成参照零件装配。在随后弹出的"创建参照模型"对话框中单击"确定"按钮，在"警告"对话框中单击"确认"按钮，在"菜单管理器"中单击"完成返回"命令，完成参照模型的创建，如图 2-371 所示。

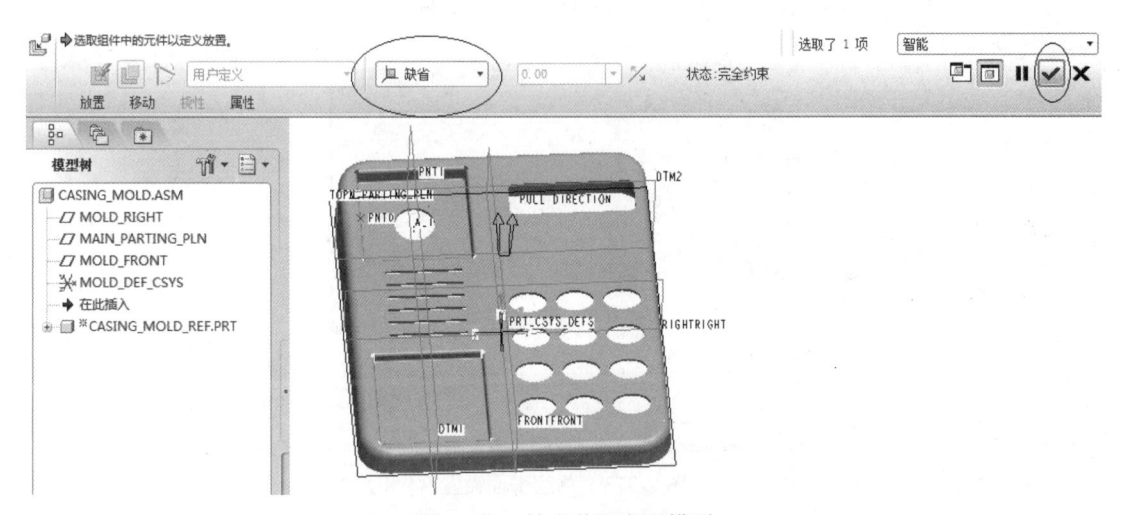

图 2-370　缺省装配参照模型

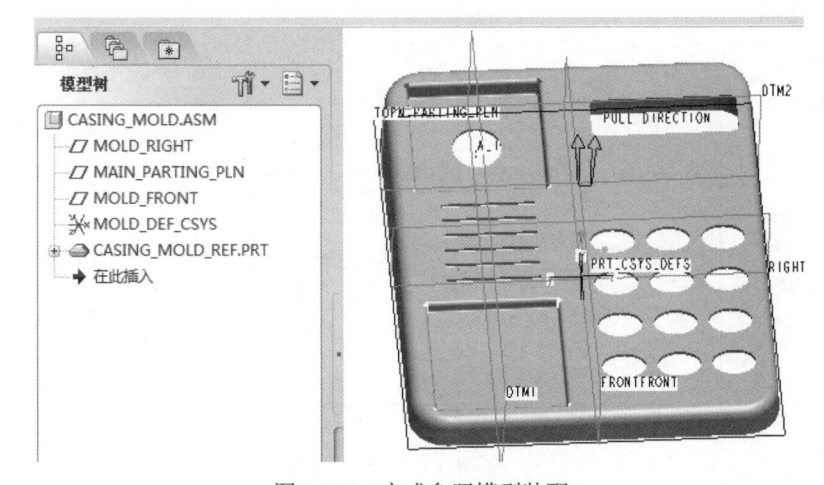

图 2-371　完成参照模型装配

（6）在菜单管理器中选择"模具模型"→"创建"→"工件"→"手动"命令，在弹出的"元件创建"对话框中输入工件名称"CASING_MOLD_WRK"，在"创建选项"对话框中选择"创建特征"，在弹出的菜单管理器中选择"实体"→"伸出项"→"拉伸"→"实体"→"完成"命令，在拉伸操作面板中选择 （对称拉伸）选项，在"拉伸深度"框中输入180，如图2-372示，然后单击"放置"按钮，单击"定义"按钮，弹出"草绘"对话框。选择MOLD_FRONT表面作为草绘平面，以 MOLD_RIGHT 为"右"参照进入草绘模式，如图 2-373 所示。设置"MOLD_RIGHT"及"MAIN_PARTING_PLN"草绘参照，绘制如图 2-374 所示图形，单击拉伸工具操作栏中的 （完成）按钮。在菜单管理器中选择"完成返回"命令，零件效果如图 2-375 所示。

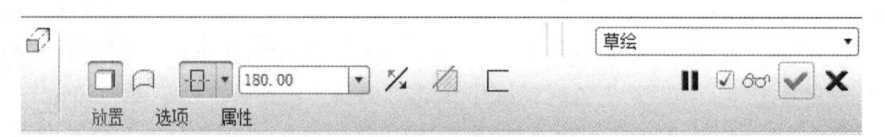

图 2-372　拉伸命令操作面板

图 2-373　草绘平面设置

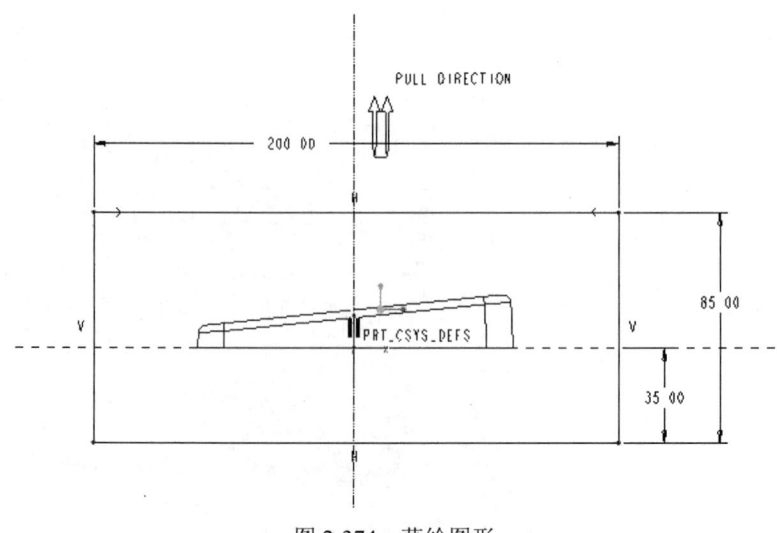

图 2-374　草绘图形

单型腔模具设计 第 2 章

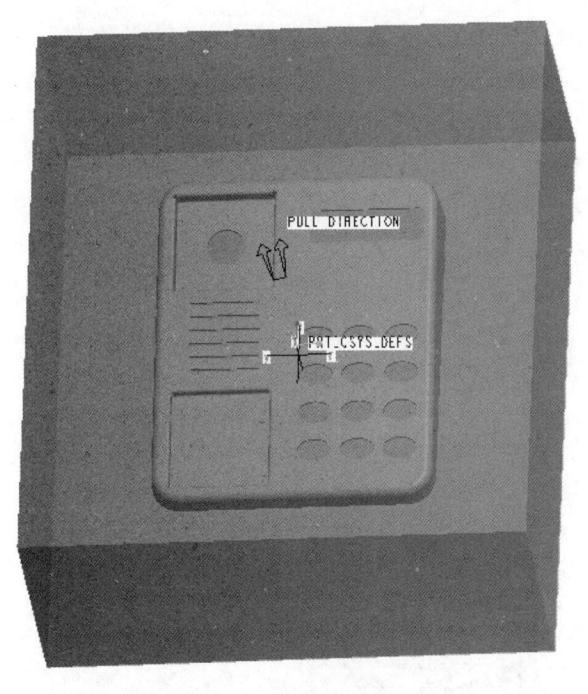

图 2-375 完成工件模型效果图

（7）在菜单管理器中选择"收缩"→"按尺寸"命令，在弹出的"按尺寸收缩"对话框中输入收缩率 0.005，单击 ✔（完成）按钮，在菜单管理器中选择"完成返回"命令，完成收缩率的设置。

（8）在模型树上选择 CASING_MOLD_WRK.PRT 并右击，选择"隐藏"命令，如图 2-376 所示。

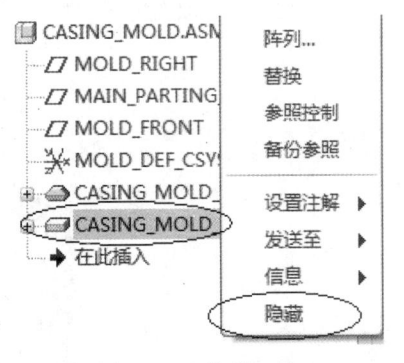

图 2-376 隐藏工件

（9）单击工具栏中的 ◻（分型面）按钮，然后单击 ◻（属性）按钮，修改分型面名称为 "main_SURF_1"。在绘图区按住 CTRL 键并选择座机全部外表面，如图 2-377 所示，单击工具栏中的 ◻（复制）按钮，然后单击 ◻（粘贴）按钮。在弹出的粘贴操作框中打开"选项"面板，选择"排除曲面并填充孔"单选项，如图 2-378 所示。单击 ◻（预览）按钮查看正确后，单击 ✔（完成）按钮；在模型树上选择 CASING_MOLD_WRK.PRT 并右击，选择"取消隐藏"命令，单击工具栏中的 ◻（拉伸工具）按钮，单击"放置"按钮，单击"定义"按

145

钮，弹出"草绘"对话框。选择工件前表面为草绘平面，默认"左"参照进入草绘模式，如图 2-379 所示。选取水平与垂直参照后，绘制直线，如图 2-380 所示图形，单击 ✔（继续当前部分）按钮，在拉伸操控板中选择 ⊥（拉伸到曲面）选项，如图 2-381 所示，单击 ✔（完成）按钮完成拉伸平面操作；在模型树上选择"复制 1"与"拉伸 1"，如图 2-382 所示，单击工具栏中的 ⌓（合并）图标，注意 MAIN_SURF_1 在上面，调整合并曲面的方向，如图 2-383 所示，单击 ✔（完成）按钮。单击工具栏中的 ✔（确定）按钮，完成分型面的创建，如图 2-384 所示。

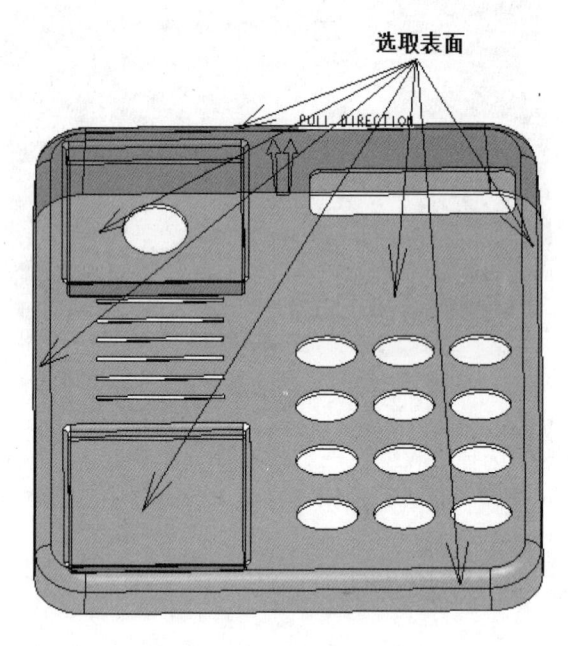

图 2-377　选取底座外表面

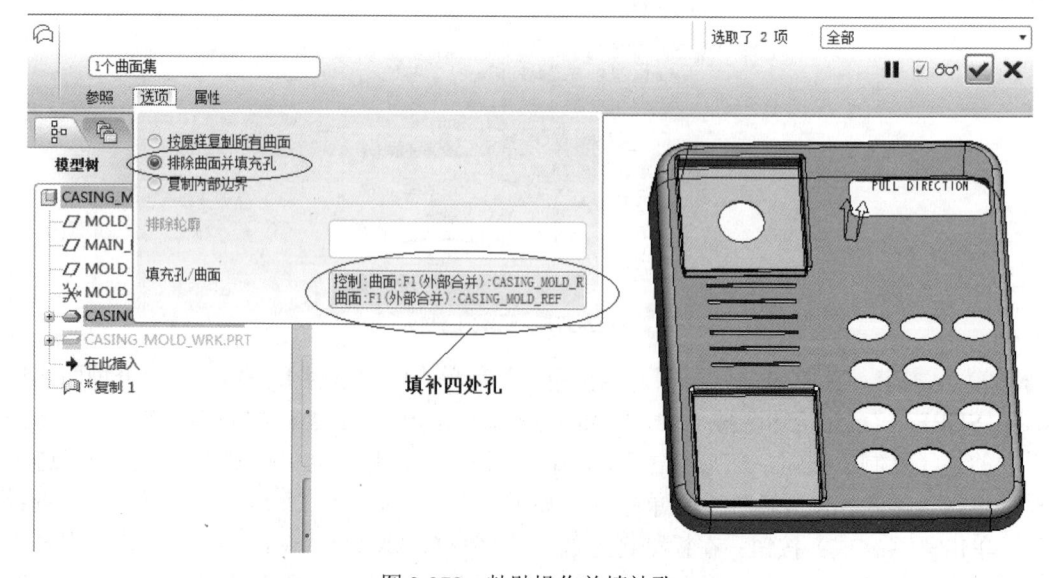

图 2-378　粘贴操作并填补孔

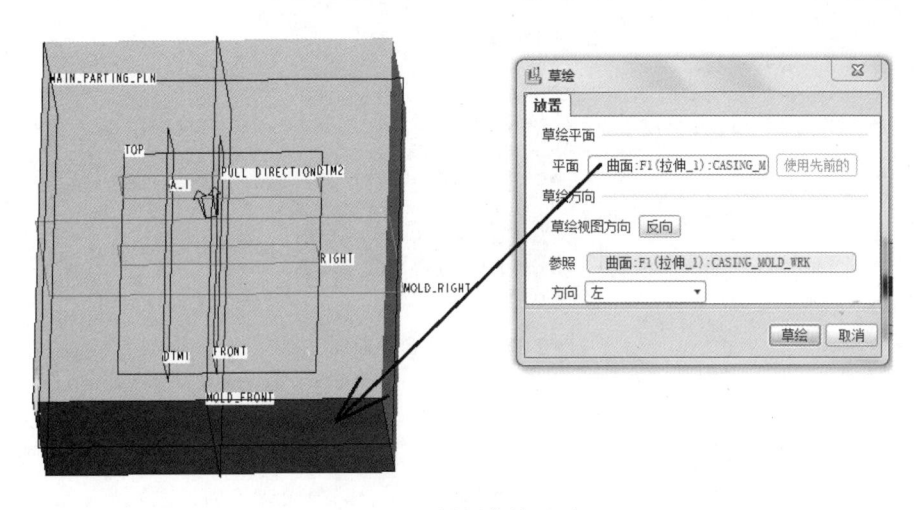

图 2-379 设置草绘平面

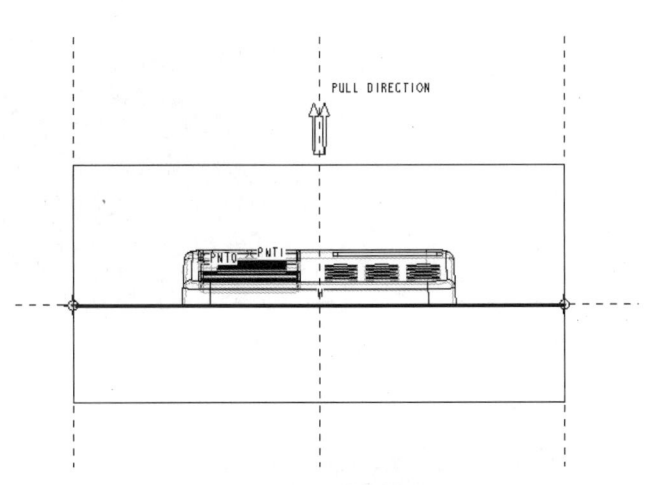

图 2-380 草绘图形

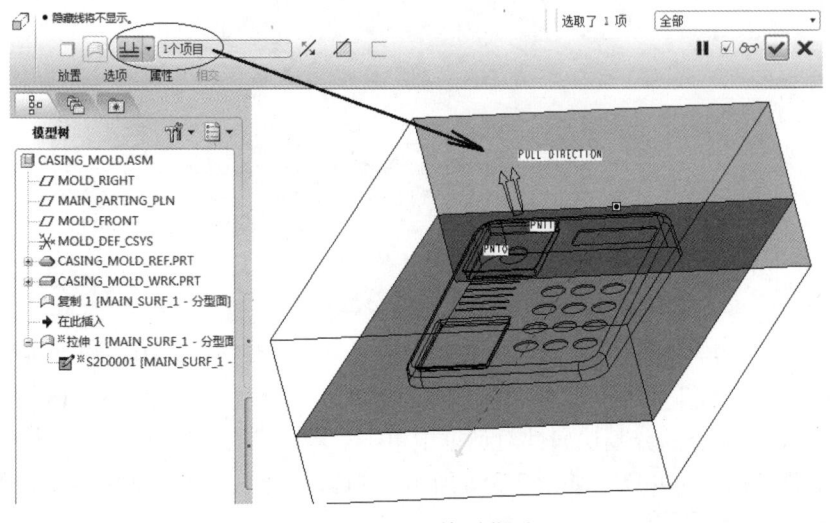

图 2-381 拉伸到曲面

图 2-382 选取合并曲面

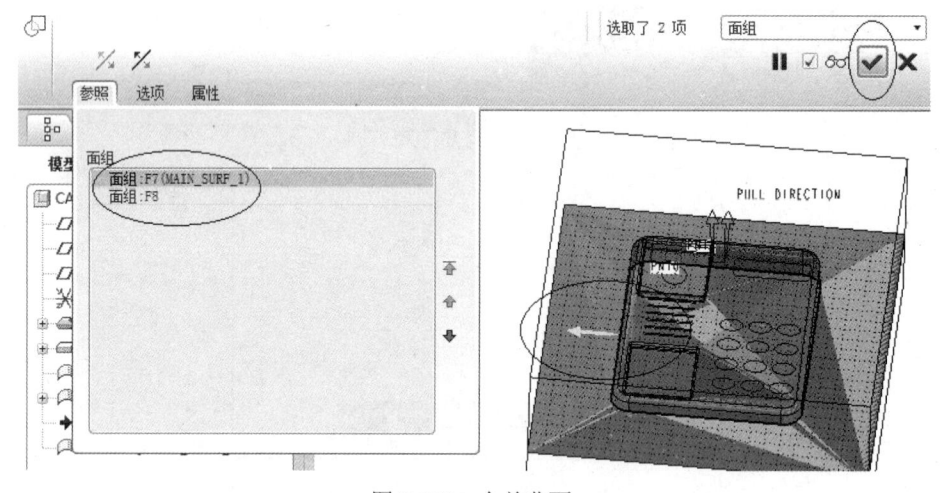

图 2-383 合并曲面

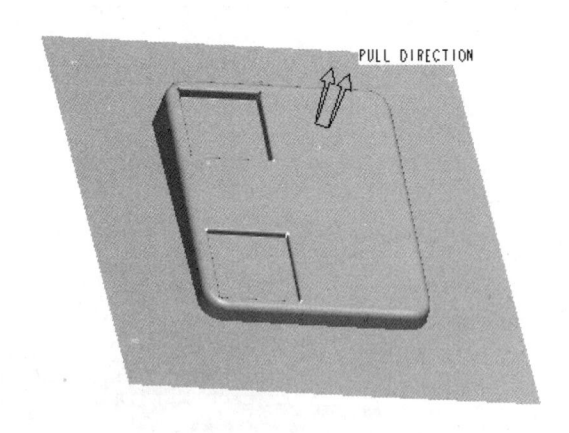

图 2-384 主分型面

（10）单击工具栏中的 ⬜▸（体积块分割）按钮，在菜单管理器中选择"两个体积块"→"所有工件"→"完成"命令，鼠标移到刚刚创建的分型面上，选取"MAIN_SURF_1"，如图 2-385 所示。在弹出的分割块属性对话框中单击"着色"按钮，查看分割块并将其命名为"CASING_FEMALE_MOLD"，如图 2-386 所示。同理，命名另一个分割块"CASING_MALE_MOLD"，如图 2-387 所示。

单型腔模具设计　第 2 章

图 2-385　选取分型面进行分割

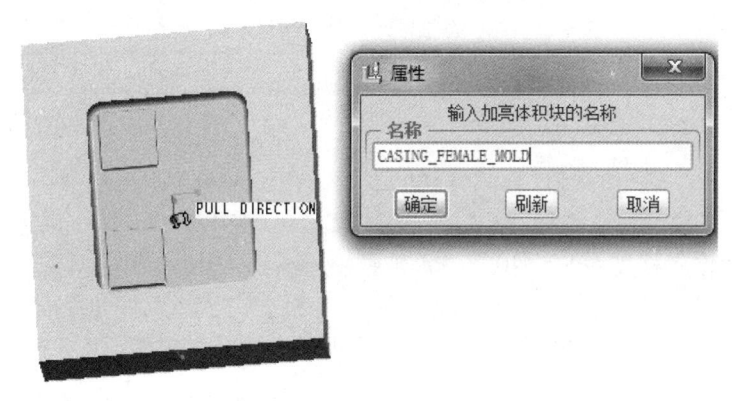

图 2-386　命名型腔分割块

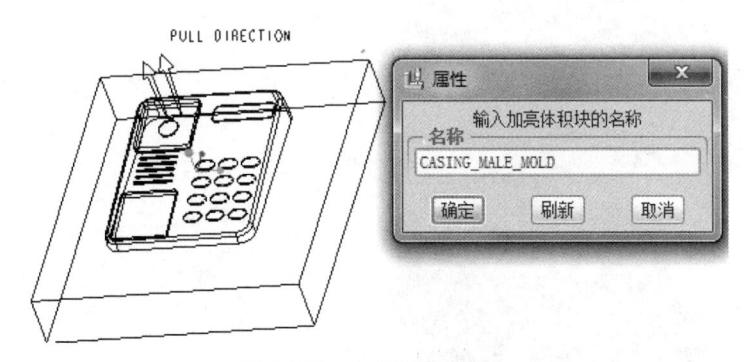

图 2-387　命名型芯分割块

（11）在菜单管理器中选择"模具元件"→"抽取"命令，在弹出的"创建模具元件"对话框中选择■（全选）选项，然后单击"确定"按钮。在菜单管理器中单击"完成返回"命令，此时模型树中便有了两个模具元件。

（12）在菜单管理器中选择"制模"→"创建"命令，在弹出的零件名称对话框中输入"casing_molding"，单击两次✓（确定）按钮，完成制模的创建。

（13）单击工具栏中的 按钮，在弹出的"遮蔽—取消遮蔽"窗口中选择要遮蔽的元件，如图 2-388 所示。然后单击"分型面"按钮，选择要遮蔽的分型面，如图 2-389 所示，单击"关闭"按钮完成遮蔽操作。

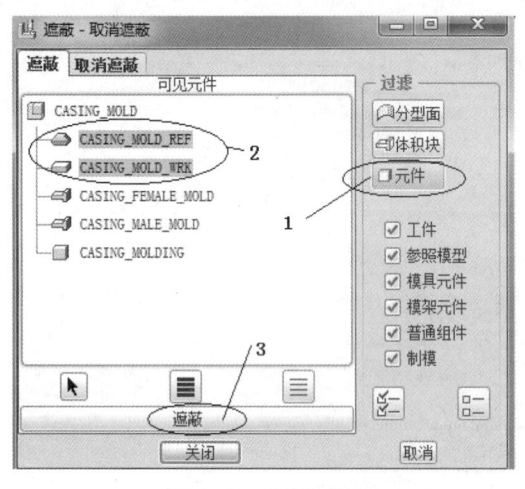

图 2-388　遮蔽元件　　　　　　图 2-389　遮蔽分型面

（14）单击工具栏中的 按钮，在弹出的菜单中选择"定义间距"→"定义移动"命令，在模型树上选取"CASING_FEMALE_MOLD.PRT"，选取模具上表面为移动参照，根据提示输入移动距离"100"，单击 按钮；在模型树上选取"CASING_MALE_MOLD.PRT"，选取模具上表面为移动参照，根据提示输入移动距离"-50"，单击 按钮，完成开模如图 2-390 所示。在菜单管理器中选择"完成返回"命令。

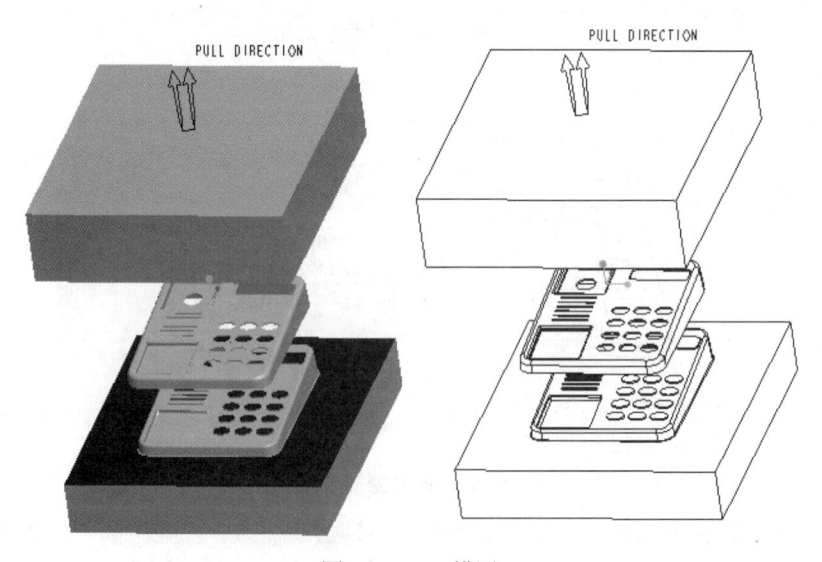

图 2-390　开模图

（15）单击工具栏中的 按钮，保存文件。

3 多型腔模具设计

前面章节我们学习的模具设计都是基于单型腔模具，主要是为了方便大家学习掌握 Pro/Moldesign 模块的模具设计功能。在实际生产中，当一些零件的尺寸较小、结构简单且产量较大时，如果生产条件许可，我们常采用多型腔模具，这样可以大大提高经济效益与生产效率。多型腔模具可以分为两种，一种为一副模具中型腔尺寸都相同，只生产一种产品；另一种为一副模具中型腔尺寸不完全相同，可以生产不同的产品。下面我们将通过两个具体的实例分别加以讲解。

3.1 型腔尺寸相同的多型腔模具设计

本节重点：多型腔模具参照模型的创建；多型腔模具分型面创建；多型腔模具浇注系统的创建；模具体积块分割与开模。

鼠标轮零件结构如图 3-1 所示。

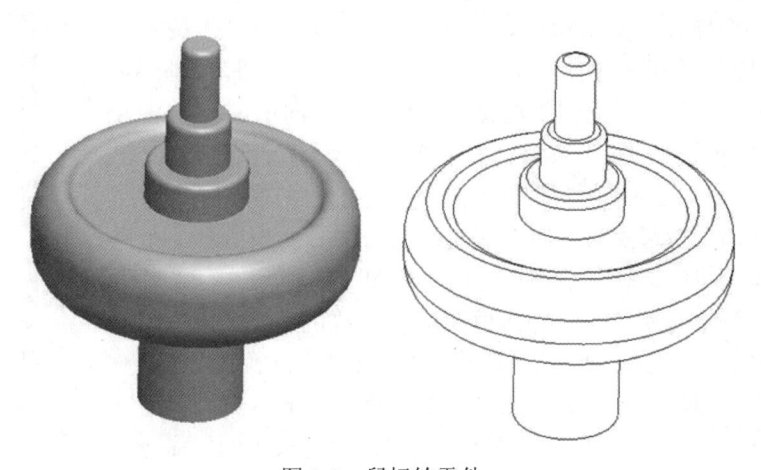

图 3-1　鼠标轮零件

1. 零件分析

分型面的建立位置如图 3-2 所示，箭头位置为模具开模位置，此副模具采用一模四腔，型腔矩形布局结构。

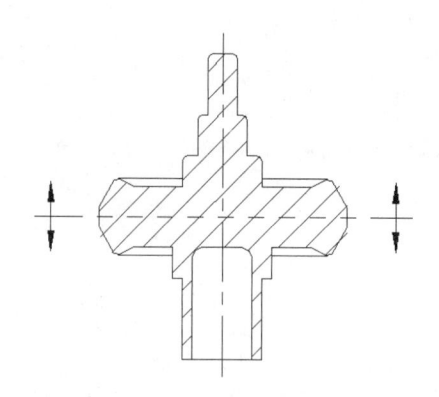

图 3-2　鼠标轮零件分型面位置

2. 零件模具设计

（1）新建文件夹 mouse_wheel_mold，放置模具设计的全部文件。

（2）请将本书配套资料（可从网站下载或者自建模型）CH3\源文件 mouse_wheel.prt 文件复制到 mouse_wheel_mold 文件夹下。

（3）启动 Pro/ENGINEER 软件，在菜单栏中选择"文件"→"设置工作目录"命令，在弹出的对话框中选择"mouse_wheel_mold"文件夹为要设置的工作目录。

（4）单击 □（创建新对象）按钮，打开"新建"对话框。在"类型"中选"制造"，在"子类型"中选"模具型腔"，输入文件名为 mouse_wheel_mold，取消选中"使用缺省模板"，单击"确定"按钮；在打开的"新文件选项"对话框中选中"mmns_mfg_mold"，单击"确定"按钮，进入模具设计界面，系统自动产生基准特征：坐标系（MOLD_DEF_CSYS）和坐标平面（MOLD_FRONT、MAIN_PARTING_PLN、MOLD_RIGHT）。

（5）单击菜单管理器中的"模具模型"→"定位参照零件"命令，如图 3-3 所示，选择参照零件 mouse_wheel.prt，单击"打开"按钮，在随后弹出的"创建参照模型"对话框中单击"确定"按钮，如图 3-4 所示。在弹出的"布局"对话框中选择"矩形"X 方向增量 55，Y 方向增量 55，然后单击"预览"按钮，如图 3-5 所示，查看布局情况，如图 3-6 所示。此时发现参照零件的安排方向不合适，单击"布局"对话框中的"参照模型起点与方向"箭头位置，如图 3-7 所示。在弹出的坐标系类型菜单中选择"动态"选项，如图 3-8 所示。在"参照模型方向"对话框中选择 X 轴，输入值 90，单击"确定"按钮，如图 3-9 所示。在"布局"对话框中单击"预览查看"按钮，正确后单击"确定"按钮，退出"布局"对话框。在"警告"对话框中单击"确定"按钮，如图 3-10 所示。在菜单管理器中两次单击"完成返回"命令，完成参照模型的创建，如图 3-11 所示。

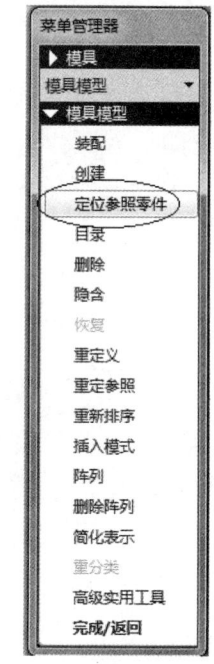

图 3-3　定位参照零件

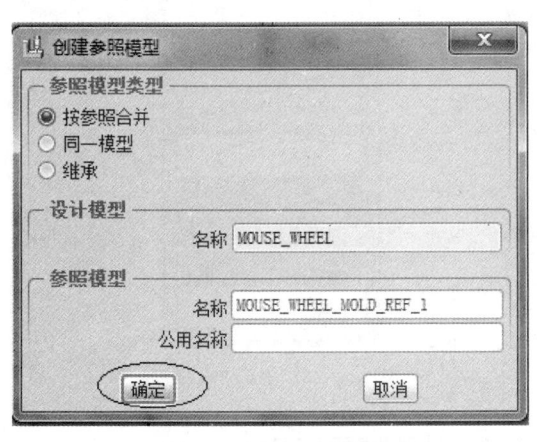

图 3-4　创建参照模型

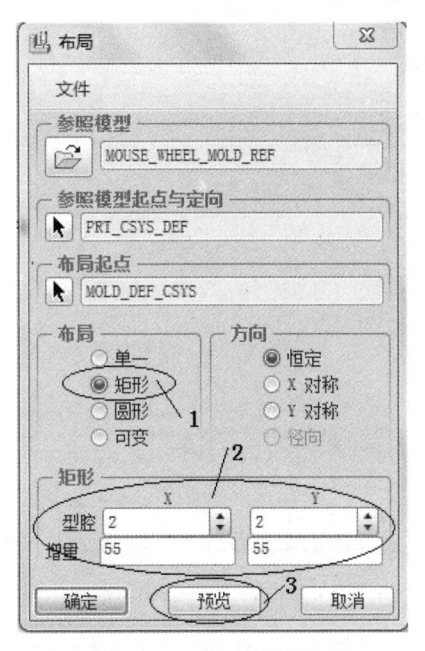

图 3-5　布局对话框设置

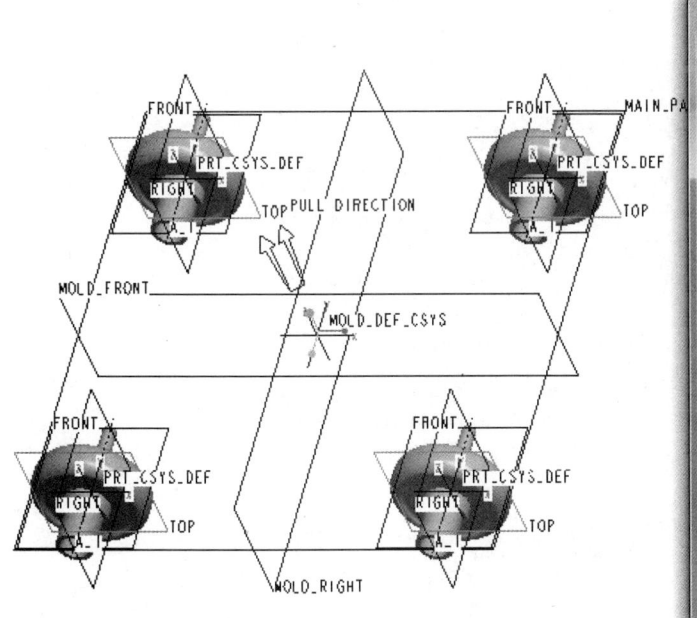

图 3-6　布局预览图

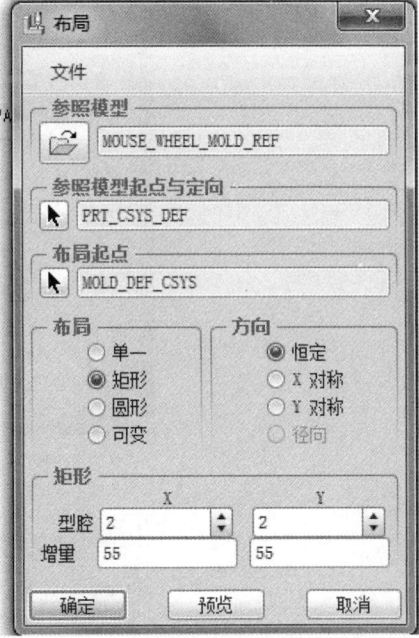

图 3-7 参照模型起点与定向

图 3-8 获得坐标系类型

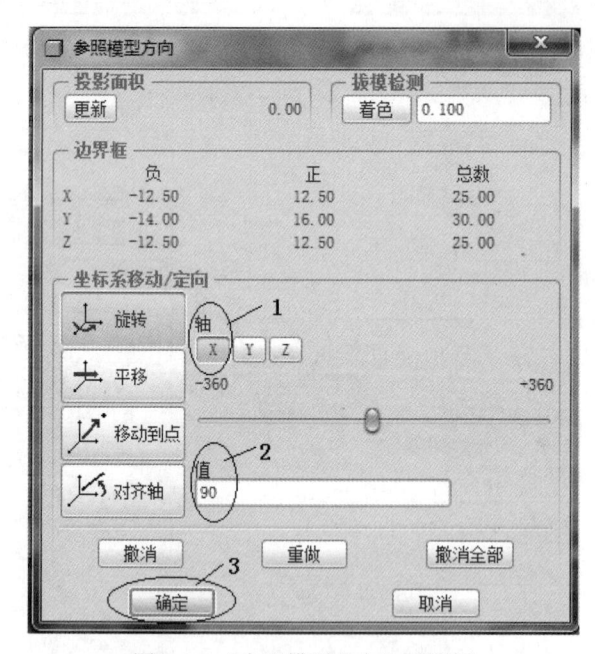

图 3-9 "参照模型方向"对话框

图 3-10 "警告"对话框

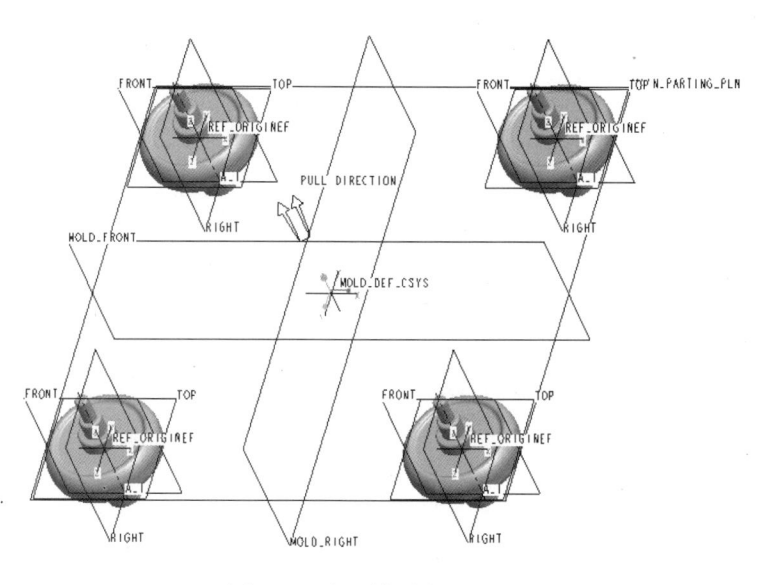

图 3-11 参照模型布局效果

（6）在菜单管理器中选择"模具模型"→"创建"→"工件"→"手动"命令，在弹出的"元件创建"对话框中输入工件名称"WHEEL_MOLD_WRK"，"创建选项"对话框中选择"创建特征"，在弹出的菜单管理器中选择"实体"→"伸出项"→"拉伸"→"实体"→"完成"命令，在拉伸操作面板中选择 （对称拉伸）选项，在"拉伸深度"框中输入 130，如图 3-12 示，然后单击"放置"按钮，单击"定义"按钮。弹出"草绘"对话框，选择 MOLD_FRONT 表面作为草绘平面，以 MOLD_RIGHT 为"右"参照进入草绘模式，如图 3-13 所示，设置"MOLD_RIGHT"及"MAIN_PARTING_PLN"草绘参照，绘制如图 3-14 所示图形。单击拉伸工具栏中的 （完成）按钮，在菜单管理器中选择"完成返回"命令，零件效果如图 3-15 所示。

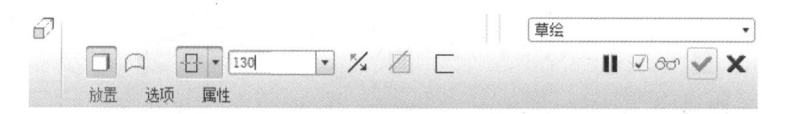

图 3-12 拉伸命令操作控面板

图 3-13 草绘平面设置

图 3-14 草绘图形

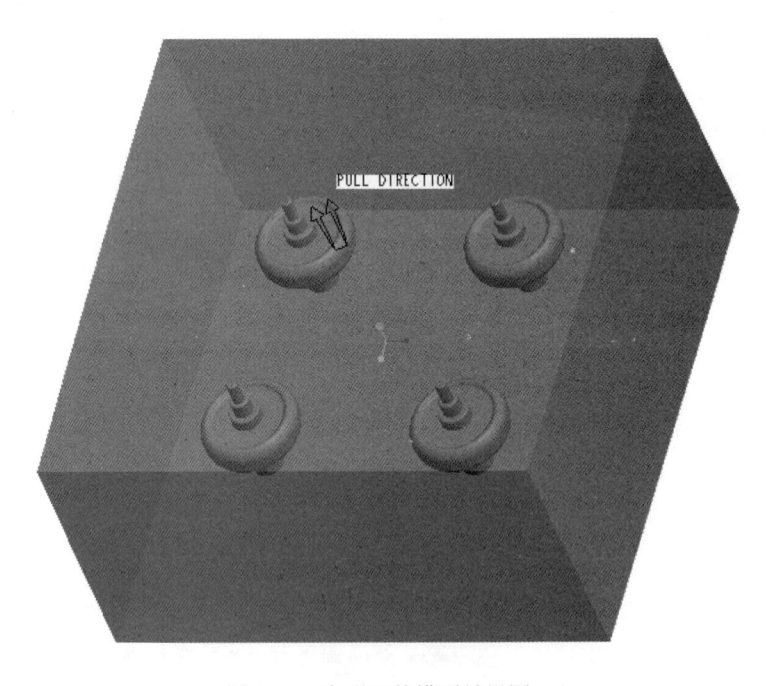

图 3-15 完成工件模型效果图

(7) 在菜单管理器中选择"收缩",在绘图区选择任一参照零件后,选择"按尺寸"命令,在弹出的"按尺寸收缩"对话框中输入收缩率 0.003,单击 ✓（完成）按钮,在菜单管理器中选择"完成返回"命令,完成收缩率的设置。

(8) 在模型树上选择 WHEEL_MOLD_WRK.PRT 并右击,选择"隐藏"命令,如图 3-16 所示。

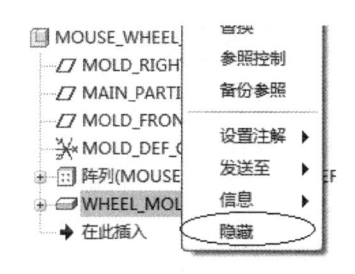

图 3-16 隐藏工件

（9）单击工具栏中的 按钮，然后单击 按钮，修改分型面名称为"main_SURF_1"，在绘图区选择左下角的参照零件，选择零件上部全部外表面，如图 3-17 所示。单击工具栏中的 按钮，然后单击 按钮，在弹出的粘贴操作框中单击 按钮，如图 3-18 所示；单击工具栏中的 按钮，遮蔽参照模型，如图 3-19 所示。在模型树上选择"复制 1 特征"，单击工具栏中的 按钮，以 MOLD_FRONT 平面为镜像面进行镜像，然后再选取"复制 1"与"镜像 1"，以 MOLD_RIGHT 平面为镜像面进行镜像，镜像后效果如图 3-20 所示；在模型树上选择 WHEEL_MOLD_WRK.PRT 右击，选择"取消隐藏"命令，单击工具栏中的 按钮，单击"放置"按钮，单击"定义"按钮，弹出"草绘"对话框。选择工件前表面为草绘平面，默认"右"参照进入草绘模式，如图 3-21 所示，选取水平与垂直参照后，绘制直线如图 3-22 所示，单击 ![]（继续当前部分）按钮，在拉伸操控板中选择 选项，如图 3-23 所示，单击 ![]（完成）按钮完成拉伸平面操作；在模型树上选择"复制 1"与"拉伸 1"，如图 3-24 所示，单击工具栏中的 图标，注意 MAIN_SURF_1 在上面，调整合并曲面的方向，如图 3-25 所示，单击 ![]（完成）按钮；另外三个镜像曲面依次与合并的曲面进行合并操作，单击工具栏中的 ![]（确定）按钮，完成分型面的创建，如图 3-26 所示。

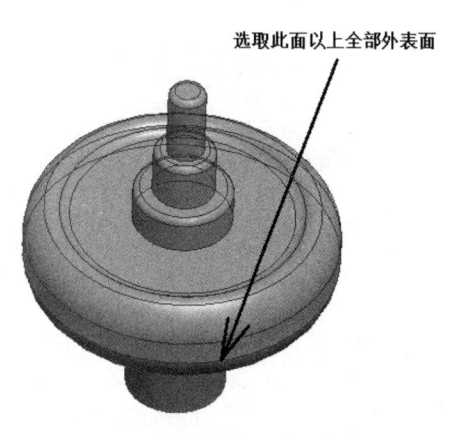

图 3-17 选取需要复制曲面

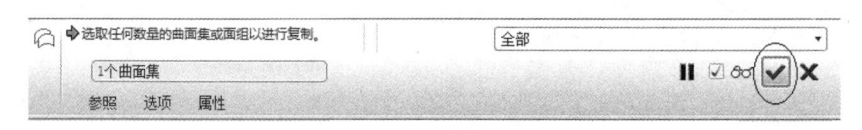

图 3-18 粘贴操控面板

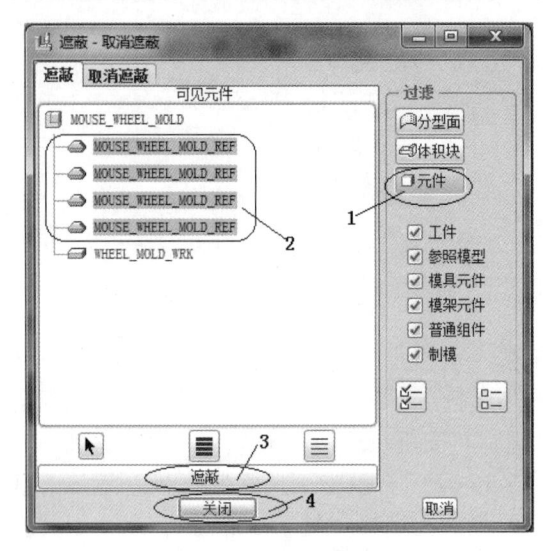

图 3-19　遮蔽参照模型

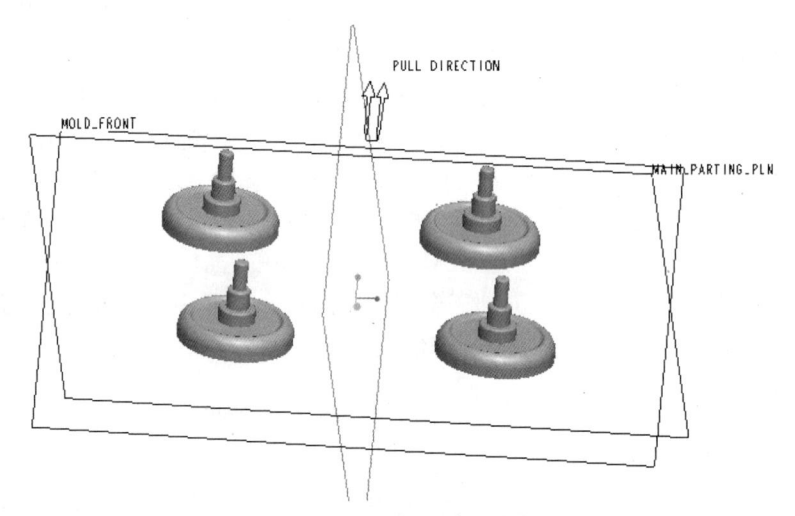

图 3-20　粘贴面经过两次镜像后的效果图

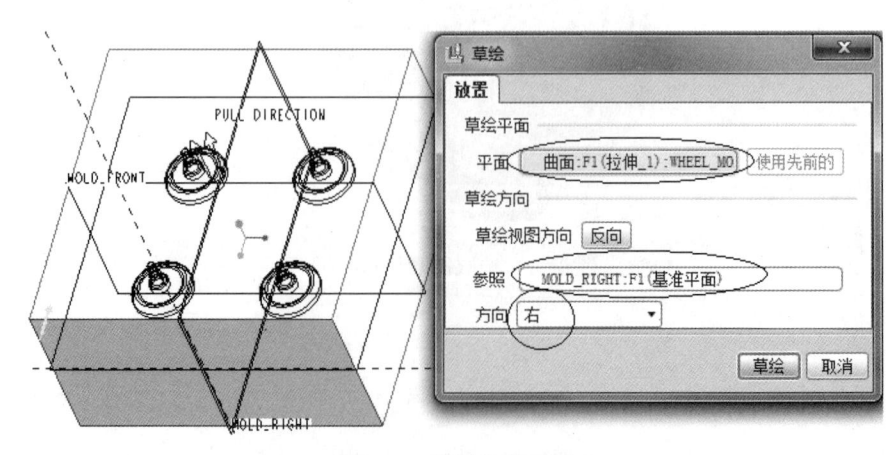

图 3-21　设置草绘平面

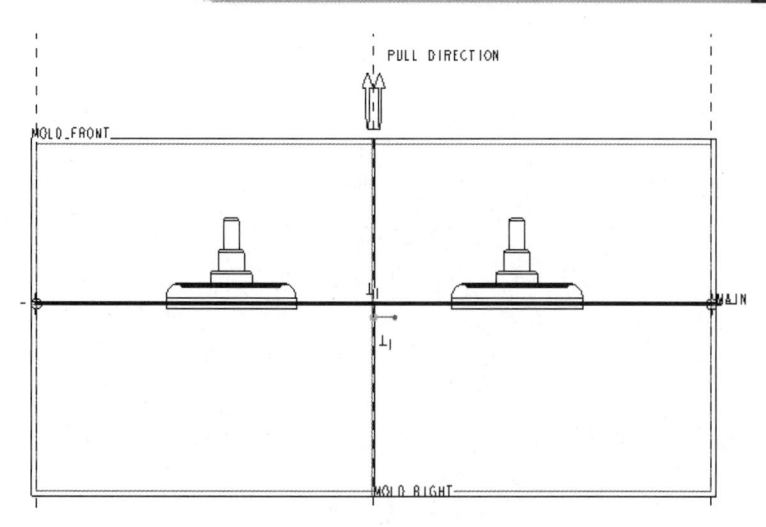

图 3-22　草绘图形

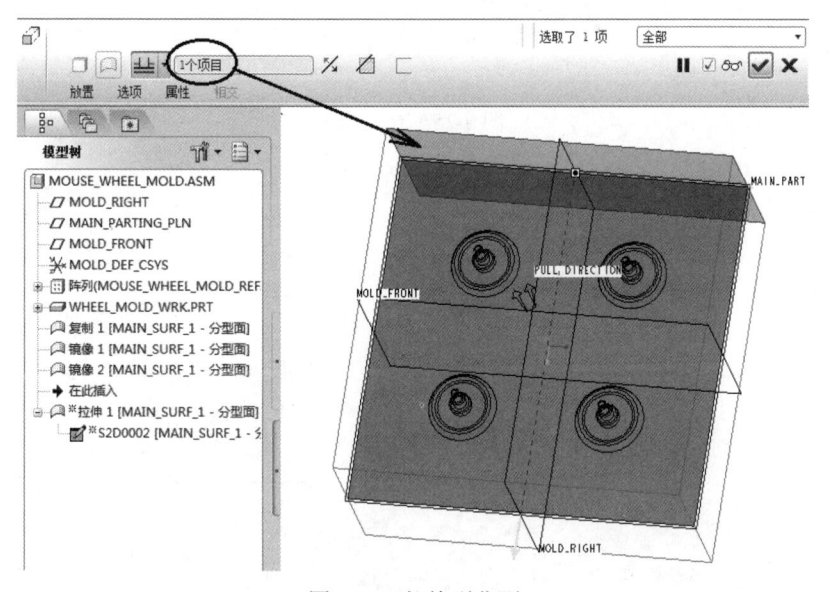

图 3-23　拉伸到曲面

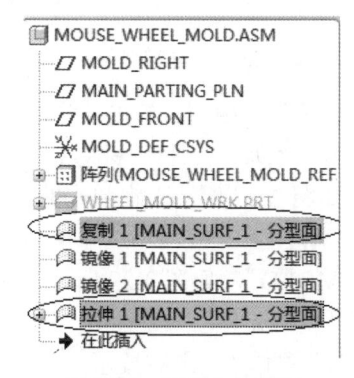

图 3-24　选取合并曲面

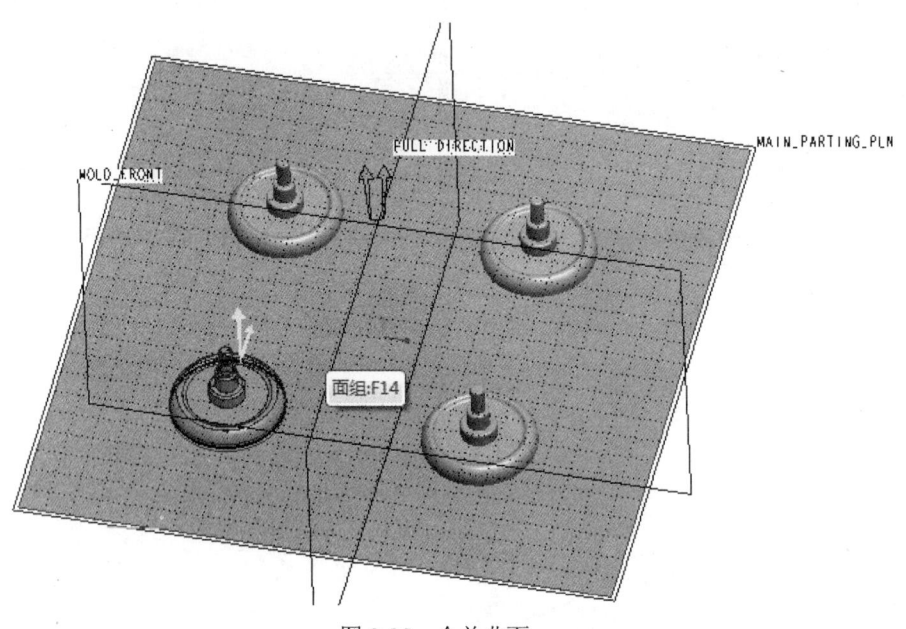

图 3-25　合并曲面

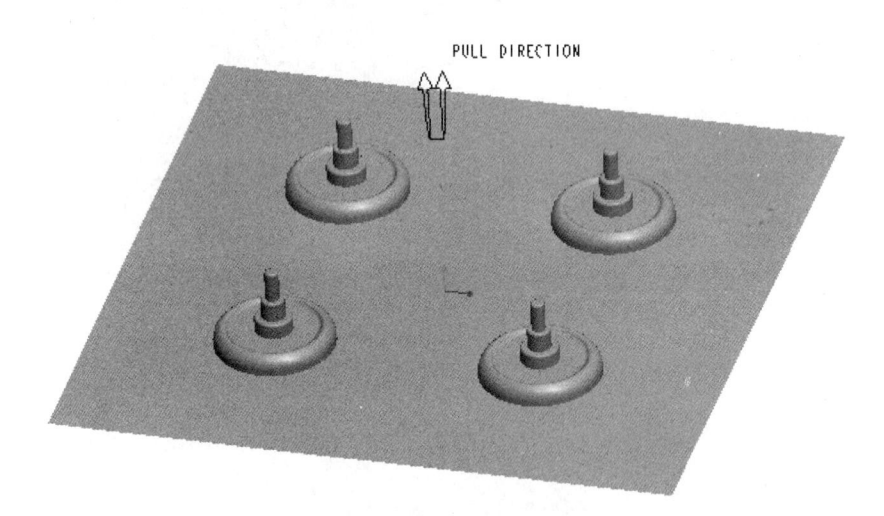

图 3-26　主分型面效果图

（10）取消隐藏工件及取消遮蔽参照模型，单击工具栏中的 ⬚ （体积块分割）按钮，在菜单管理器中选择"两个体积块"→"所有工件"→"完成"命令，鼠标移到刚刚创建的分型面上，选取"MAIN_SURF_1"，如图 3-27 所示，在弹出的分割块属性对话框中单击"着色"按钮，查看分割块并将其命名为"WHEEL_FEMALE_MOLD"，如图 3-28 所示。同理，命名另一个分割块"WHEEL_MALE_MOLD"，如图 3-29 所示。

（11）在菜单管理器中选择"模具元件"→"抽取"命令，在弹出的"创建模具元件"对话框中选择 ⬚ （全选）选项，然后单击"确定"按钮，在菜单管理器中单击"完成返回"命令，此时模型树中便有了两个模具元件。

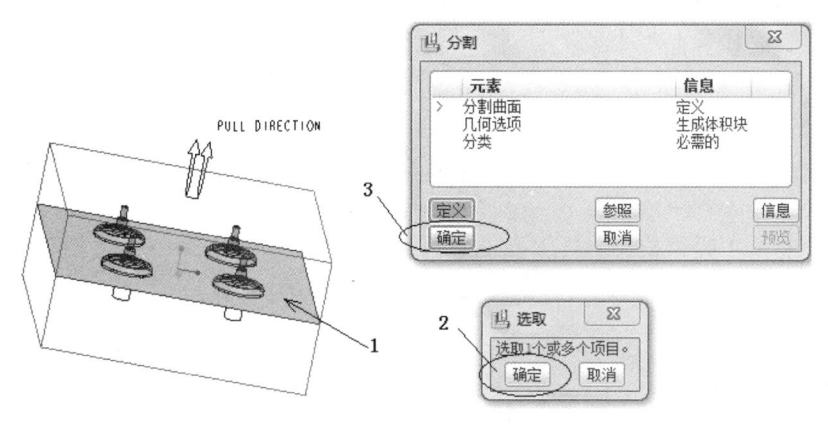

图 3-27　选取分型面进行分割

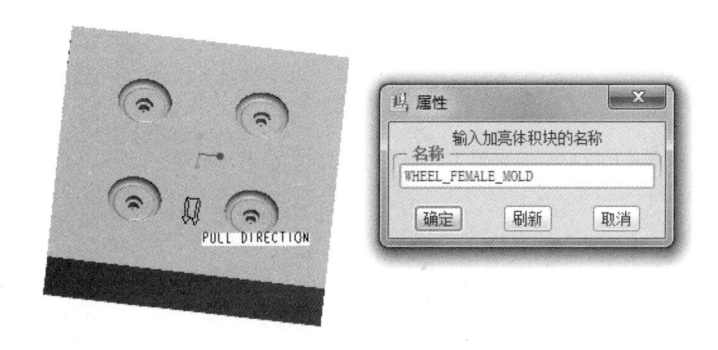

图 3-28　命名型腔分割块

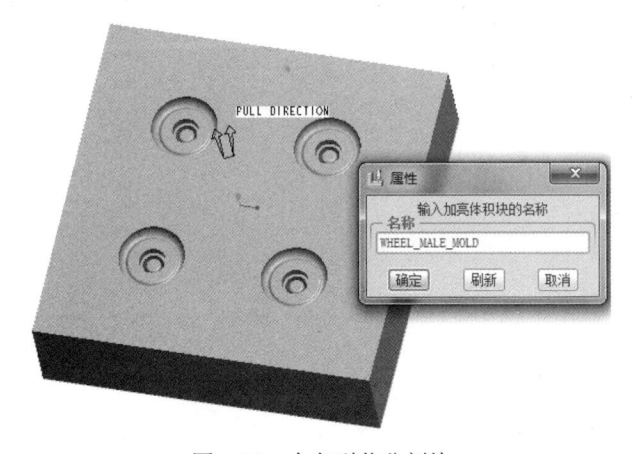

图 3-29　命名型芯分割块

（12）抽取完模具元件后，我们来创建浇注系统。在菜单栏中选择"插入"→"旋转"命令，如图 3-30 所示，在弹出的旋转操作面板中单击"放置"按钮，单击"定义"按钮，弹出"草绘"对话框。选择 MOLD_FRONT 作为草绘平面，以 MOLD_RIGHT 平面为参照，方向"右"进入草绘，如图 3-31 所示，草绘如图 3-32 所示的图形，在旋转操控面板中单击 ✔（完成）按钮进行旋转操作，完成主流道的创建；同样插入旋转命令，选择 MAIN_PARTING_PLN 作为草绘平面，以 MOLD_RIGHT 为"右"参照进入草绘，如图 3-33 所示，草绘如图 3-34 所示的图形,在旋转操控面板中单击☑(完成)按钮进行旋转操作,完成分流道的创建;同样插入旋转命令,选择 RIGHT(参照模型中的基准平面)作为草绘平面,以 MOLD_FRONT 为"顶"参照进入草绘,如图 3-35 所示,草绘如图 3-36 所示的图形,在旋转操控面板中单击☑(完成)按钮进行旋转操作,完成浇口分流道的创建;在模型树中选择刚刚创建的"旋转3"特征,在菜单栏中选择"编辑"→"镜像"命令,以"MOLD_RIGHT"基准面为镜像面,在弹出的"相交元件"对话框中勾选"自动更新"复选框,如图 3-37 所示。在镜像操控面板中单击☑(完成)按钮进行镜像操作;浇注系统完成效果如图 3-38 所示。

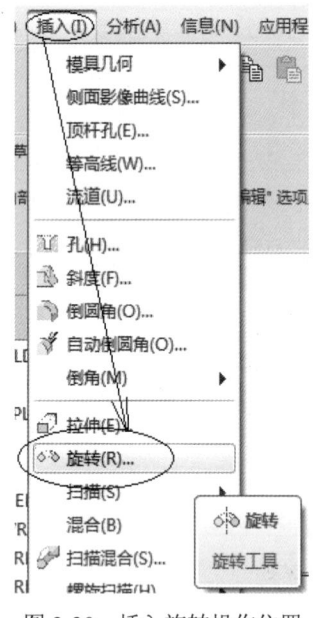

图 3-30 插入旋转操作位置

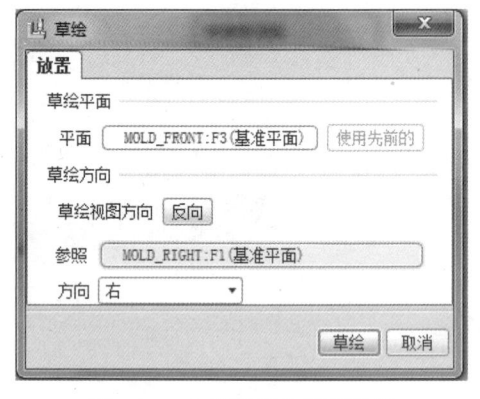

图 3-31 主流道草绘平面设置

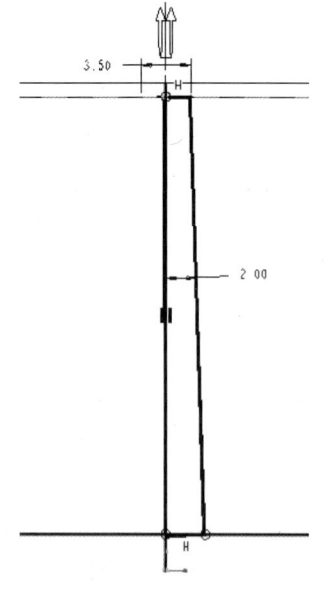

图 3-32 主流道草绘图形

图 3-33 分流道草绘平面设置

162

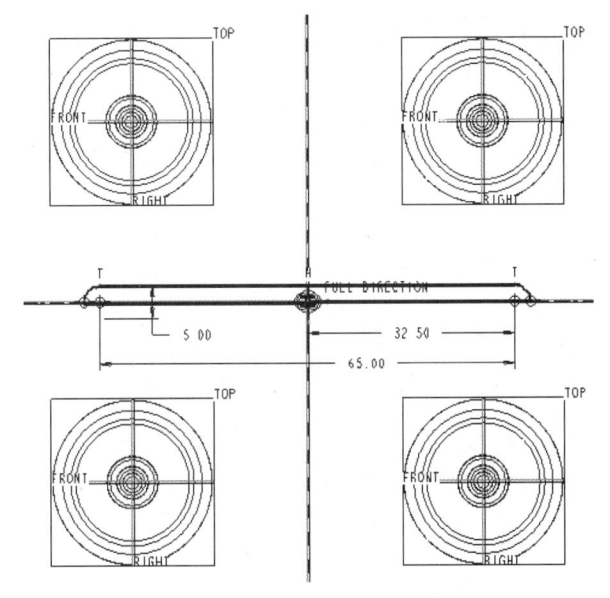

图 3-34 分流道草绘图形

图 3-35 浇口处流道草绘设置

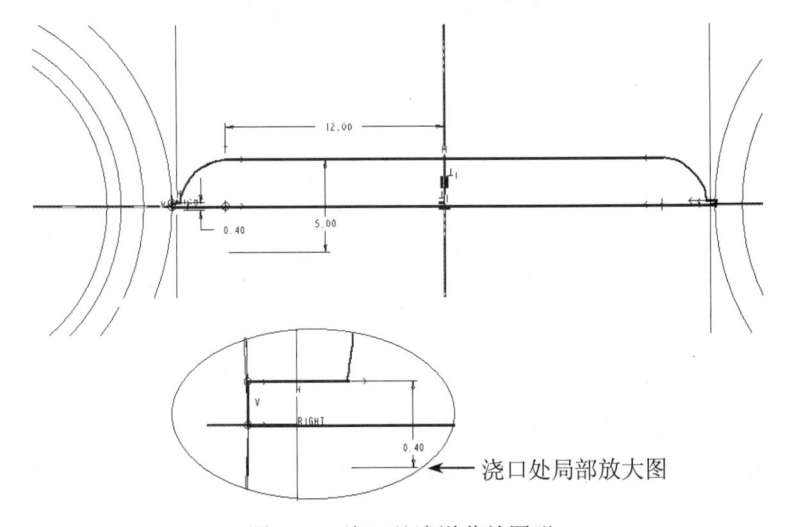

← 浇口处局部放大图

图 3-36 浇口处流道草绘图形

图 3-37 "相交元件"对话框

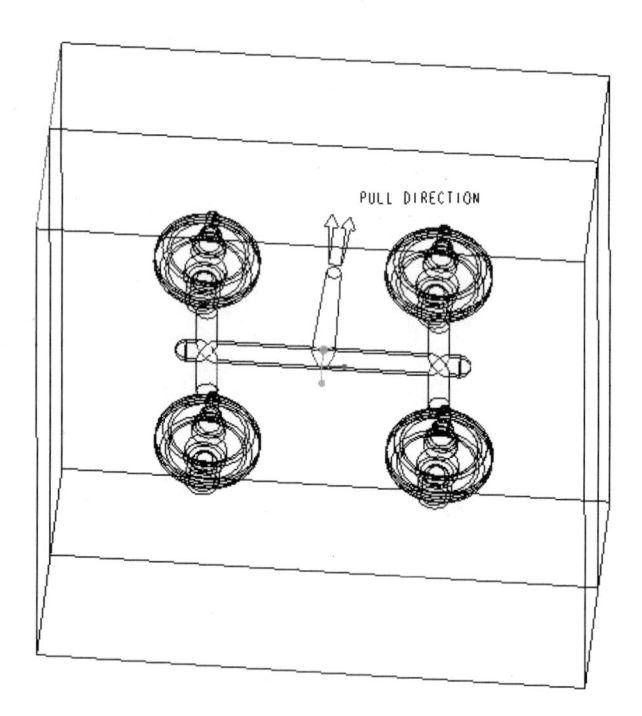

图 3-38 浇注系统效果图

（13）在菜单管理器中选择"制模"→"创建"命令，在弹出的零件名称对话框中输入"wheel_molding"，单击两次✓（确定）按钮，完成制模的创建。

（14）单击工具栏中的 ※ （遮蔽/取消遮蔽）按钮，在弹出的"遮蔽－取消遮蔽"窗口中选择要遮蔽的元件，如图 3-39 所示。然后单击"分型面"按钮，选择要遮蔽的分型面，如图 3-40 所示，单击"关闭"按钮，完成遮蔽操作。

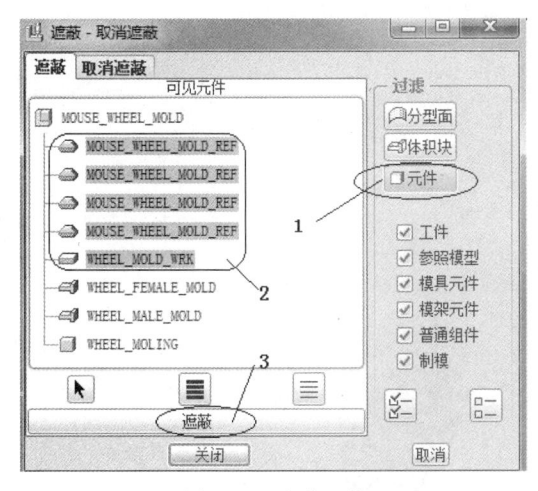

图 3-39 遮蔽元件　　　　　　　　图 3-40 遮蔽分型面

（15）单击工具栏中的 ![图标]（模具开模）按钮，在弹出的菜单中选择"定义间距"→"定义移动"命令，在模型树上选取"WHEEL_FEMALE_MOLD.PRT"，选取模具上表面为移动参照，根据提示输入移动距离"50"，单击 ![图标]（确定）按钮；在模型树上选取"WHEEL_MALE_MOLD.PRT"，选取模具上表面为移动参照，根据提示输入移动距离"-50"，单击 ![图标]（确定）按钮，完成开模如图 3-41 所示，在菜单管理器中选择"完成/返回"命令。

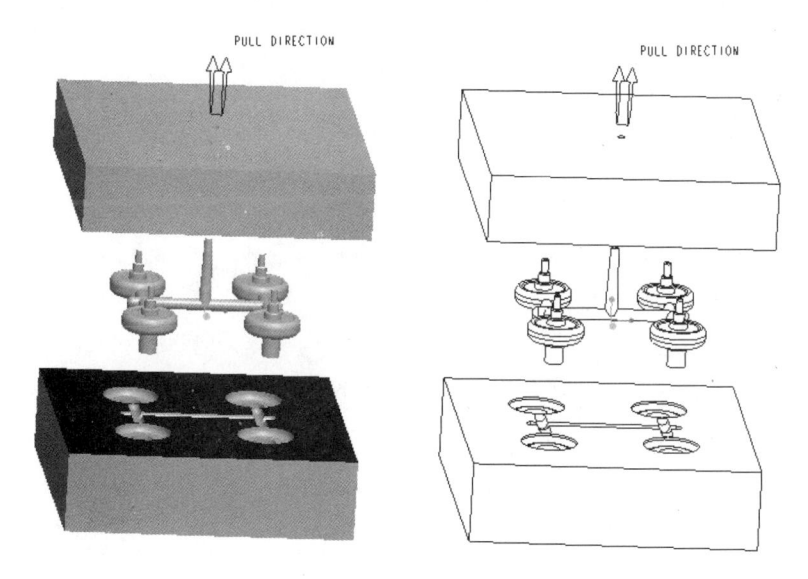

图 3-41 开模图

（16）单击工具栏中的 ![图标]（保存）按钮，保存文件。

3.2 同模异腔模具的多型腔模具设计

本节重点：多型腔模具参照模型的创建；多型腔模具分型面创建；多型腔模具浇注系统的创建；模具体积块分割与开模。

我们准备在同一副模具中生产帽与盖零件，如图 3-42 所示。

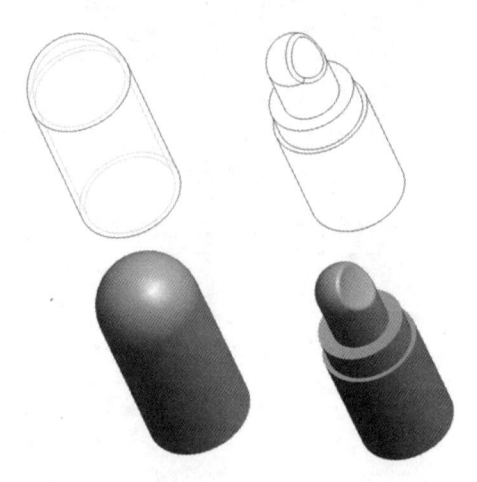

图 3-42　帽与盖零件

1. 零件分析

分型面的建立位置如图 3-43 所示，箭头位置为模具开模位置，此副模具采用一模四腔，帽与盖零件各出两个，型腔矩形布局结构如图 3-44 所示。

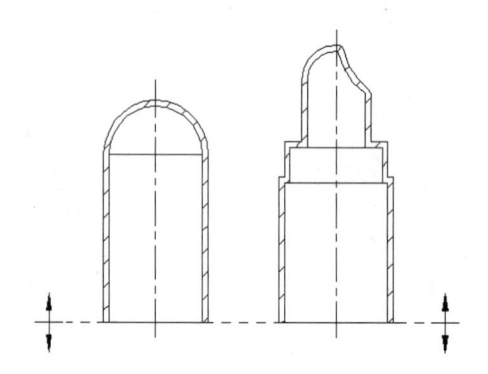

图 3-43　帽与盖零件分型面位置

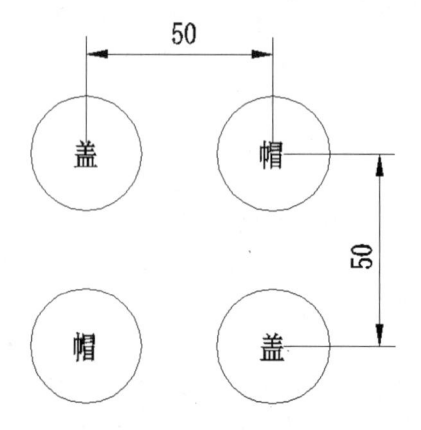

图 3-44　帽与盖型腔布局

2. 零件模具设计

（1）新建文件夹 cap_lipstick_mold，用以放置模具设计的全部文件。

（2）请将本书配套资料（可从网站下载或者自建模型）CH3\源文件 cap.prt 与 lipstick.prt 文件复制到 cap_lipstick_mold 文件夹下。

（3）启动 Pro/ENGINEER 软件，在菜单栏中选择"文件"→"设置工作目录"命令，在弹出的对话框中选择"cap_lipstick_mold"文件夹为要设置的工作目录。

（4）单击 □ （创建新对象）按钮，打开"新建"对话框。在"类型"中选"制造"，在"子类型"中选"模具型腔"，输入文件名为"cap_lipstick_mold"，取消选中"使用缺省模板"，单击"确定"按钮；在弹出的"新文件选项"对话框中选中"mmns_mfg_mold"，单击"确定"按钮，进入模具设计界面，系统自动产生基准特征：坐标系（MOLD_DEF_CSYS）和坐标平面（MOLD_FRONT、MAIN_PARTING_PLN、MOLD_RIGHT）。

（5）装配参照零件，因要装入不同的零件，因此用约束装配的方式装入参照零件。单击菜单管理器中的"模具模型"→"装配"→"参照模型"命令，选择参照零件 cap.prt 进行装配，在弹出的装配操控面板上进行约束装配，如图 3-45 所示，然后单击 ☑（接受）按钮；在随后弹出的"创建参照模型"对话框中单击"确定"按钮，如图 3-46 所示，在"警告"对话框中单击"确定"按钮，如图 3-47 所示，完成第一个参照零件的装配；单击"装配"→"参照模型"命令，选择参照零件 lipstick.prt 进行装配，如图 3-48 所示，然后单击 ☑（接受）按钮，在随后弹出的"创建参照模型"对话框中单击"确定"按钮，如图 3-49 所示，完成第二个参照零件的装配；单击"装配"→"参照模型"命令，选择参照零件 lipstick.prt 进行装配，如图 3-50 所示，然后单击 ☑（接受）按钮，在随后弹出的"创建参照模型"对话框中单击"确定"按钮，如图 3-51 所示，完成第三个参照零件的装配；单击"装配"→"参照模型"命令，选择参照零件 cap.prt 进行装配，如图 3-52 所示，然后单击 ☑（接受）按钮，在随后弹出的"创建参照模型"对话框中单击"确定"按钮，如图 3-53 所示，完成第四个参照零件的装配，在菜单管理器中单击"完成返回"命令，完成参照模型的装配。

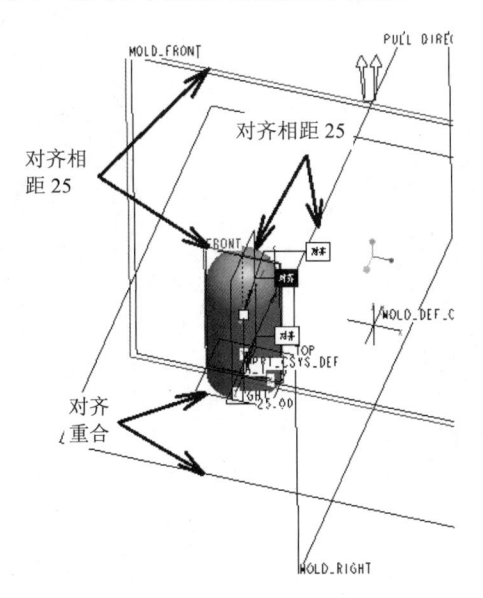

图 3-45　缺省装配第一个参照模型

图 3-46 创建第一个参照模型

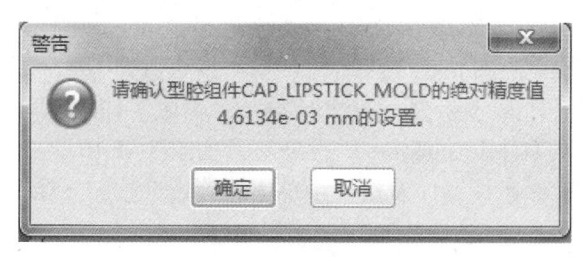

图 3-47 "警告"对话框

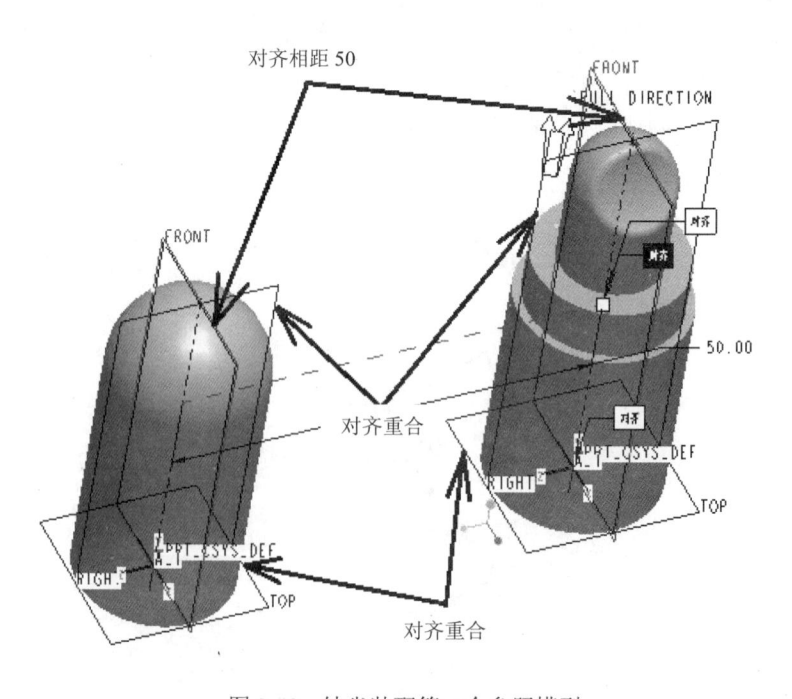

图 3-48 缺省装配第二个参照模型

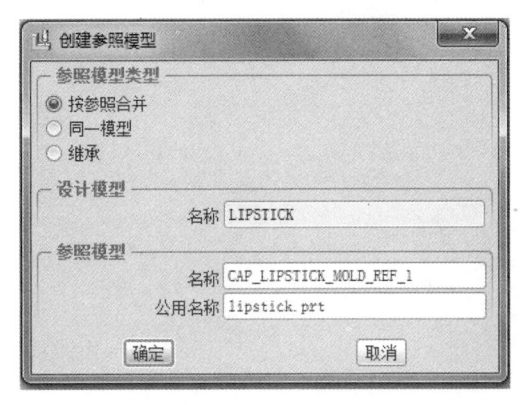

图 3-49　创建第二个参照模型

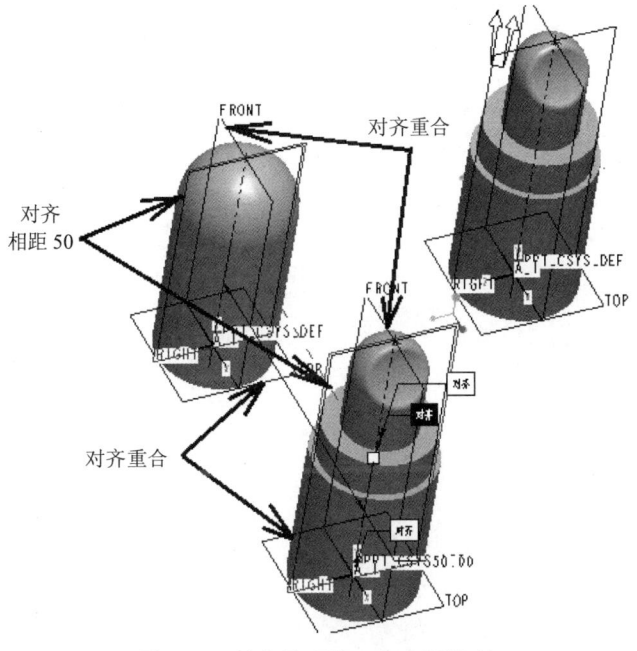

图 3-50　缺省装配第三个参照模型

图 3-51　创建第三个参照模型

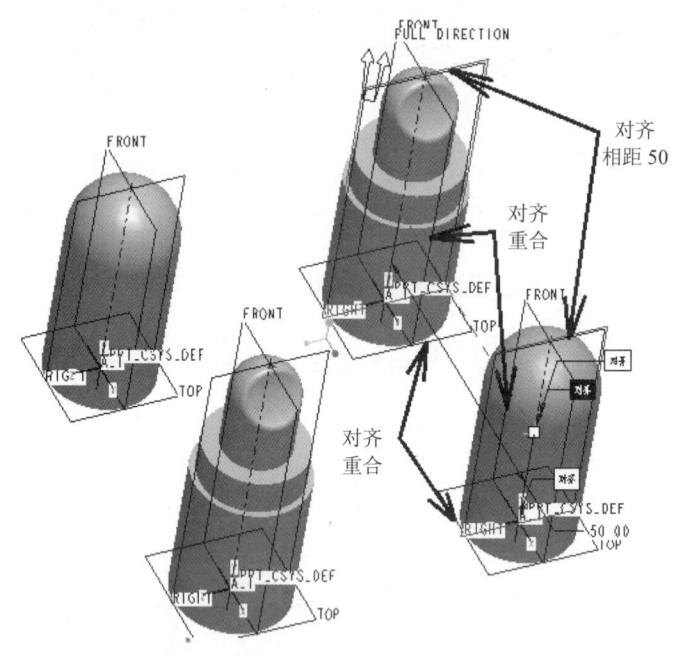

图 3-52　缺省装配第四个参照模型

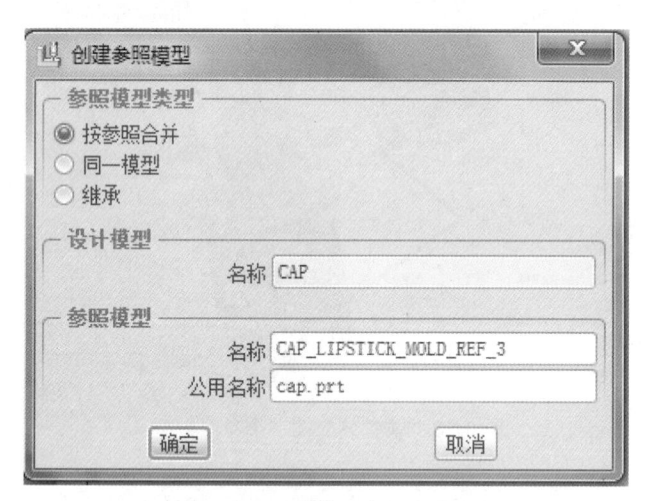

图 3-53　创建第四个参照模型

（6）在菜单管理器中选择"模具模型"→"创建"→"工件"→"手动"命令，在弹出的"元件创建"对话框中输入工件名称"LIPSTICK_MOLD_WRK"，在"创建选项"对话框中选择"创建特征"，在弹出的菜单管理器中选择"实体"→"伸出项"→"拉伸"→"实体"→"完成"命令，在拉伸操作面板中选择 （对称拉伸）选项，在拉伸深度中输入 120，如图 3-54 示，然后单击"放置"按钮，单击"定义"按钮，弹出"草绘"对话框。选择 MOLD_RIGHT 表面作为草绘平面，以 MOLD_RIGHT 为"右"参照进入草绘模式，如图 3-55 所示，设置"MOLD_FRONT"及"MAIN_PARTING_PLN"为草绘参照，绘制如图 3-56 所示图形。单击拉伸工具栏中的 （完成）按钮，在菜单管理器中选择"完成返回"命令，零件效果如图 3-57 所示。

图 3-54　拉伸命令操作控面板

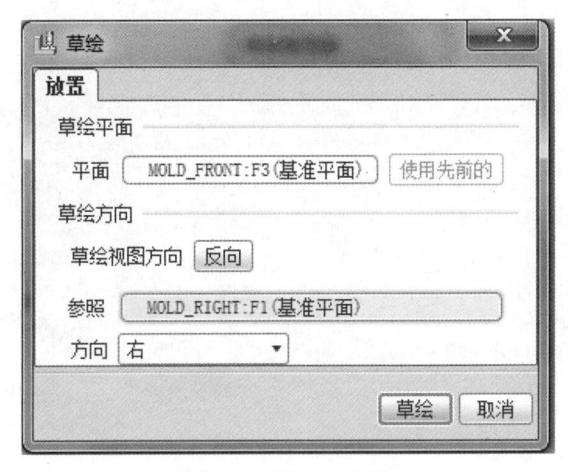

图 3-55　草绘平面设置

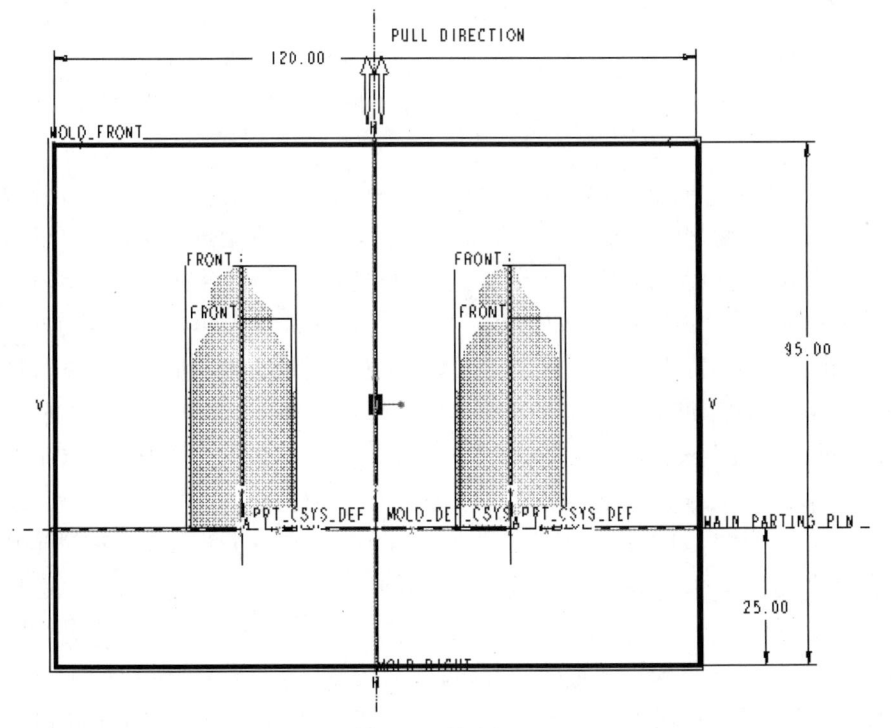

图 3-56　草绘图形

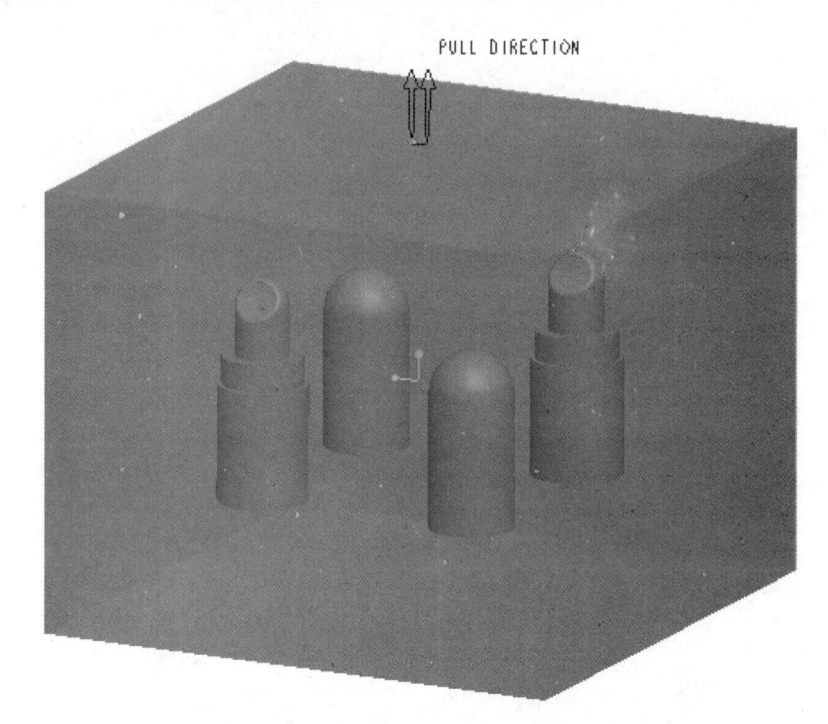

图 3-57　完成工件模型效果图

（7）在菜单管理器中选择"收缩"命令，在绘图区选择 cap.prt 零件后，选择"按尺寸"命令，在弹出的"按尺寸收缩"对话框中输入收缩率 0.005，单击✓（完成）按钮，在菜单管理器中选择"完成返回"命令，同样的道理完成 lipstick.prt 收缩率 0.005 的设置。

（8）在模型树上选择 LIPSTICK_MOLD_WRK.PRT 并右击，选择"隐藏"命令，隐藏工件。

（9）单击工具栏中的（分型面）按钮，然后单击（属性）按钮，修改分型面名称为"main_SURF_1"，在绘图区选择左上角的参照零件，选择零件全部外表面（可以结合 SHIFT 键的功能进行选取），如图 3-58 所示。单击工具栏中的（复制）按钮，然后单击（粘贴）按钮，在弹出的粘贴操作框中单击✓（完成）按钮，如图 3-59 所示；用同样的方法，复制、粘贴另外三个参照模型外表面，完成后的模型树如图 3-60 所示；在模型树上选择 LIPSTICK_MOLD_WRK.PRT 并右击，选择"取消隐藏"命令，单击工具栏中的（拉伸工具）按钮，单击"放置"按钮，单击"定义"按钮，弹出"草绘"对话框。选择工件前表面为草绘平面，以 MOLD_RIGHT 平面为"右"参照进入草绘模式，如图 3-61 所示。选取水平与垂直参照后，绘制直线，如图 3-62 所示，单击✓（继续当前部分）按钮。在拉伸操控板中选择（拉伸到曲面）选项，如图 3-63 所示，单击✓（完成）按钮，完成拉伸平面操作；在模型树上选择"复制 1"与"拉伸 1"，如图 3-64 所示，单击工具栏中的（合并）图标，注意 MAIN_SURF_1 在上面，调整合并曲面的方向，如图 3-65 所示，单击✓（完成）按钮；另外三个复制曲面依次与合并的曲面进行合并操作，单击工具栏中的✓（确定）按钮，完成分型面的创建，如图 3-66 所示。

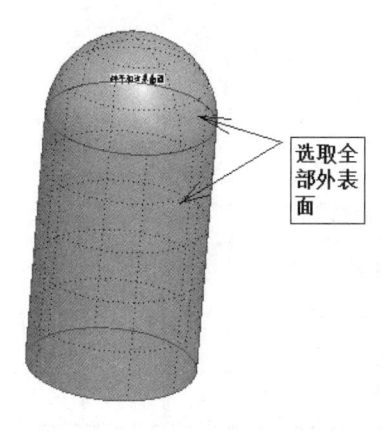

图 3-58　选取需要复制的曲面

图 3-59　粘贴操控面板

图 3-60　复制粘贴曲面

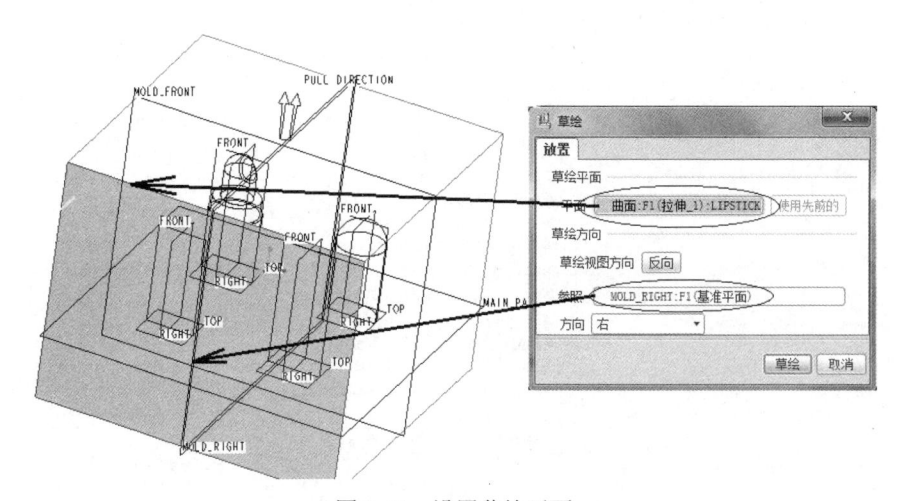

图 3-61　设置草绘平面

173

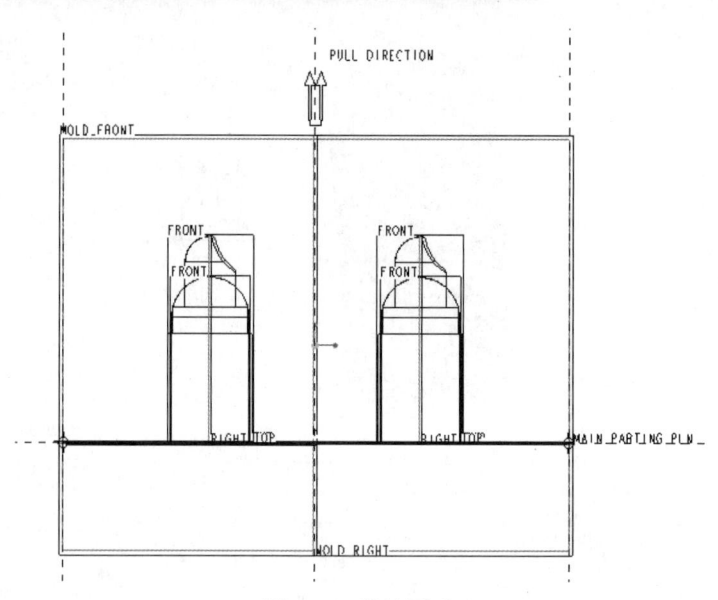

图 3-62 草绘图形

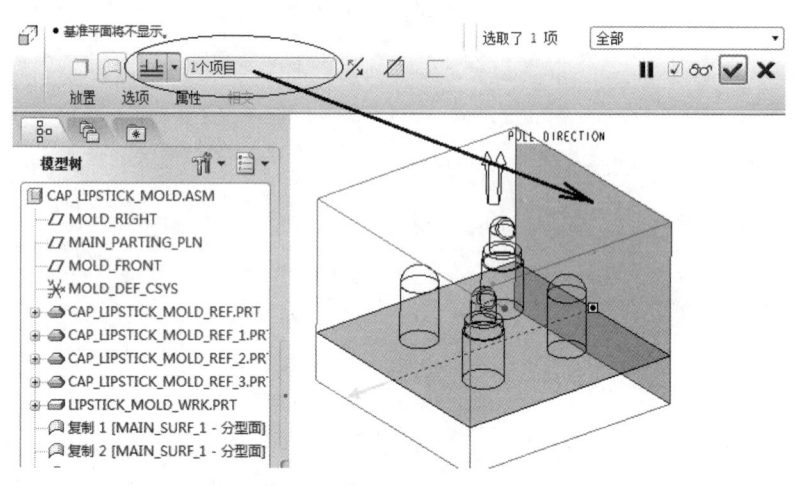

图 3-63 拉伸到曲面

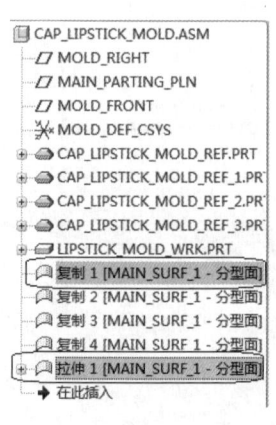

图 3-64 选取合并曲面

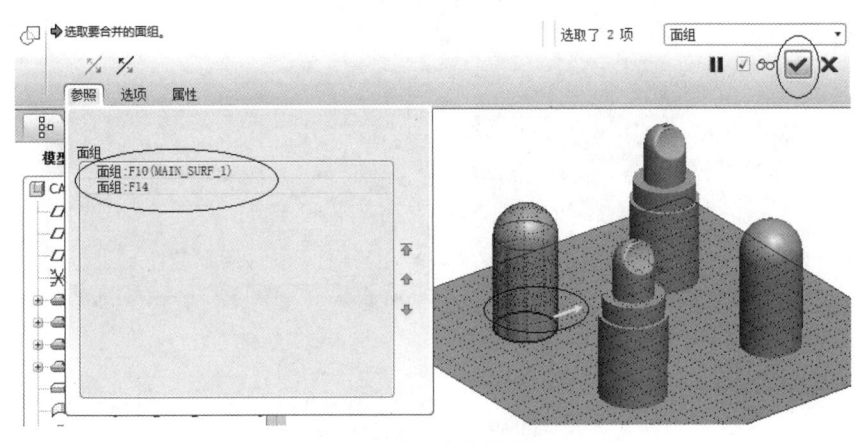

图 3-65 合并曲面

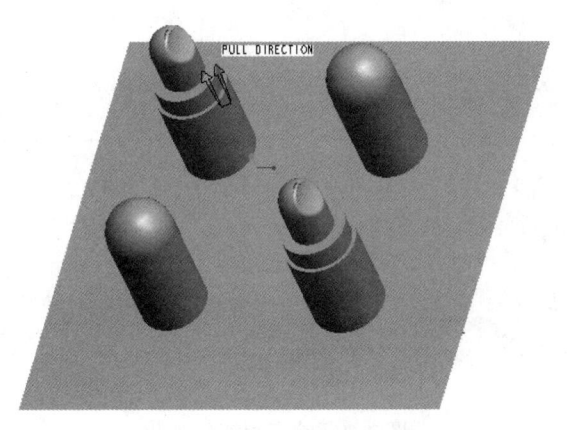

图 3-66 主分型面效果图

（10）单击工具栏中的 (体积块分割)按钮，在菜单管理器中选择"两个体积块"→"所有工件"→"完成"命令，鼠标移到刚刚创建的分型面上，选取"MAIN_SURF_1"，如图 3-67 所示，在弹出的分割块属性对话框中单击"着色"按钮，查看分割块并将其命名为"LIPSTICK_FEMALE_MOLD"，如图 3-68 所示。同理，命名另一个分割块"LIPSTICK_MALE_MOLD"，如图 3-69 所示。

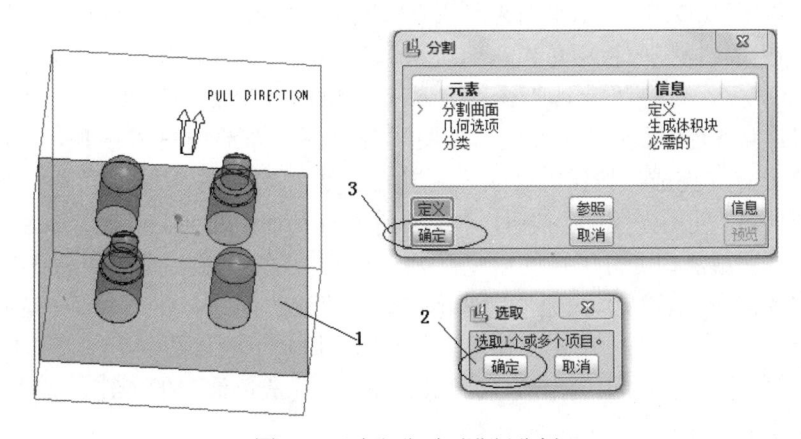

图 3-67 选取分型面进行分割

图 3-68 命名型腔分割块

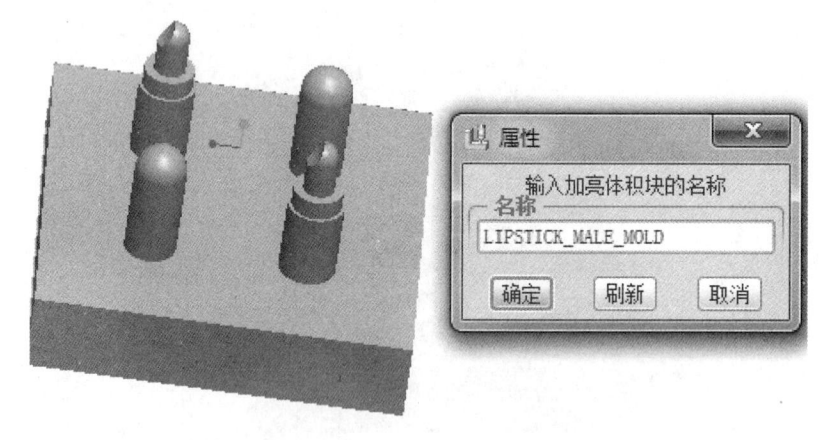

图 3-69 命名型芯分割块

(11) 在菜单管理器中选择"模具元件"→"抽取"命令，在弹出的"创建模具元件"对话框中选择■（全选）选项，然后单击"确定"按钮，在菜单管理器中单击"完成返回"命令，此时模型树中便有了两个模具元件。

(12) 创建浇注系统。在菜单栏中选择"插入"→"旋转"命令，在弹出的旋转操作面板中单击"放置"按钮，单击"定义"按钮，弹出"草绘"对话框。选择 MOLD_FRONT 作为草绘平面，以 MOLD_RIGHT 平面为"右"参照进入草绘，如图 3-70 所示，草绘如图 3-71 所示的图形。在旋转操控面板中单击☑（完成）按钮进行旋转操作，完成主流道的创建；在菜单栏中选择"插入"→"旋转"命令，选择 MAIN_PARTING_PLN 作为草绘平面，以 MOLD_RIGHT 为"右"参照进入草绘，如图 3-72 所示，草绘如图 3-73 所示的图形，在旋转操控面板中单击☑（完成）按钮，完成分流道的创建；同样选择"插入"→"旋转"命令，在草绘平面中单击"使用先前的"按钮，草绘如图 3-74 所示的图形，在旋转操控面板中单击☑（完成）按钮，完成浇口处分流道的创建；另一处浇口的分流道，草绘如图 3-75 所示，在旋转操控面板中单击☑（完成）按钮，完成浇口处分流道的创建；在菜单栏中选择"插入"→"拉伸"命令，在草绘平面中单击"使用先前的"按钮，草绘如图 3-76 所示的图形，输入拉伸深度 0.2，在拉伸操控面板中单击☑（完成）按钮，完成侧浇口的创建，浇注系统完成效果如图 3-77 所示。

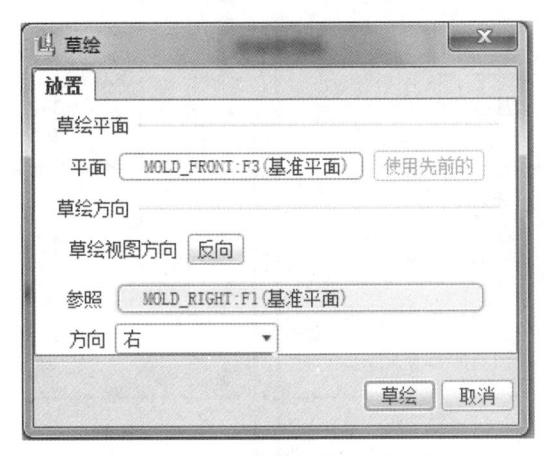

图 3-70　主流道草绘平面设置

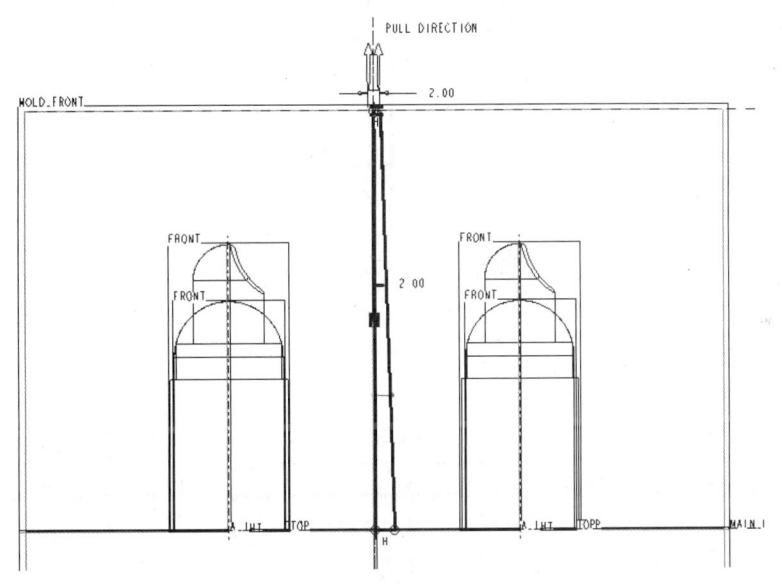

图 3-71　主流道草绘图形

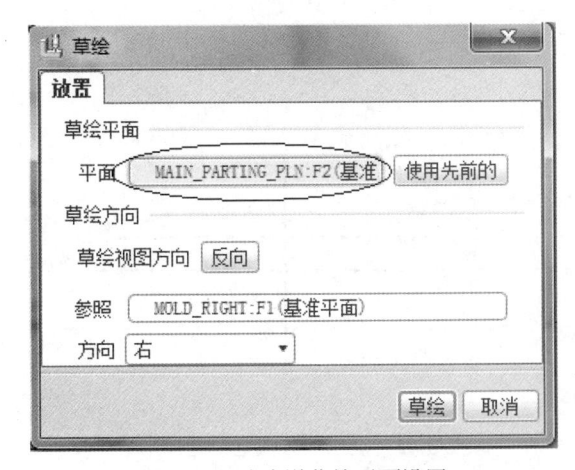

图 3-72　分流道草绘平面设置

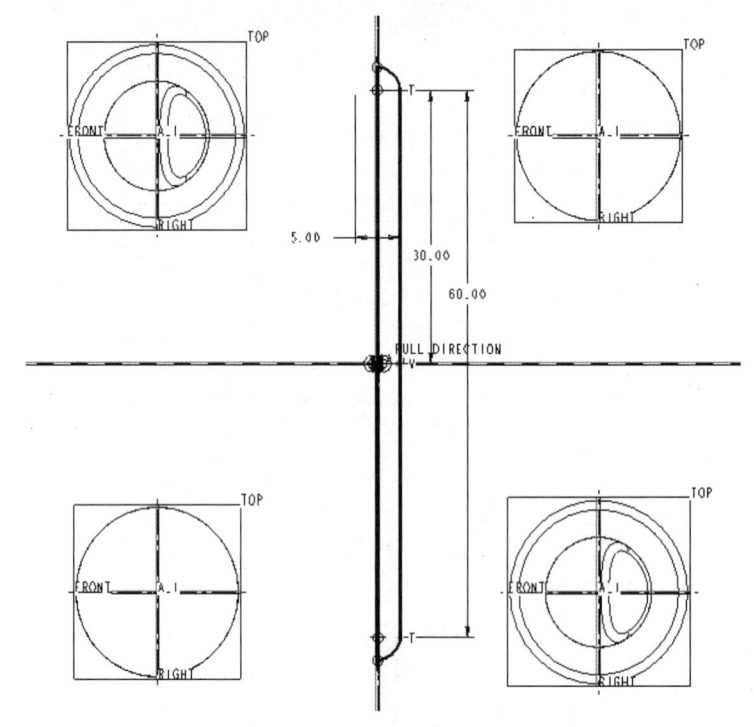

图 3-73 分流道草绘图形

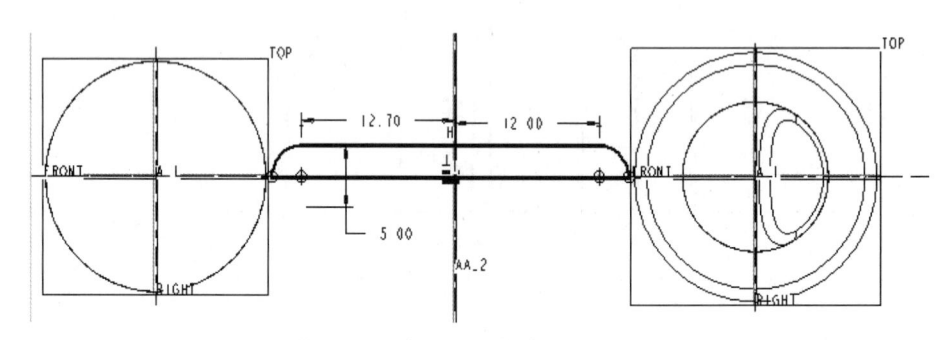

图 3-74 浇口处分流道草绘图形一

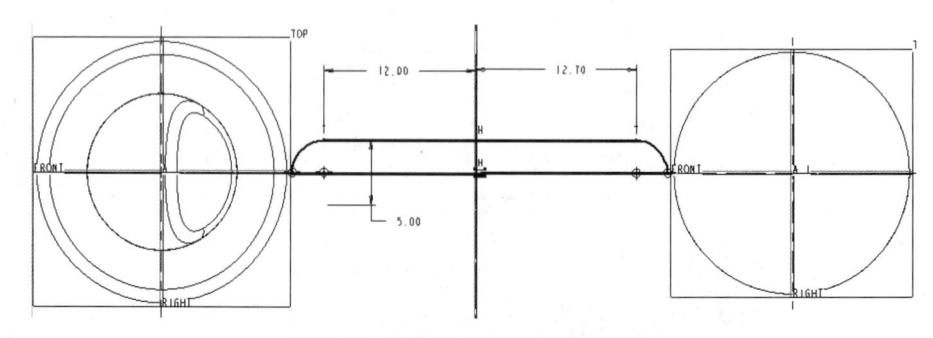

图 3-75 浇口处分流道草绘图形二

图 3-76 侧浇口草绘图形

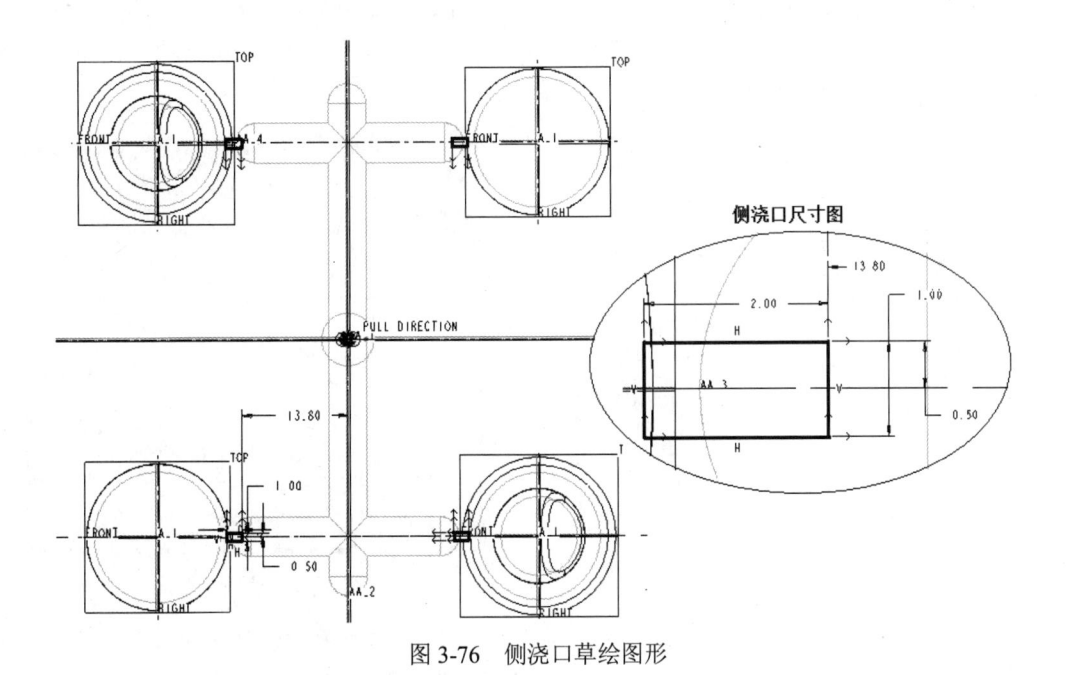

图 3-77 浇注系统效果图

（13）在菜单管理器中选择"制模"→"创建"命令，在弹出的零件名称对话框中输入"cap_lipstick_molding"，单击两次✓（确定）按钮，完成制模的创建。

（14）单击工具栏中的 ✖（遮蔽/取消遮蔽）按钮，在弹出的"遮蔽—取消遮蔽"窗口中选择要遮蔽的元件，如图3-78所示。然后单击"分型面"按钮，选择要遮蔽的分型面，如图3-79所示，单击"关闭"按钮，完成遮蔽操作。

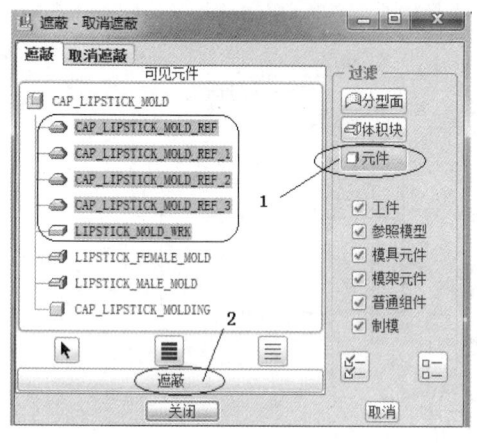

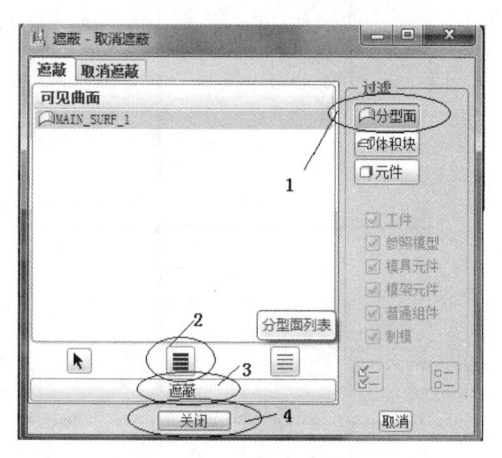

图3-78　遮蔽元件　　　　　　　　图3-79　遮蔽分型面

（15）单击工具栏中的 ▱（模具开模）按钮，在弹出的菜单中选择"定义间距"→"定义移动"命令，在模型树上选取"LIPSTICK_FEMALE_MOLD.PRT"，选取模具上表面为移动参照，根据提示输入移动距离"100"，单击 ✓（确定）按钮；在模型树上选取"LIPSTICK_MALE_MOLD.PRT"，选取模具上表面为移动参照，根据提示输入移动距离"-60"，单击 ✓（确定）按钮，完成开模如图3-80所示，在菜单管理器中选择"完成返回"命令。

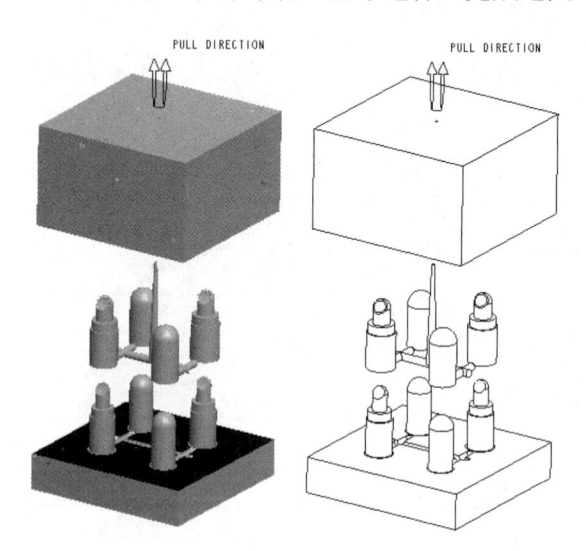

图3-80　开模图

（16）单击工具栏中的 ▱（保存）按钮，保存文件。

4 模具设计的变更

在模具设计的过程中,塑件产品的外形及结构有时会因客户的要求发生更改,此时就需要对已完成模具设计进行变更设计。如果产品的变更不大,对分型面的影响则不大,此时可以在原来模具设计的基础上进行变更设计,这样可以提高模具设计的质量与效率。

4.1 模具设计变更流程

在运用 Pro/ENGINEER Wildfire 5.0 平台进行模具设计变更时,一般按照以下步骤进行:
(1) 备份原模具设计文件。
(2) 在模具设计文件夹内打开零件,进行修改并保存。
(3) 打开模具设计文件。
(4) 在工具栏中单击"再生模型"命令。
(5) 无须修改分型面的,直接开模检查变更后的模具。
(6) 需要进行修改分型面的,完成分型面的修改后,开模检查变更后的模具。

4.2 托盘零件模具变更设计

4.2.1 变更托盘容量的模具设计

因客户要求,将托盘零件的容量进行变更,如图 4-1 所示,因此原先的模具设计都要作相应的改变,具体托盘模具设计的变更流程如下。

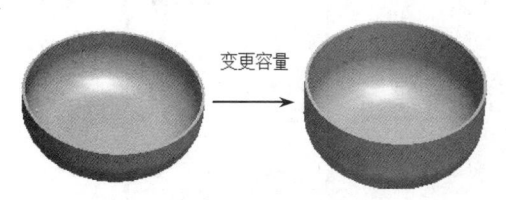

图 4-1 零件容量变更

（1）启动 Pro/ENGINEER 软件，设置工作目录为"pot_mold_V1"文件夹（可从本书配套资料 CH4\源文件\下拷出（从网站下载或者读者自己托盘模具设计的副本），单击工具栏中的 按钮，选择"pot.prt"文件打开，如图 4-2 所示。

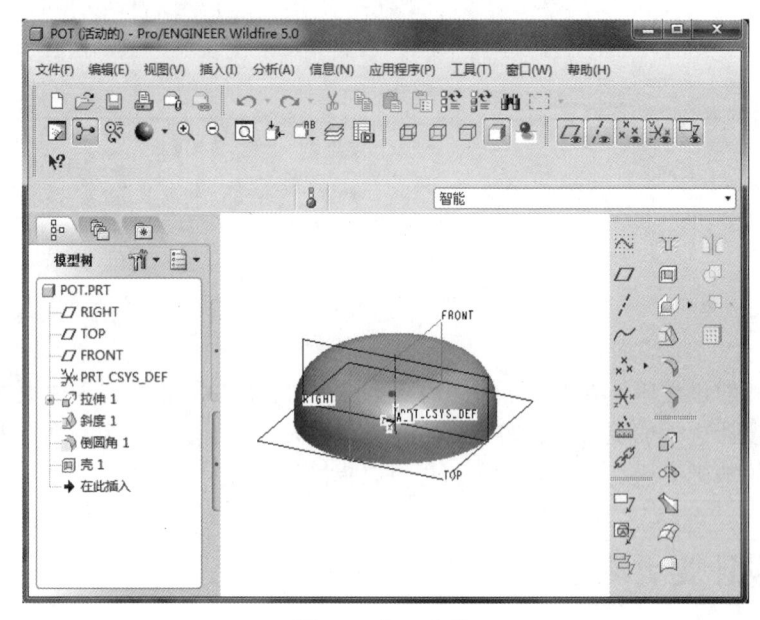

图 4-2 打开文件

（2）在模型树"拉伸 1"上右击，选择"编辑定义"命令，如图 4-3 所示。在弹出的拉伸特征操控面板中修改拉伸值为 10.5，如图 4-4 所示。单击 按钮，完成的零件如图 4-5 所示。

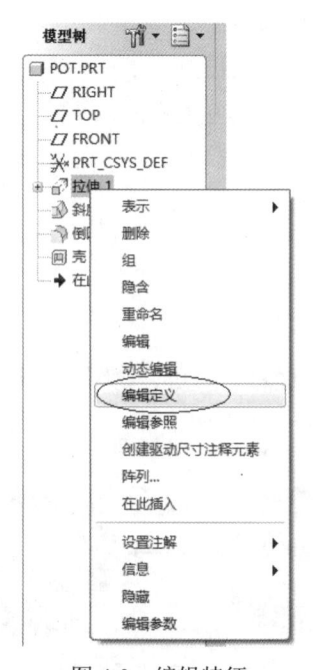

图 4-3 编辑特征

182

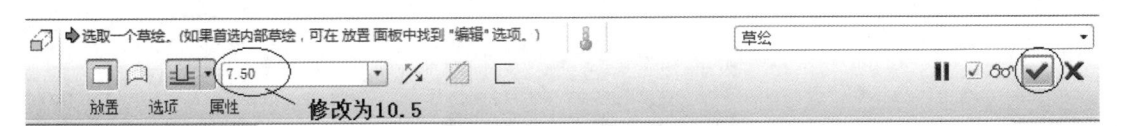

图 4-4　修改特征值

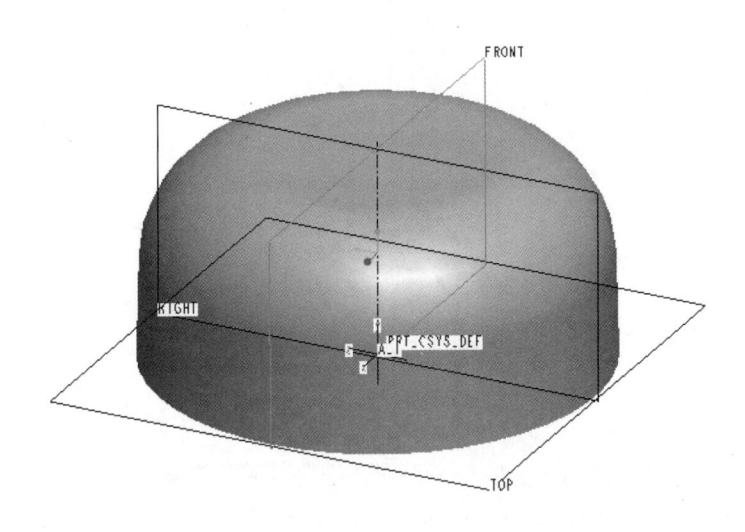

图 4-5　修改特征值后的零件效果

（3）单击工具栏中的 □（保存）按钮，保存文件。
（4）单击菜单栏中的"窗口"→"关闭"命令，如图 4-6 所示。

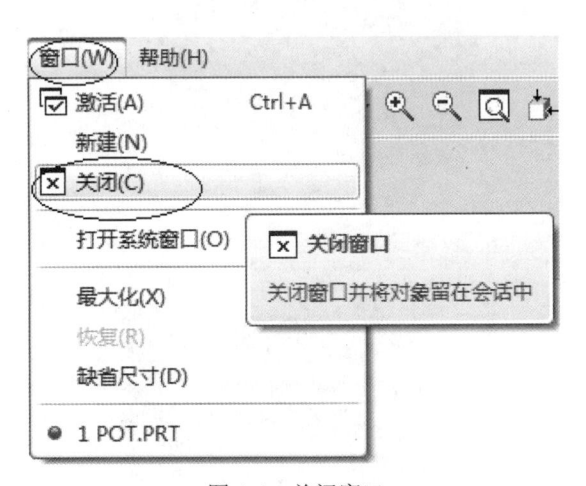

图 4-6　关闭窗口

（5）单击工具栏中的 ☞（打开）按钮，选择"pot_mold.asm"文件打开，在菜单管理器中选择"模具开模"命令，如图 4-7 所示，这是模具零件没有变更前的状态。

图 4-7　模具开模状态

（6）单击工具栏中的 (再生模型)按钮,在菜单管理器中选择"模具开模"命令,模具开模状态如图 4-8 所示,这是模具零件变更后的状态。注意观察零件及模具的前后变化。

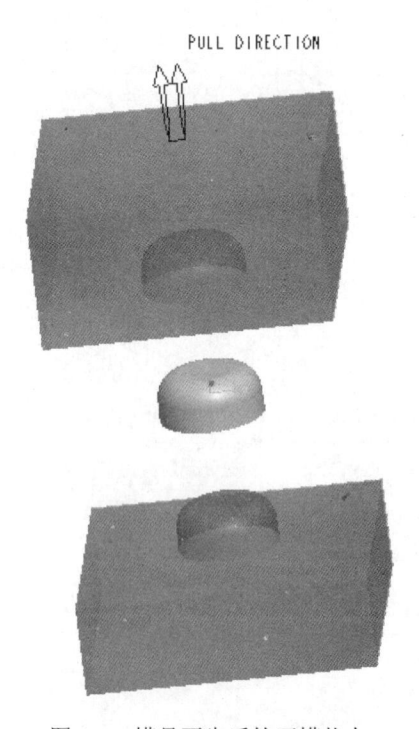

图 4-8　模具再生后的开模状态

（7）单击工具栏中的 (保存)按钮,保存文件,模具变更完成。

4.2.2 变更托盘使用功能的模具设计

因客户要求,将托盘零件的结构进行变更,如图4-9所示,不再具有托盘功能而更改为漏料功能,因此原先的模具设计都要作相应的改变。具体托盘模具设计的变更流程如下。

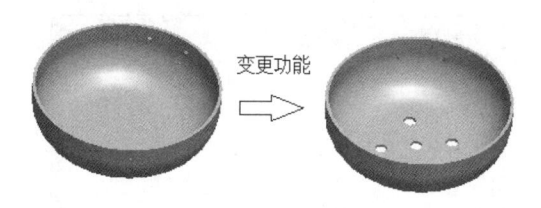

图4-9 零件功能变更

(1)启动 Pro/ENGINEER 软件,设置工作目录为"pot_mold_V2"文件夹(可从本书配套资料 CH4\源文件\下拷出(从网站下载或者读者自己托盘模具设计的副本),单击工具栏中的 (打开)按钮,选择"pot.prt"文件打开,如图4-10所示。

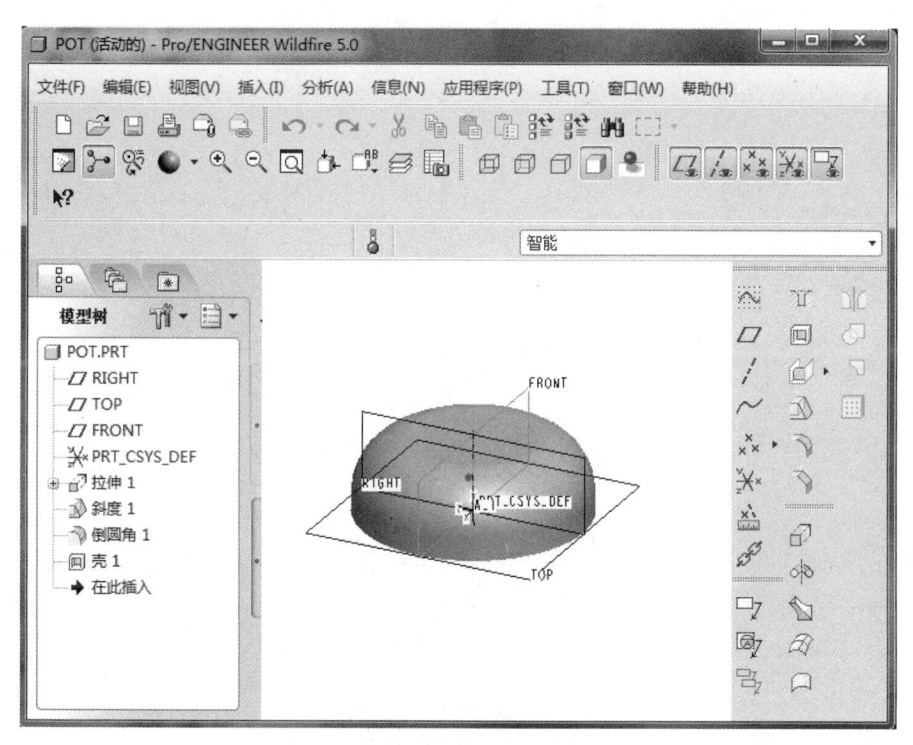

图4-10 打开文件

(2)单击工具栏中的 (拉伸工具)按钮,打开拉伸操作面板,单击 (实体)按钮,选择 (穿透)选项,单击 (移除材料)按钮,如图4-11所示,然后单击"放置"按钮,单击"定义"按钮,弹出"草绘"对话框。选择托盘上表面作为草绘平面,以 RIGHT 为"右"参照进入草绘模式,单击"草绘"按钮进行草绘,如图4-12所示,草绘如图4-13所示的图形。在草绘菜单中单击✔(完成)按钮,在操控面板上单击✔(完成)按钮,零件效果如图4-14所示。

图 4-11　拉抻操控面板

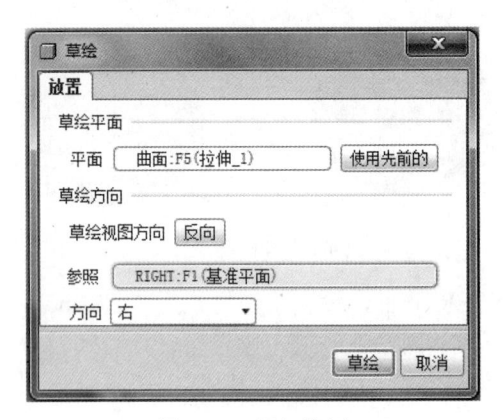

图 4-12　插入特征

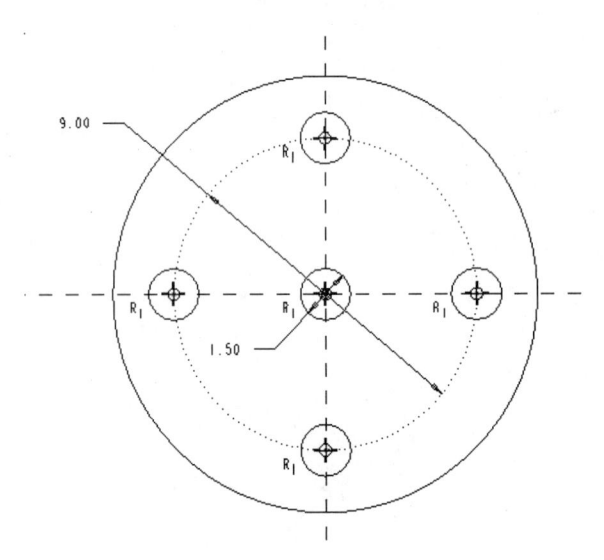

图 4-13　草绘图形

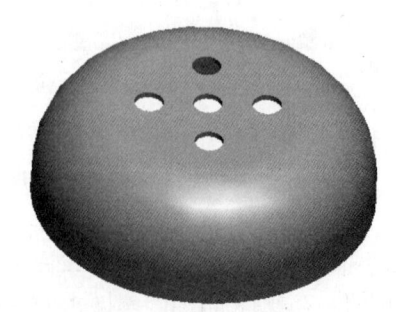

图 4-14　零件效果

(3) 单击工具栏中的 ▢（保存）按钮，保存文件。
(4) 单击菜单栏中的"窗口"→"关闭"命令，如图 4-15 所示。

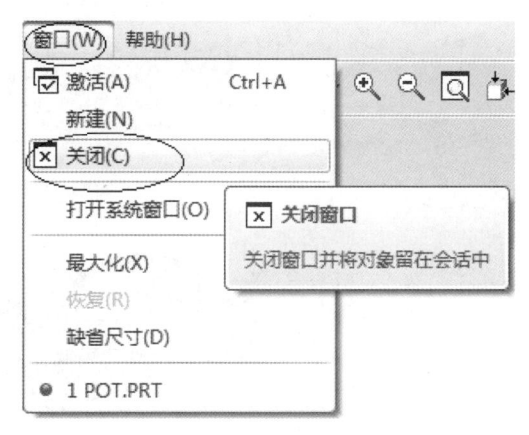

图 4-15　关闭窗口

(5) 单击工具栏中的 ☞（打开）按钮，选择"pot_mold.asm"文件打开，在菜单管理器中选择"模具开模"命令，模具开模状态如图 4-16 所示，这是模具零件没有变更前的状态。

图 4-16　模具开模状态

(6) 单击工具栏中的 ▦（再生模型）按钮，在菜单管理器中选择"模具开模"命令，模具开模状态如图 4-17 所示，这是模具零件变更后的状态。注意观察零件及模具前后变化。

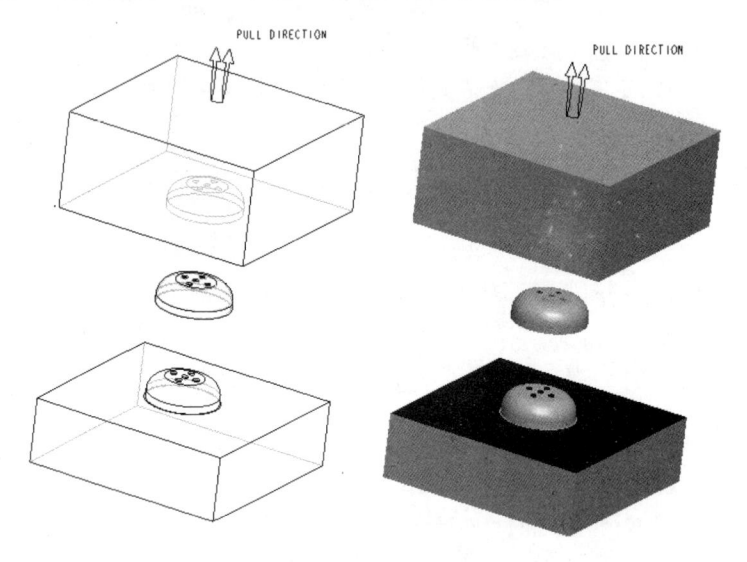

图 4-17 模具再生后的开模状态

此时完成模具设计也是可以的，但型芯上的五个小凸台也可以做成镶块的形式，因此我们将继续对模具进行变更设计，将五个小凸台变更为五个小型芯镶块，方便型芯的设计与制造。因为增加了五个小型芯镶块，故模具的分型面就与原先的不同，模具分割的体积块也相应地发生了变化，因此模具的分型面设计要增加小型芯的分型面，原先分割的模具体积块也要重新进行分割，具体的模具变更设计的过程如下。

（1）在模型树上选择 POT_FEMALE_MOLD.PRT、POT_MALE_MOLD.PRT、POT_MOLDING.PRT 并右击，在弹出的快捷菜单中选择"删除"命令，如图 4-18 所示，删除这三个将发生改变的零件。

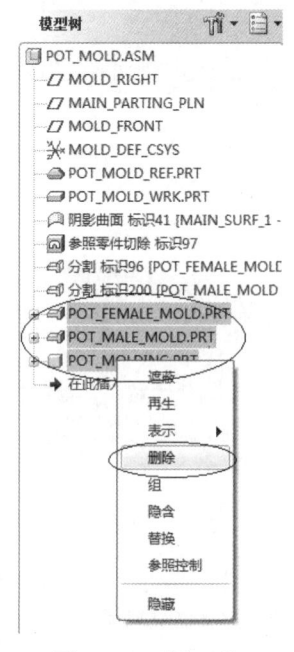

图 4-18 删除元件

（2）单击工具栏中的 ❀（遮蔽/取消遮蔽）按钮，在弹出的"遮蔽－取消遮蔽"窗口中选择"取消遮蔽"的元件，具体操作顺序如图 4-19 所示。单击"关闭"按钮，完成取消遮蔽操作，显示已遮蔽的参照零件与工件。

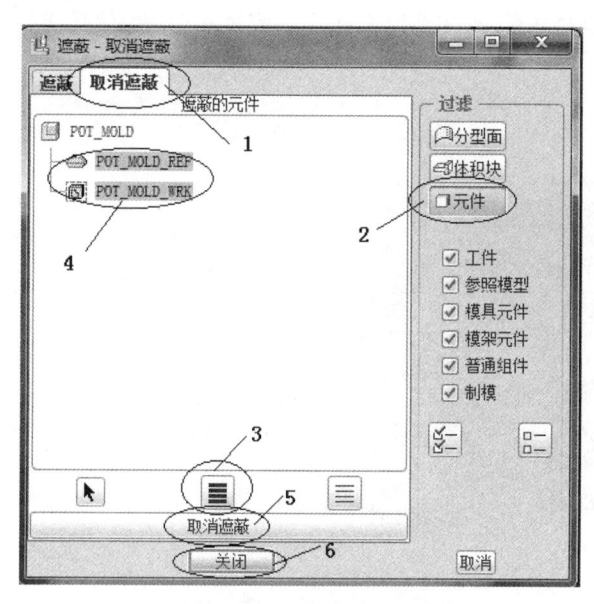

图 4-19　取消遮蔽元件

（3）按住鼠标左键，将 ➡ 在此插入（插入位置）移动到阴影曲面标识的下方，在模型树上选择坐标系（MOLD_DEF_CSYS）和坐标平面（MOLD_FRONT、MAIN_PARTING_PLN、MOLD_RIGHT）并右击，选择"隐藏"命令，如图 4-20 所示，方便分型的创建。

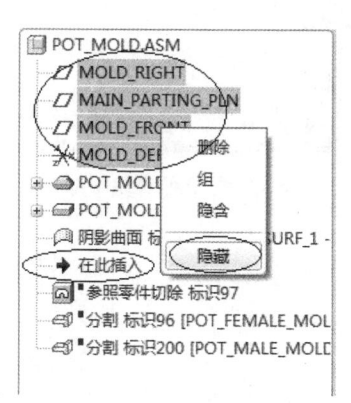

图 4-20　移动插入位置并隐藏基准

（4）单击工具栏中的 ▱（分型面）按钮，然后单击 ▤（属性）按钮，修改分型面名称为"xiao_SURF_1"，单击工具栏中的 ◈（旋转工具）按钮，打开旋转操作面板，然后单击"放置"按钮，单击"定义"按钮，弹出"草绘"对话框。将鼠标移到模具上并右击（注意时间停留 1 秒左右），在弹出的菜单中选择"从列表中拾取"命令，如图 4-21 所示，选择 FRONT 作为草绘平面，如图 4-22 所示。在"草绘"对话框中单击"确定"按钮，在随后弹出的"参照"对话框中选择如图 4-23 所示的参照，关闭"参照"对话框，进入草绘模式，草绘如图 4-24 所

189

示的图形，完成效果如图 4-25 所示。单击鼠标右键隐藏 POT_MOLD_WRK.PRT 工件，选择刚做好的旋转曲面，单击工具栏中的 按钮，然后单击 按钮，在弹出的复制操作框中进行复制平移 4.5 的操作，如图 4-26 所示。同理做出其他三个，效果如图 4-27 所示，单击工具栏中的 按钮，完成小分型面的创建。

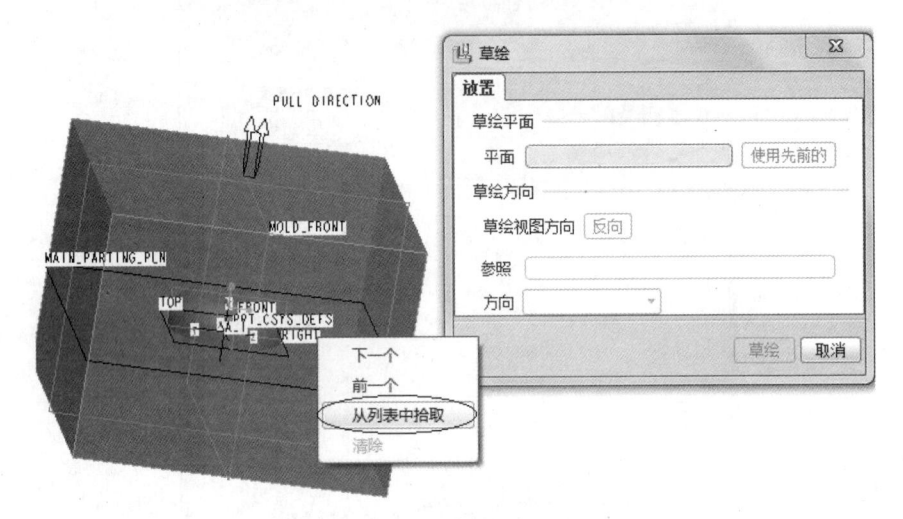

图 4-21　选择"从列表中拾取"命令

图 4-22　选取草绘平面

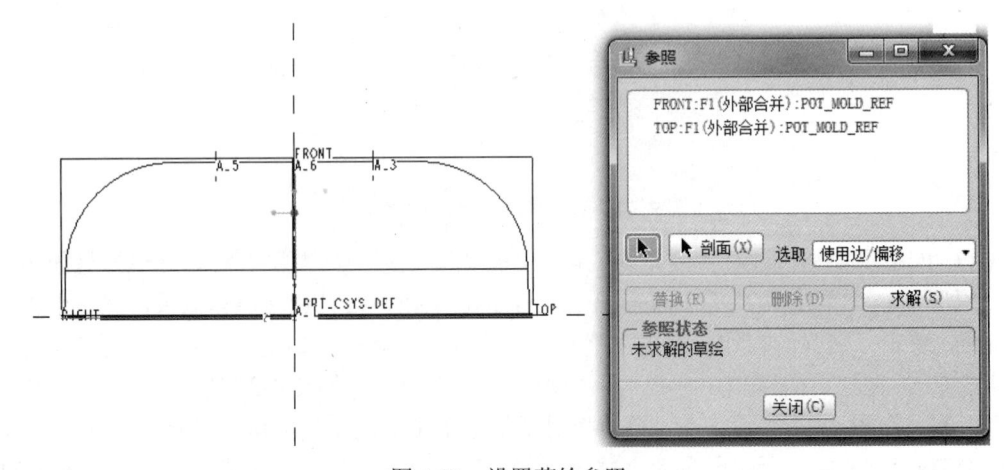

图 4-23　设置草绘参照

190

图 4-24 草绘图形

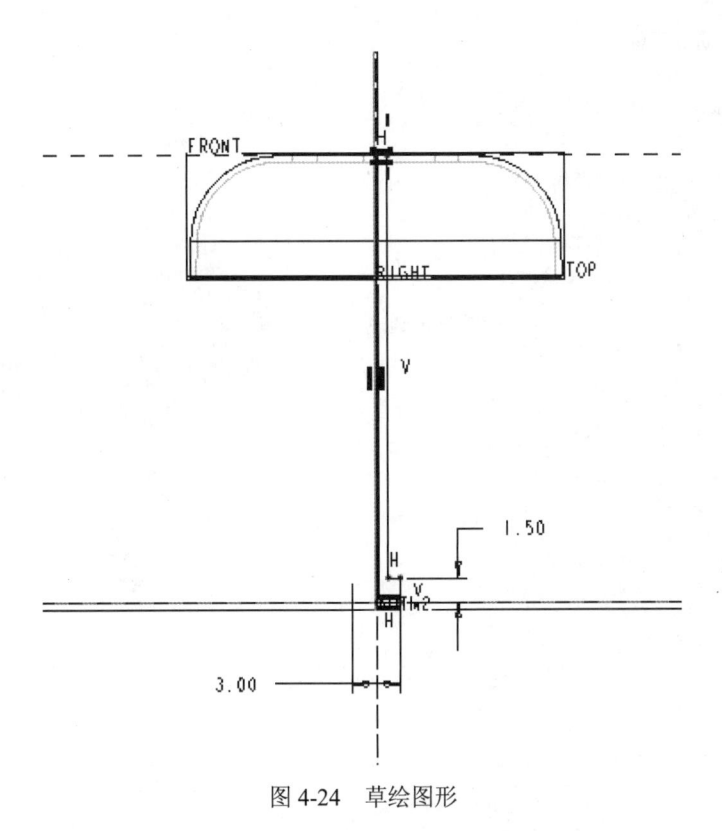

图 4-25 草绘后的效果

图 4-26 选择性粘贴操控面板

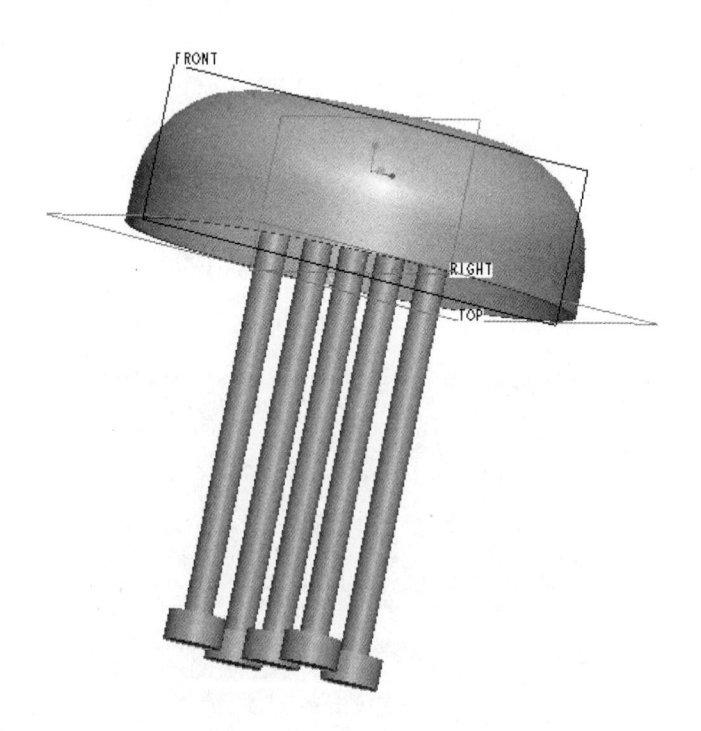

图 4-27 小分型面效果图

（5）在模型树上单击鼠标右键，取消隐藏 POT_MOLD_WRK.PRT 工件。

（6）按住鼠标左键，将 ➡ 在此插入（插入位置）移动到分割标识的下方，右击修改分割标识 POT_MALE_MOLD 名为 BASE，如图 4-28 和图 4-29 所示。

模具设计的变更　第 4 章

图 4-28　移动插入位置

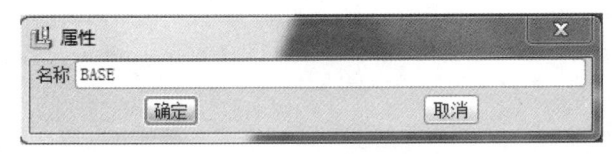

图 4-29　重命名体积块

（7）单击工具栏中的 ⬚▸（体积块分割）按钮，在菜单管理器中选择"两个体积块"→"模具体积块"→"完成"命令，如图 4-30 所示。在弹出的"搜索工具:1"中选择"BASE"移到右边框中，如图 4-31 所示，将鼠标移到模型树隐藏"POT_MOLD_WRK.PRT""分标识割 96[POT_FEMALE_MOLD-模具体积块]"、"分标识割 200[BASE-模具体积块]"，如图 4-32 所示。按住 CTRL 键进行分型面的选取，如图 4-33 所示，然后在"选取"框中单击"确定"按钮，在弹出的"岛列表"框中选择"岛 2""岛 3""岛 4""岛 5""岛 6"，如图 4-34 所示，单击"完成选取"命令，在"分割"对话框中单击"确定"按钮，在弹出的分割块属性对话框中单击"着色"按钮，查看分割块并将其命名为"pot_xk_mold"，如图 4-35 所示。同理，命名另一个分割块"pot_male_mold"，如图 4-36 所示，完成工件分割。

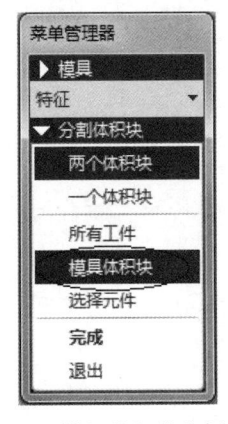

图 4-30　模具体积块分割选项

193

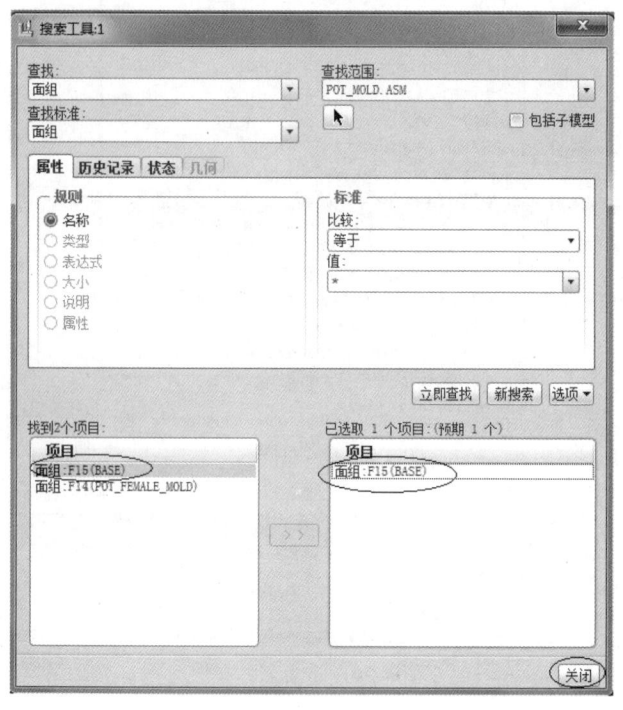

图 4-31 选择分割模具体积块

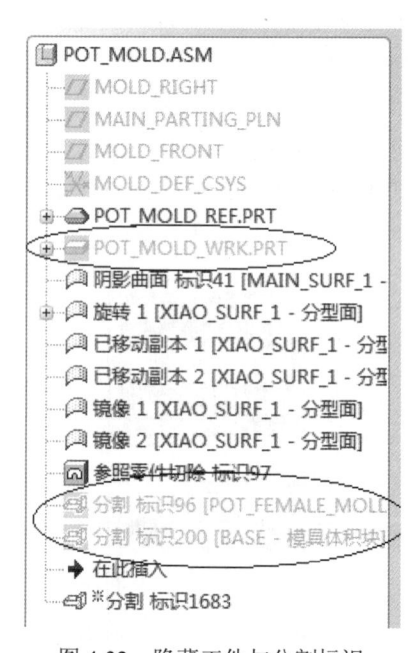

图 4-32 隐藏工件与分割标识

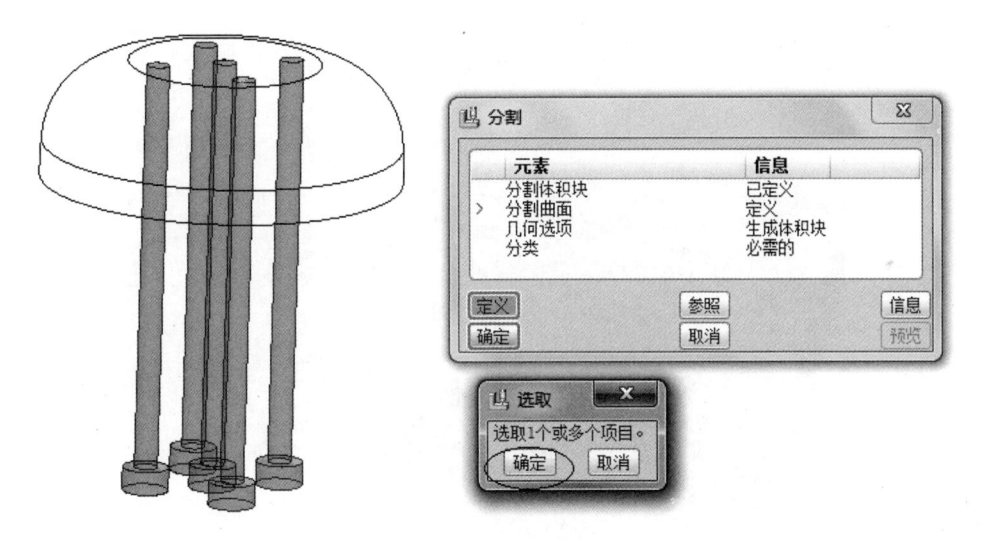

图 4-33　选取分型面

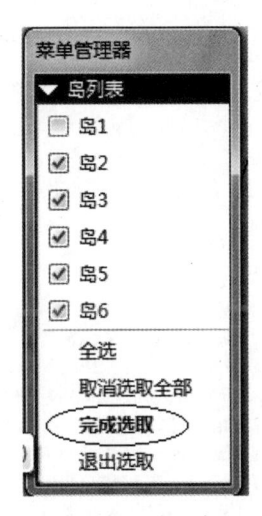

图 4-34　选取岛

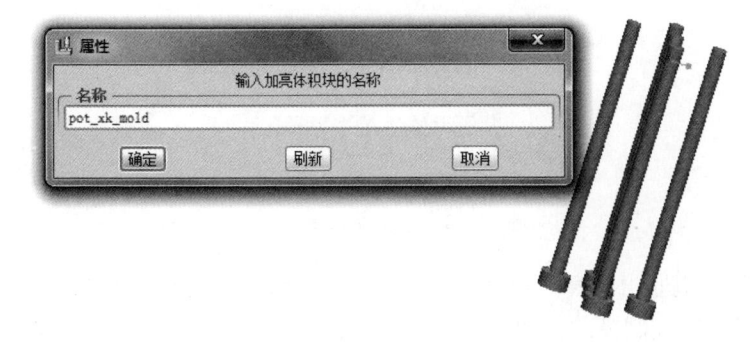

图 4-35　命名小型芯

图 4-36 命名大型芯

（8）在菜单管理器中选择"模具元件"→"抽取"命令，在弹出的"创建模具元件"对话框中选择 ■（全选）选项，然后单击"确定"按钮，默认命名，抽取完成后如图 4-37 所示。

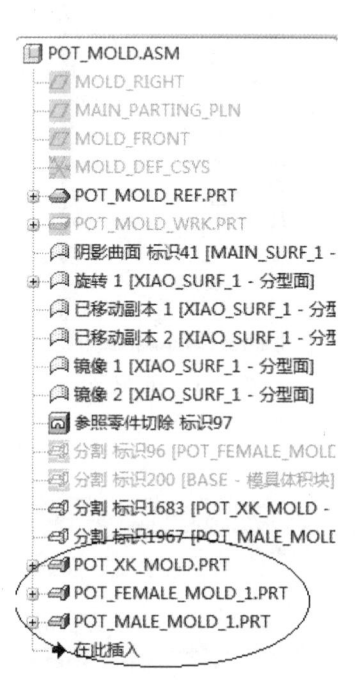

图 4-37 抽取后模具元件

（9）在菜单管理器中选择"制模"→"创建"命令，在弹出的零件名称对话框中输入"pot_molding_1"，完成制模的创建。

（10）单击工具栏中的 （遮蔽/取消遮蔽）按钮，选择要遮蔽的元件与分型面。

（11）在菜单管理器中选择"模具开模"→"定义间距"→"定义移动"命令，完成后的开模效果如图 4-38 所示。

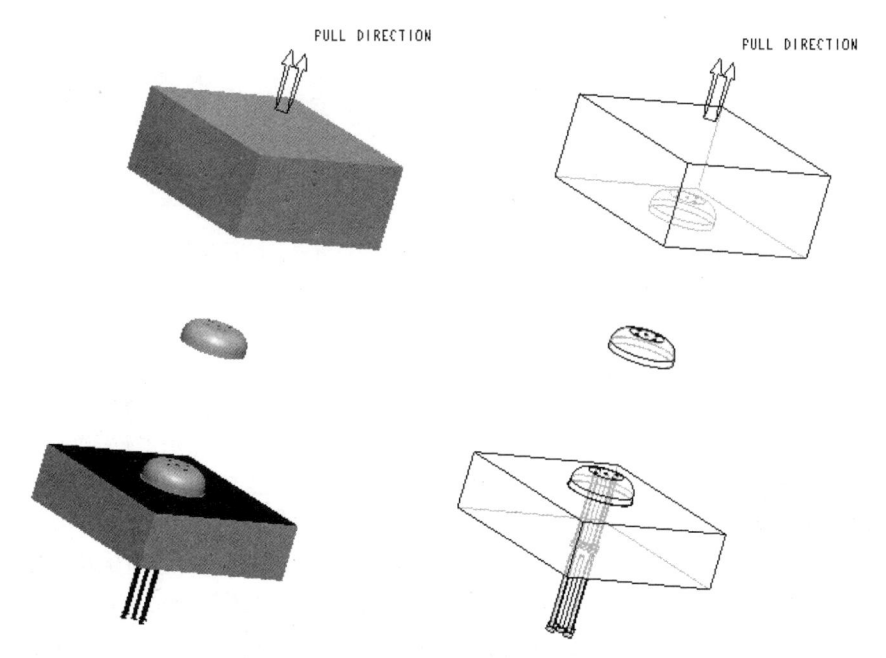

图 4-38　开模效果

（12）单击工具栏中的 🗔（保存）按钮，保存文件。

（13）返回"pot_mold_V2"文件夹，将不再需要的 POT_MALE_MOLD.PRT、POT_FEMALE_MOLD.PRT、POT_MOLDING.PRT 文件删除，模具变更完成。

5

EMX 模架设计

在前面章节，我们通过具体实例学习了模具设计中最重要的部分——模仁部分的设计与分模，但我们在模具设计过程中，还有其他的一些模具结构部分，如导向机构、脱模机构、冷却系统等都装配在模架中，模架中的零部件全部设计完成，这样才算完成一副完整的模具设计。本章我们就简要地学习专家模架系统（Expert Mold Base Extension，EMX），它是一个基于知识库的模架装配和细化工具，是专为模具设计人员简化模具设计、提高模具设计效率而提供的模具设计工具。

EMX 是 Pro/ENGINEER 系统的外挂程序，需要在安装完成 Pro/E 系统之后另外安装，专门用来建立标准模架零件及其他附件，也能出工程图、零件清单等，功能非常强大，使用方便。本章主要以 EMX 7.0 为设计平台，根据外挂自带的标准模架库，通过具体的模具实例来学习（请在学习本章节之前自行完成 EMX 外挂程序的安装）。

EMX 操作的简要流程如下：
（1）新建文档。
（2）模架定义及加载。
（3）型腔切槽。
（4）模仁装配。
（5）模仁分类。
（6）定义定位环。
（7）定义主流道衬套。
（8）定义垃圾钉。
（9）定义侧面锁模器。
（10）定义冷系统。
（11）定义顶杆。
（12）定义抽芯机构。
（13）其他元件装配。
（14）模具开模模拟。

根据模具设计的不同需要，EMX 模架设计流程有所取舍。EMX 的其他功能因限于篇幅，不再赘述，希望读者能结合后两节的具体模具设计实例加以领会学习。

5.1 鼠标滚轮多型腔模具模架组件设计

本节重点：调用 EMX 模块；创建标准模架、定位环、主流道衬套、顶杆等标准件；创建冷却系统。

本节我们将利用在 3.1 节已经完成的鼠标滚轮模具的模仁，调用 EMX 模块完成标准模架、冷却系统、顶出机构等的创建，完成鼠标滚轮模具设计，具体步骤如下。

（1）新建文件夹 mold_mw，放置模具设计的全部文件。

（2）请将本书配套资料（可从网站下载或者自建模型）CH5\源文件\mouse_wheel_mold 文件夹下的文件全部复制到 mold_mw 文件夹下。

（3）启动 EMX 软件（本平台用到的是 EMX 7.0），在菜单栏中选择"文件"→"设置工作目录"命令，在弹出的对话框中选择"mold_mw"文件夹为要设置的工作目录，启动后的设计界面如图 5-1 所示。

图 5-1 含 EMX 的 Pro/ENGINEER 程序界面

（4）在菜单管理器中选择"EMX 7.0"→"项目"→"新建"命令，如图 5-2 所示，打开"项目"窗口。在窗口中输入项目名称"mold_mw"、前缀"mj"、后缀"qzy"等，如图 5-3

所示，单击☑（确定）按钮，完成项目的创建，如图 5-4 所示。

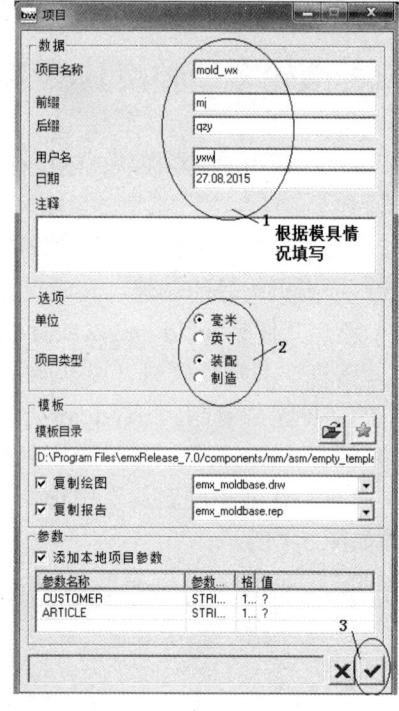

图 5-2　新建 EMX 项目命令

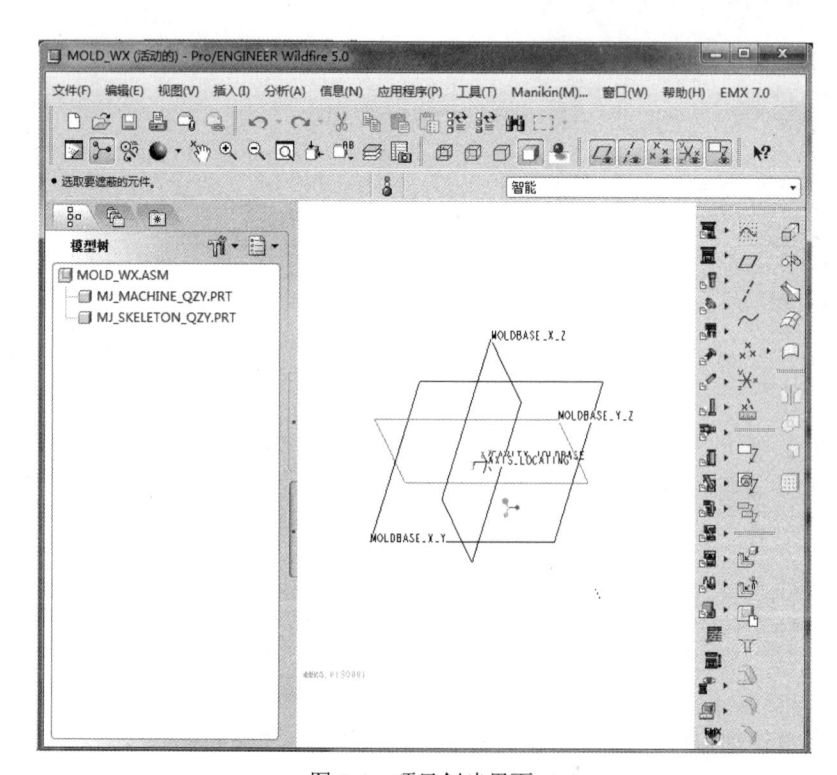

图 5-3　"项目"窗口

图 5-4　项目创建界面

（5）在菜单管理器中选择"EMX 7.0"→"模架"→"装配定义"命令，如图 5-5 所示，在模架定义中选择模架商家"lkm_side_gate"与尺寸"230×230"，如图 5-6 所示。在弹出的"EMX 问题"框中单击✔按钮，如图 5-7 所示。单击对话框下部的 ☐（文件加载）按钮，在模架型式中选择"CI-Type"，单击 ☐（文件加载）按钮进行装配。单击✔（确定）按钮，完成模架型式加载，如图 5-8 所示；在"模架定义"对话框中 A 板处单击鼠标右键，在 A 板厚度 T 一栏双击，修改 A 板厚度为 50，如图 5-9 所示，单击✔（确定）按钮；同理，修改 B 板厚度 70，如图 5-10 所示；单击 ☐（型腔切槽）按钮，在弹出的对话框中选择"单型腔""矩形""动模切槽尺寸 35×130×130""定模切槽尺寸 30×130×130"，单击✔（确定）按钮，如图 5-11 所示。在模架定义框单击✔（确定）按钮，完成标准模架的加载。

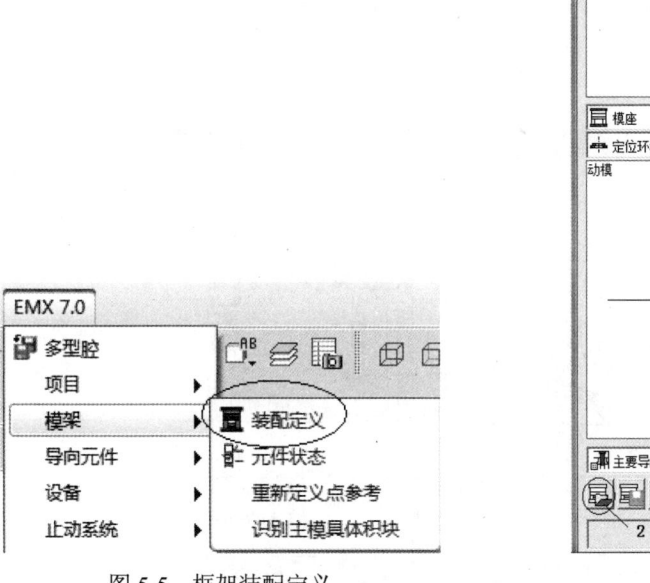

图 5-5　框架装配定义　　　　　　　　　　图 5-6　项目创建界面

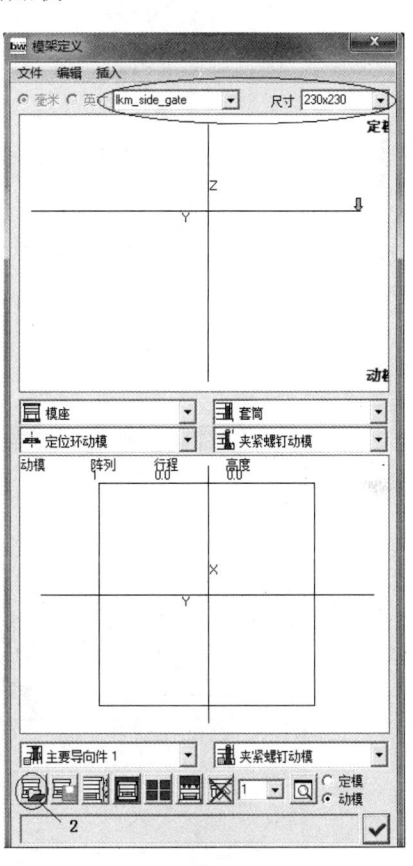

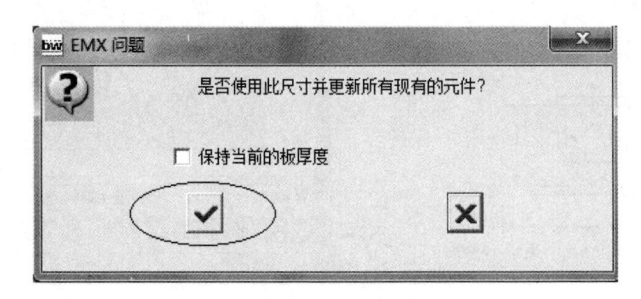

图 5-7　项目创建界面

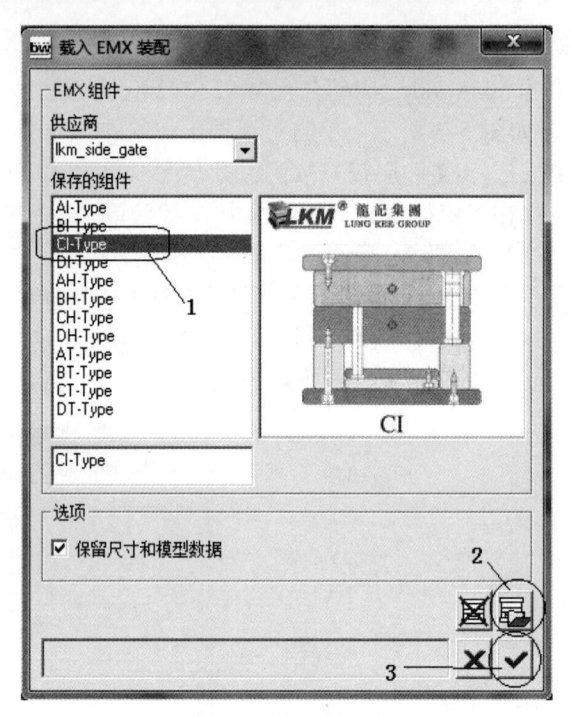

图 5-8　模架型式选择

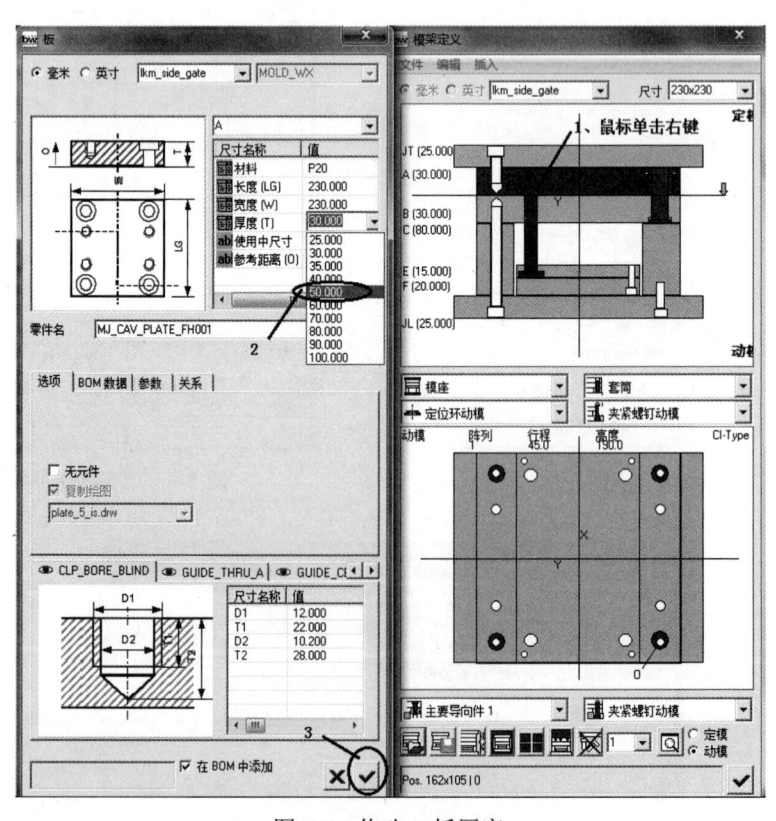

图 5-9　修改 A 板厚度

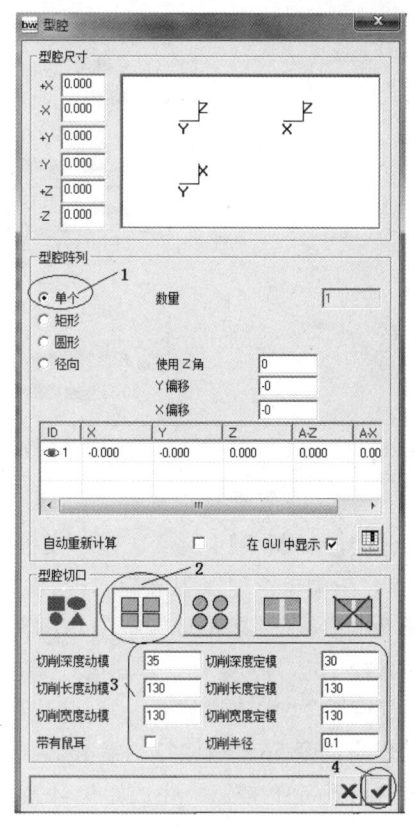

图 5-10　修改 B 板厚度

图 5-11　型腔切槽

（6）隐藏定模座板及 A 板，单击工具栏中的 按钮，从"MOLD_MW"文件夹中找到文件 mouse_wheel_mold.asm，进行约束装配，将模仁安装到模架动模板中，如图 5-12 所示；在菜单栏中选择"视图"→"可见性"→"取消全部隐藏"命令，如图 5-13 所示，完成模仁的装配。

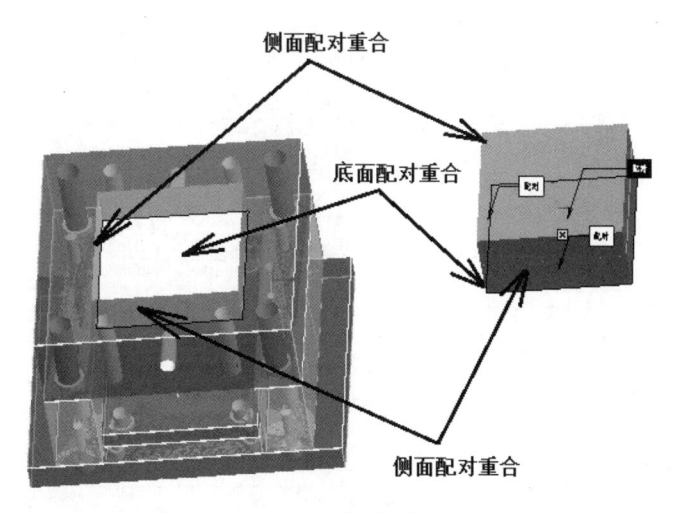

图 5-12　装配模仁

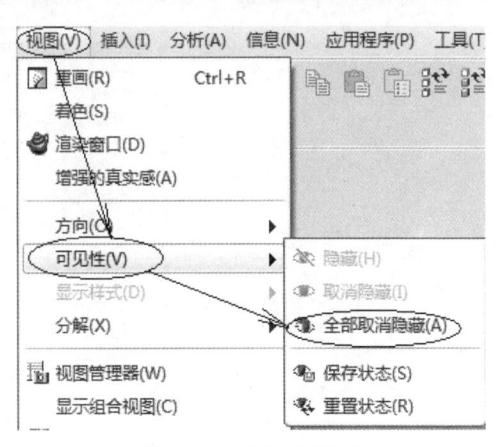

图 5-13　取消隐藏项

（7）在菜单管理器中选择"EMX 7.0"→"项目"→"分类"命令，按模仁中零件的类型进行分类，如图 5-14 所示，在分类框单击 ☑（确定）按钮，完成模具零件的分类。

（8）在菜单管理器中选择"EMX 7.0"→"模架"→"装配定义"命令，在模架定义框中选择"定模板""定位环定模"，在弹出的"定位环"对话框中选择商家"hasico"，设置定位环的直径 100，厚度 15，单击 ☑（确定）按钮，如图 5-15 所示；在"模架定义"对话框中选择"定模板""主流道衬套"，在弹出的"主流道衬套"对话框中选择商家"futaba"，定义主流道衬套的长度 56，偏移-2，单击 ☑（确定）按钮，如图 5-16 所示；在"模架定义"对话框中单击 ☑（确定）按钮，完成定位环及主流道衬套的装配。

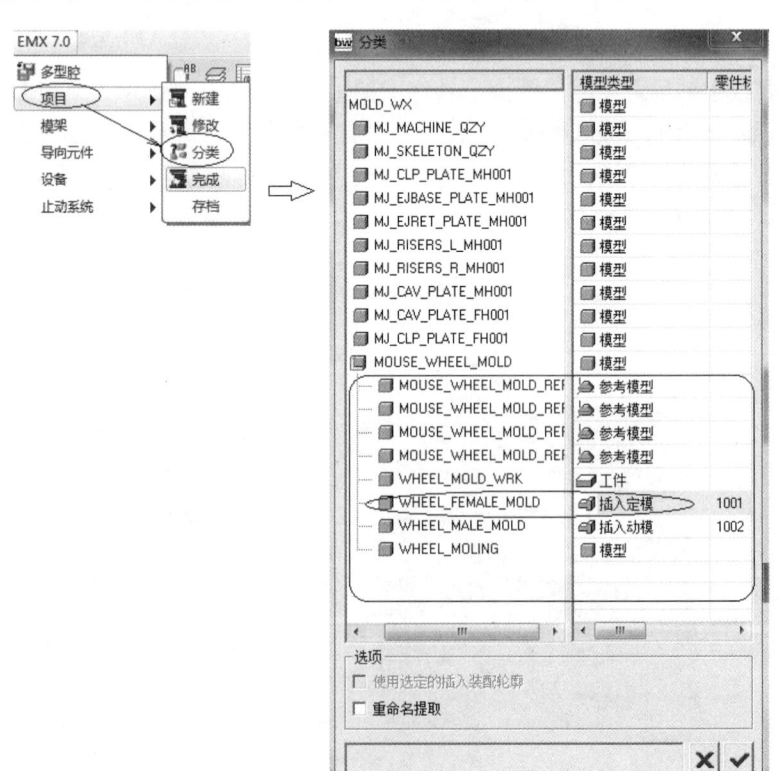

图 5-14　零件分类

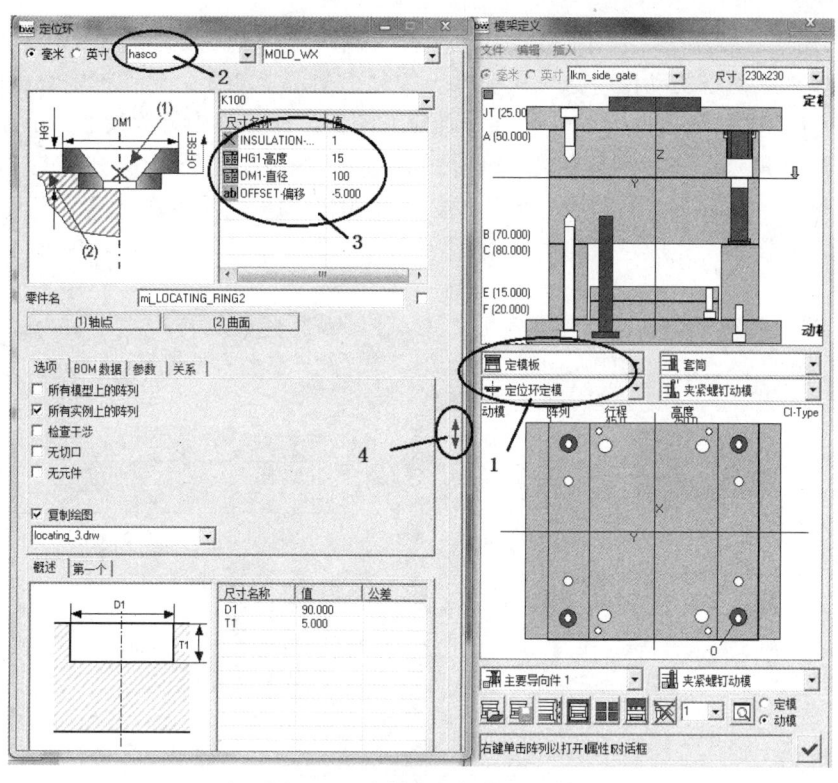

图 5-15 定模定位板装配定义

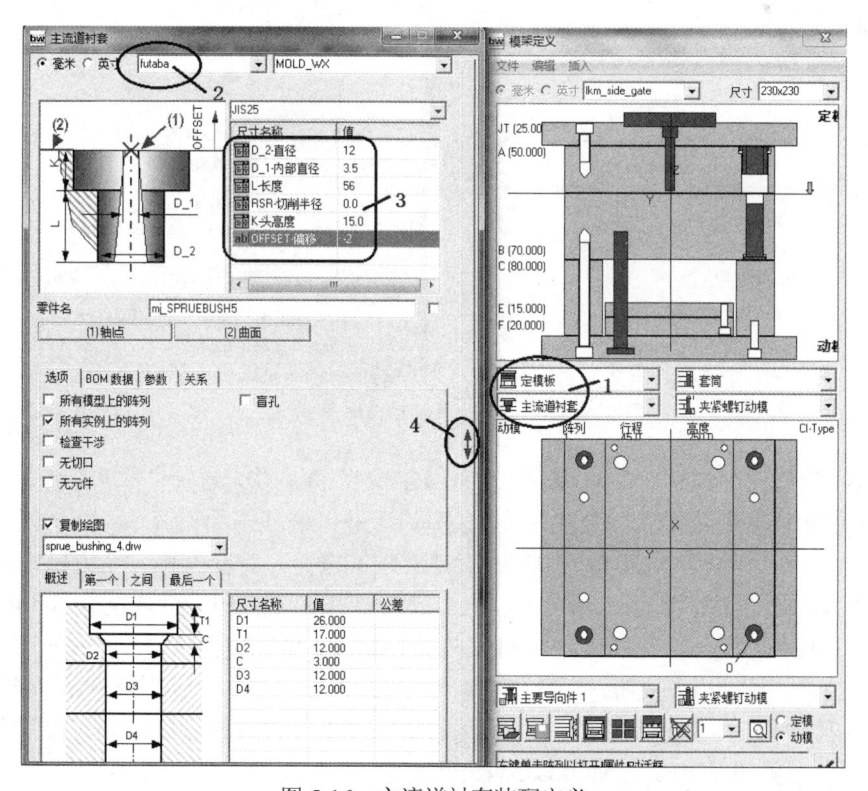

图 5-16 主流道衬套装配定义

（9）在菜单管理器中选择"EMX 7.0"→"模架"→"装配定义"命令，在"模架定义"对话框中选择"止动系统动模"选项，在弹出的"止动系统动模"对话框中设置阵列尺寸 2 行 2 列，X 方向 100，Y 方向 60，单击▥（计算）图标，计算阵列位置尺寸，单击☑（确定）按钮，如图 5-17 所示；在"模架定义"对话框中选择"垃圾钉动模"，在弹出的"垃圾钉"对话框中选择商家"hasco"，单击☑（确定）按钮，如图 5-18 所示；在"模架定义"对话框中单击☑（确定）按钮，完成垃圾钉的装配。

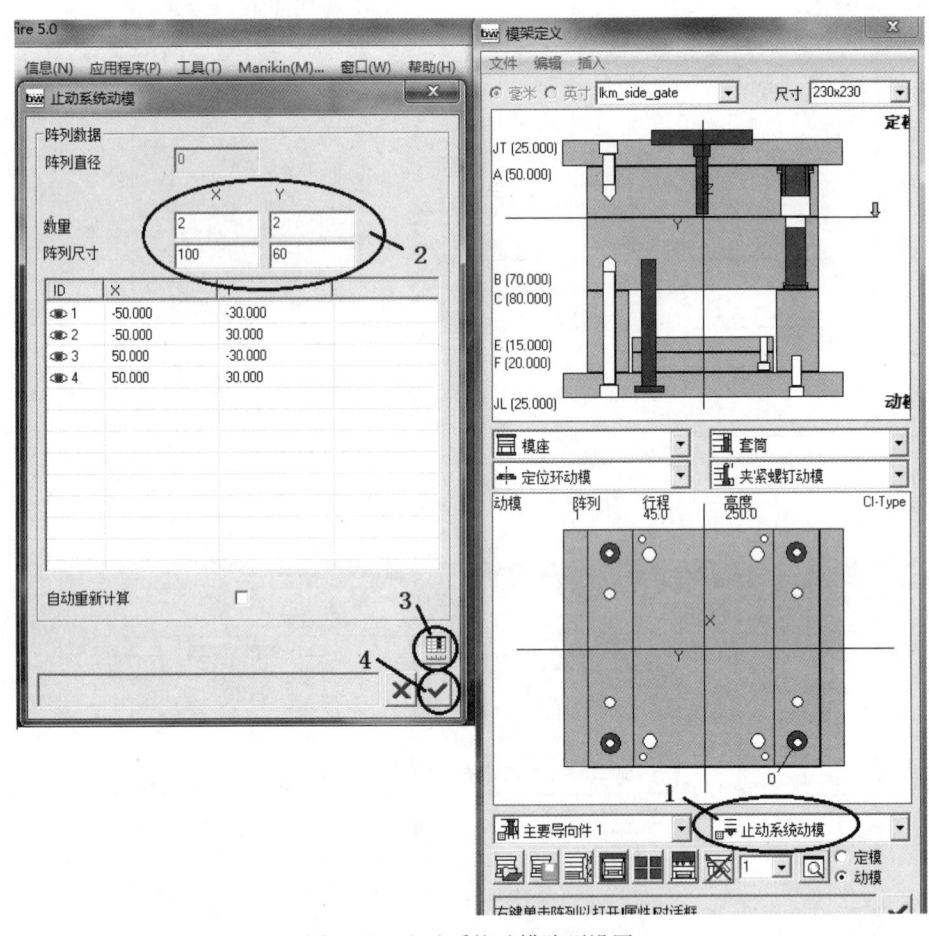

图 5-17　止动系统动模阵列设置

（10）在模型树中选择"WHEEL_MOLDING.PRT"并右击，选择"打开"命令，如图 5-19 所示；在菜单管理器中选择"插入"→"模型基准"→"偏移平面"命令，默认创建三个偏移平面，如图 5-20 所示；单击工具栏中的╱（基准轴）按钮，选择其中一个铸模的圆柱表面创建基准轴 A_3，如图 5-21 所示；单击工具栏中的▱（平面）按钮，创建过 A_3 轴线与 DTM1 平行的平面 DTM4，同理，创建过 A_3 轴线与 DTM3 平行的平面 DTM5，如图 5-22 所示；单击工具栏中的✖（基准点）按钮，打开"基准点"对话框，创建如图 5-23 所示的基准点 PNT0、PNT1、PNT2、PNT3；单击工具栏中的▯▮（镜像）按钮，将基准点镜像到其他三个铸件上，如图 5-24 所示，关闭 WHEEL_MOLDING.PRT 窗口。

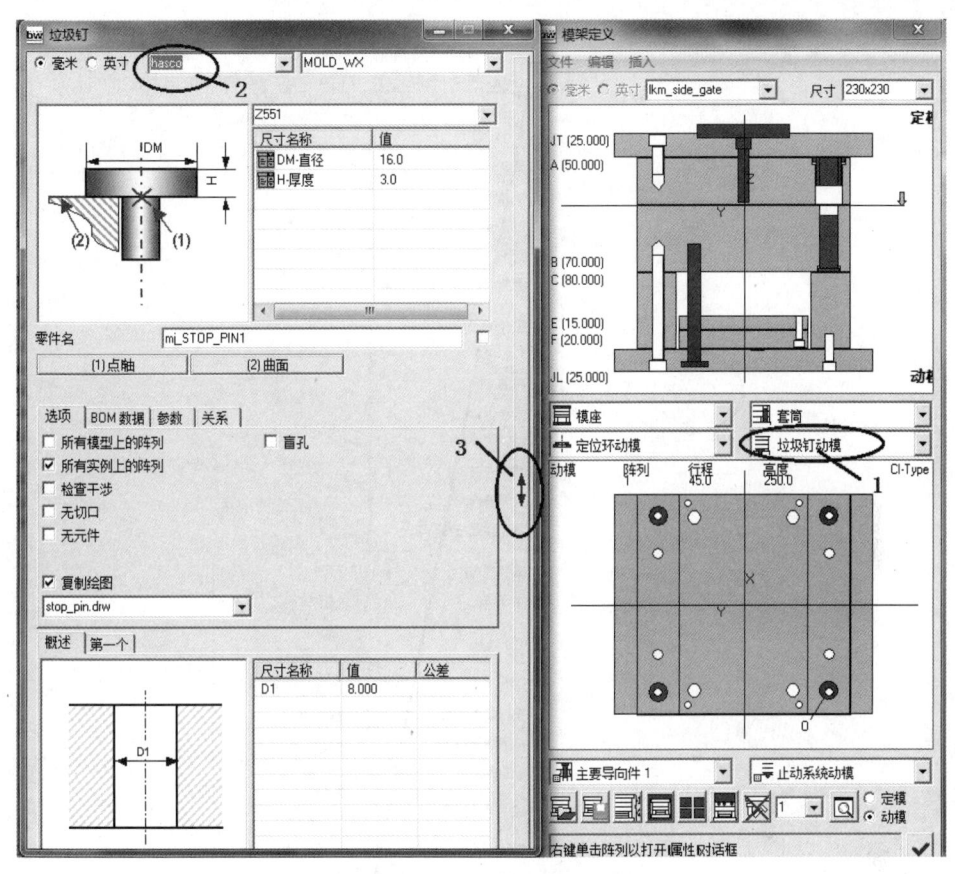

图 5-18 止动系统垃圾钉定义

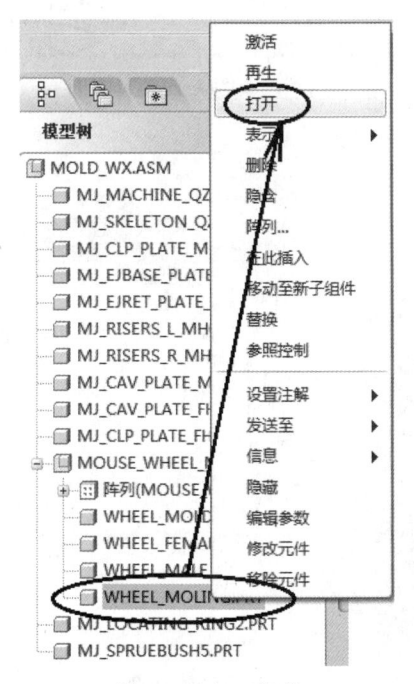

图 5-19 打开塑件

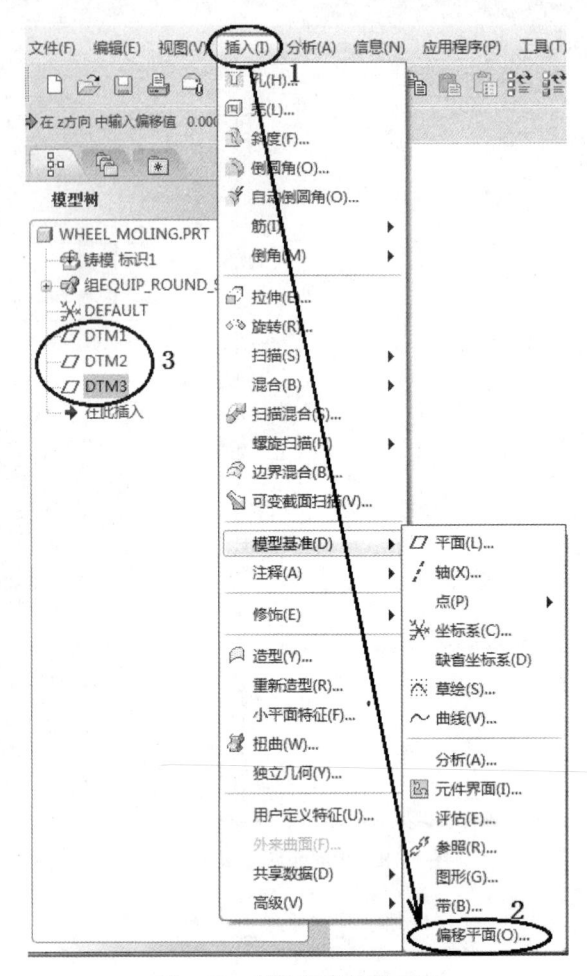

图 5-20 创建基准偏移平面

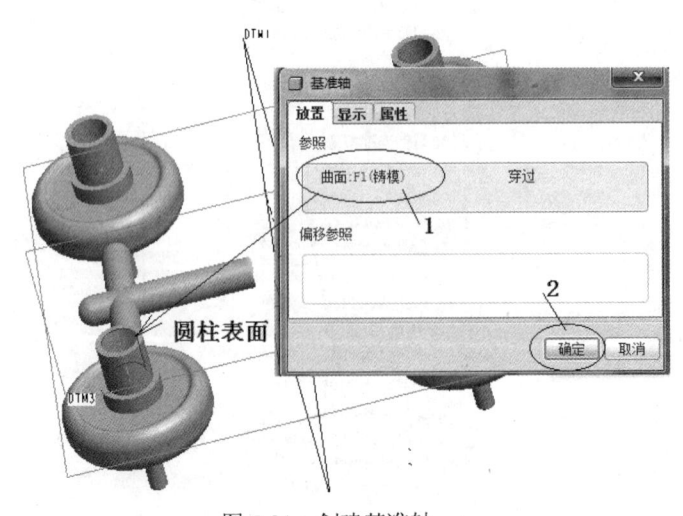

图 5-21 创建基准轴

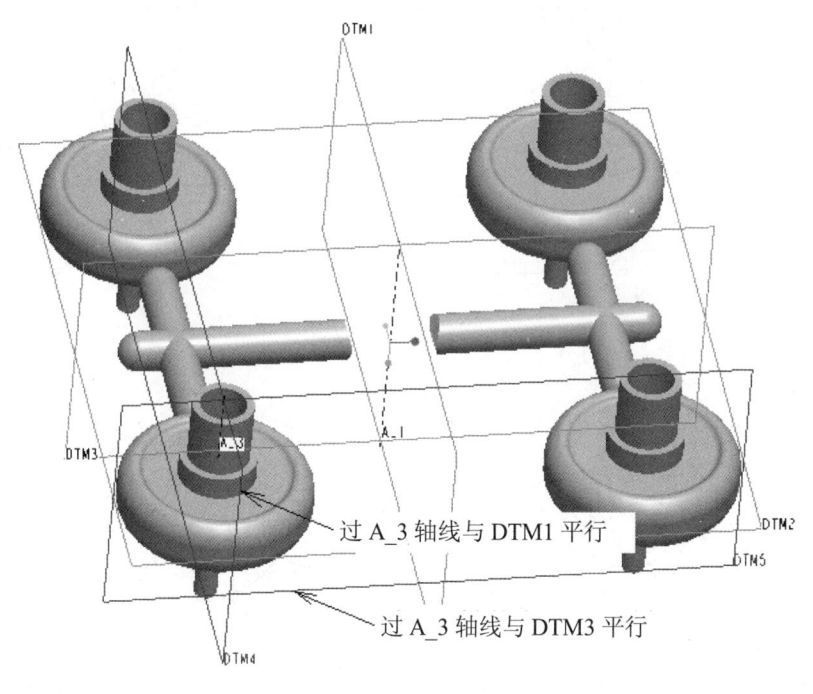

图 5-22　创建基准平面

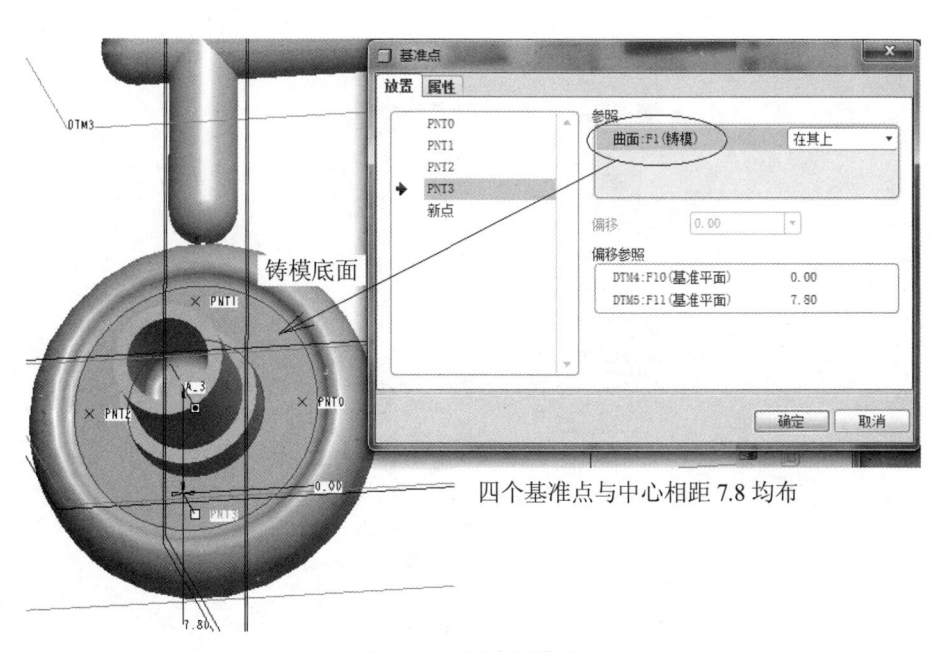

图 5-23　创建基准点

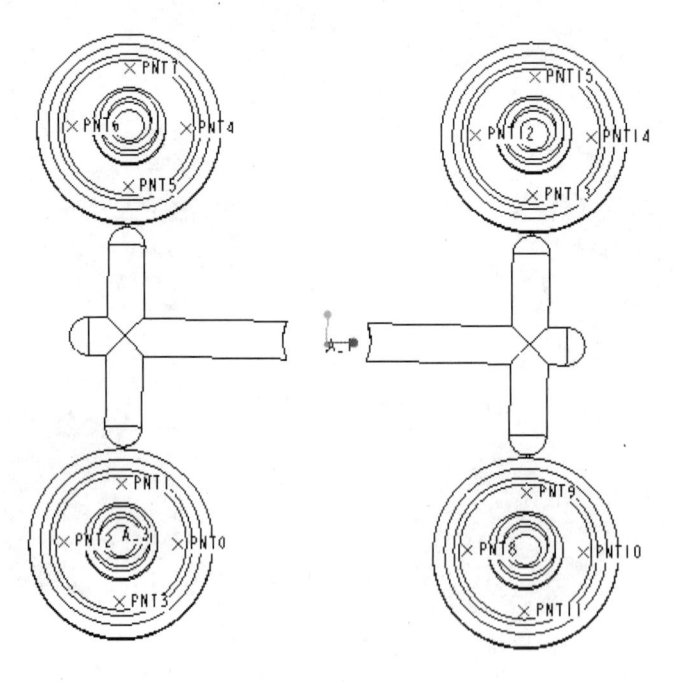

图 5-24　镜像基准点

（11）在菜单管理器中选择"EMX 7.0"→"顶杆"→"定义"命令，如图 5-25 所示，在"顶杆定义"对话框中设置顶杆直径 2，勾选"自动长度"复选框，单击"（1 点）"按钮，从绘图区选择"PNT0"（或四个中的任一个），单击 ✓（确定）按钮，如图 5-26 所示，完成四个顶杆的创建；同理，完成另外三个铸件的 12 个顶杆的创建，如图 5-27 所示。

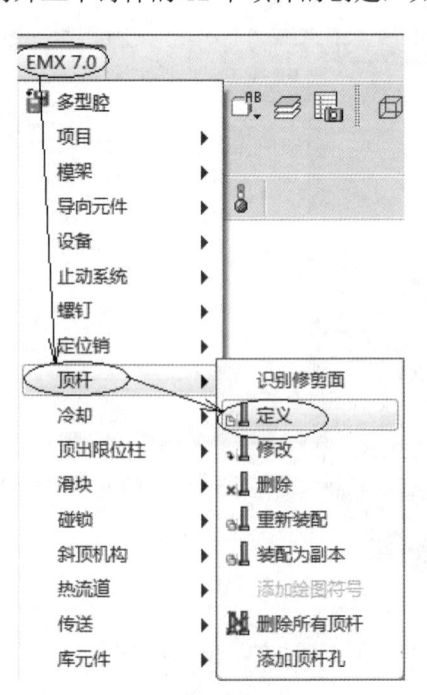

图 5-25　顶杆定义命令

210

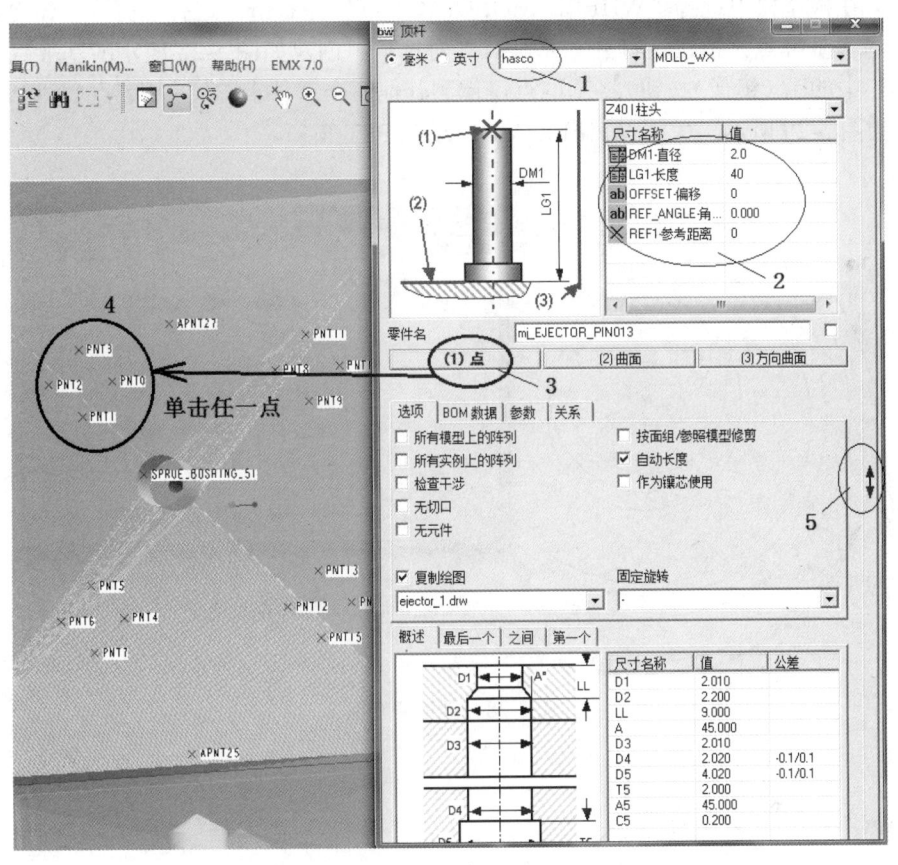

图 5-26 顶杆定义

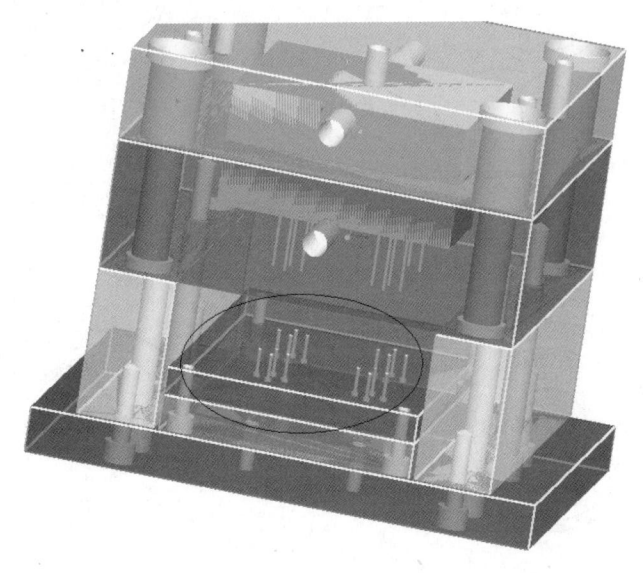

图 5-27 顶杆效果

（12）在模型树中选择"WHEEL_MOLDING.PRT"并右击，选择"打开"命令，单击工具栏中的 ※※（基准点）按钮，打开"基准点"对话框，创建如图 5-28 所示的基准点 PNT16；单击工具栏中的](（镜像）按钮，将基准点镜像到其他三个铸件上，获得基准点 PNT17、PNT18、PNT19，如图 5-29 所示，关闭 WHEEL_MOLDING.PRT 窗口。

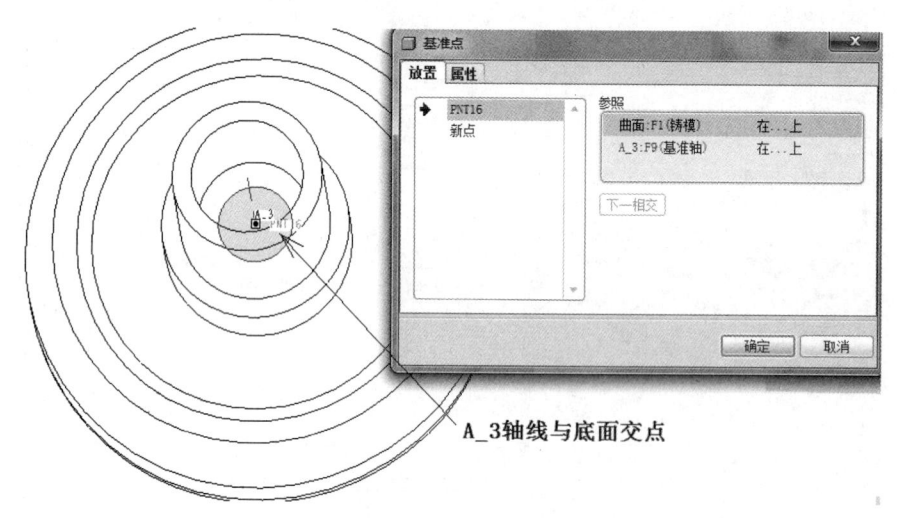

图 5-28　创建基准点

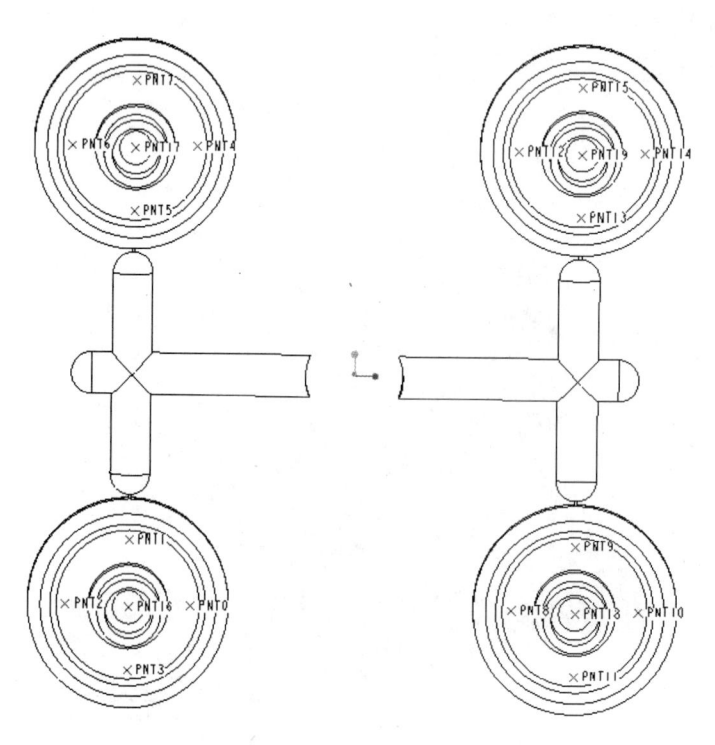

图 5-29　镜像基准点

（13）在菜单管理器中选择"EMX 7.0"→"顶杆"→"定义"命令，在"顶杆定义"对话框中设置顶杆直径4，勾选"自动长度"复选框，单击"(1点)"，从绘图区选择"PNT16"，单击☑（确定）按钮，如图5-30所示，完成一个顶杆的创建；同理，完成另外三个铸件三个顶杆的创建。

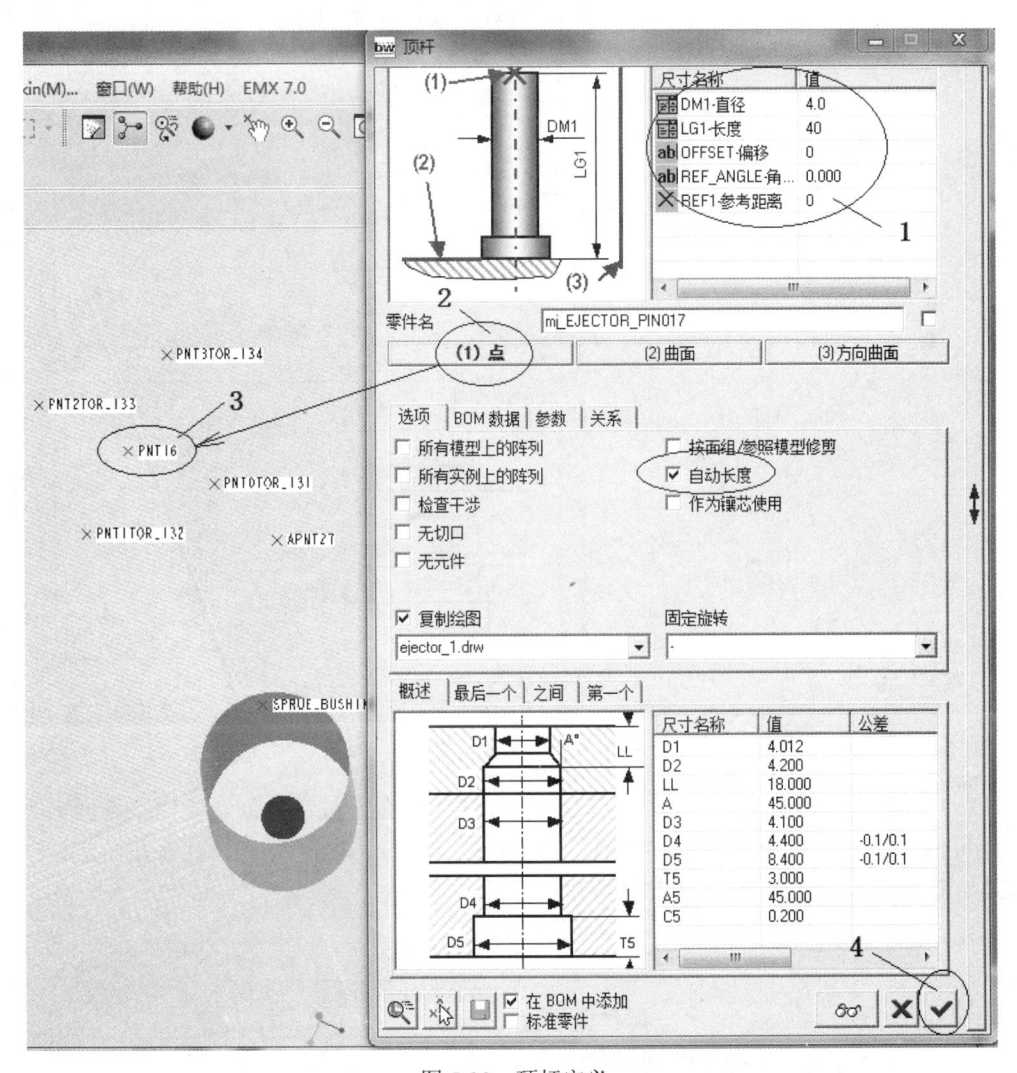

图 5-30　顶杆定义

（14）在模型树中选择"WHEEL_MOLDING.PRT"并右击，选择"打开"命令，单击工具栏中的※（基准点）按钮，创建 DTM1、DTM2、DTM3 三个平面的基准点 PNT20，关闭 WHEEL_MOLDING.PRT 窗口；在菜单管理器中选择"EMX 7.0"→"顶杆"→"定义"命令，在"顶杆定义"对话框中设置顶杆直径6，勾选"自动长度"复选框，单击"(1点)"按钮，从绘图区选择 PNT20，单击☑（确定）按钮，如图5-31所示，完成拉料杆的创建。

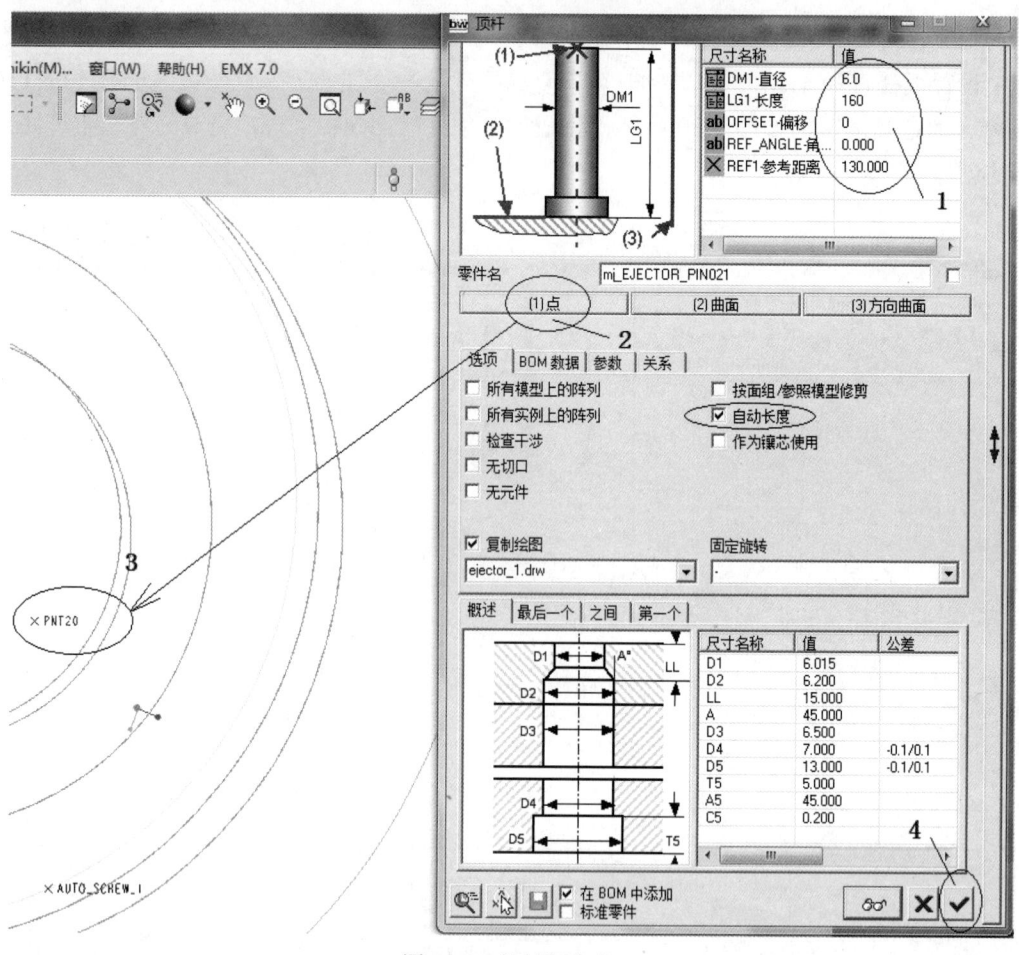

图 5-31　拉料杆定义

（15）创建定模冷却系统。单击工具栏中的 ▱（平面）按钮，创建模仁上表面向下偏移 15 的基准面，如图 5-32 所示；单击工具栏中的 ▨（草绘）按钮，系统默认在刚刚创建的平面上草绘如图 5-33 所示的水线，单击 ✔ 按钮。

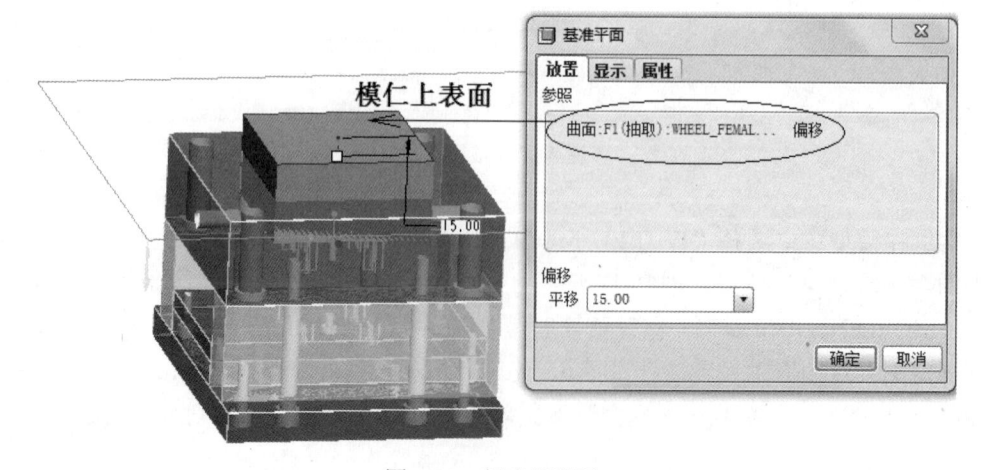

图 5-32　创建基准面

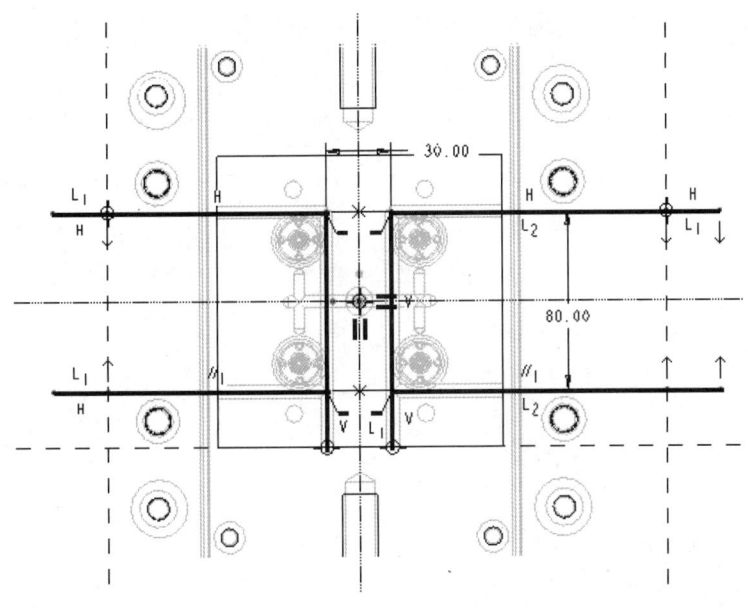

图 5-33　草绘水线

（16）在菜单管理器中选择"EMX 7.0"→"冷却"→"定义"命令，如图 5-34 所示，在"冷却元件"窗口中选择"hasco""Z81|水嘴"型号，水孔直径 D5 为 6，如图 5-35 所示，单击✓（确定）按钮，完成水嘴的创建；按同样的尺寸创建其余三个水嘴，效果如图如图 5-36 所示；隐藏 A 板，在模仁创建水道与堵头，在菜单管理器中选择"EMX 7.0"→"冷却"→"定义"命令，在"冷却元件"窗口中选择"盲孔"，设置水孔直径 6，如图 5-37 所示，单击✓（确定）按钮，完成盲孔的创建；按同样的尺寸创建其余盲孔，效果如图 5-38 所示；在菜单管理器中选择"EMX 7.0"→"冷却"→"定义"命令，在"冷却元件"窗口中选择"堵头"，在模仁中创建两个水堵，如图 5-39 所示。

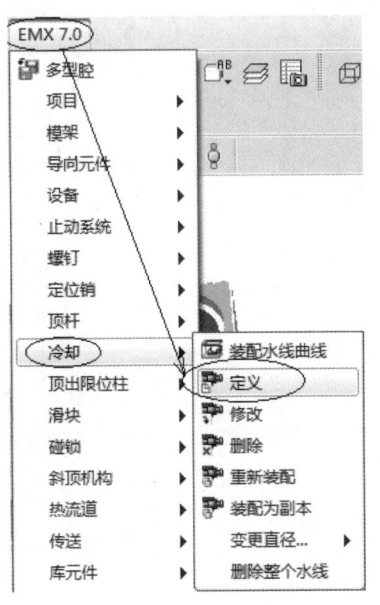

图 5-34　冷却系统元件定义命令

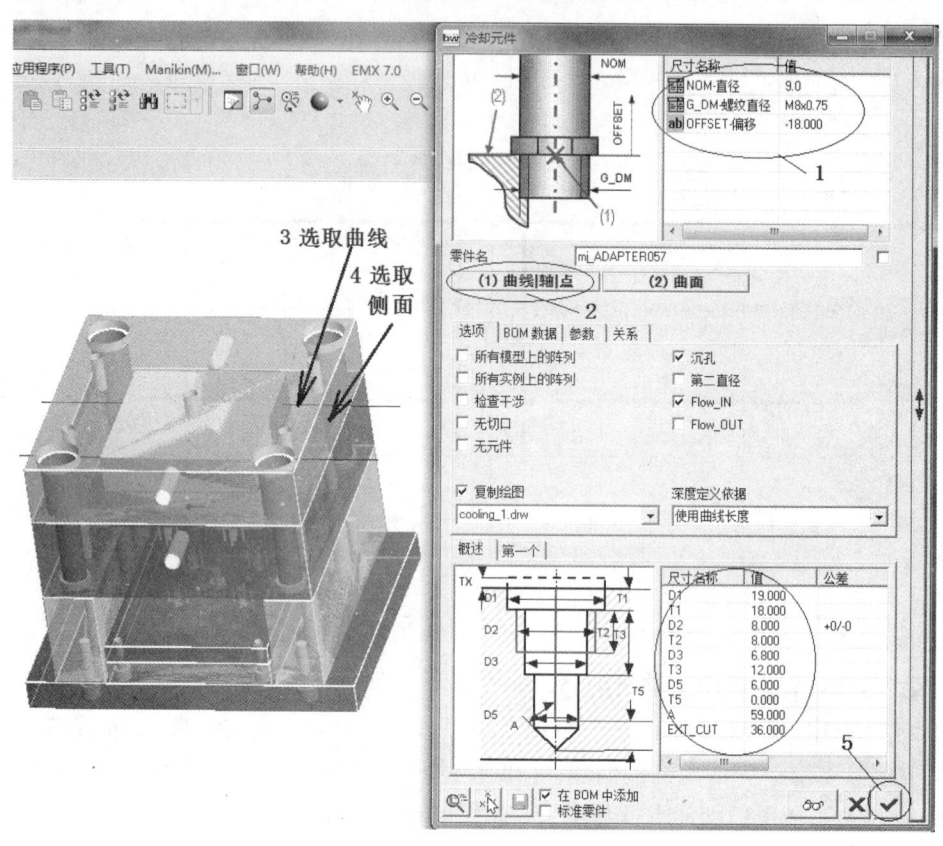

图 5-35　定义水嘴规格

图 5-36　水嘴效果

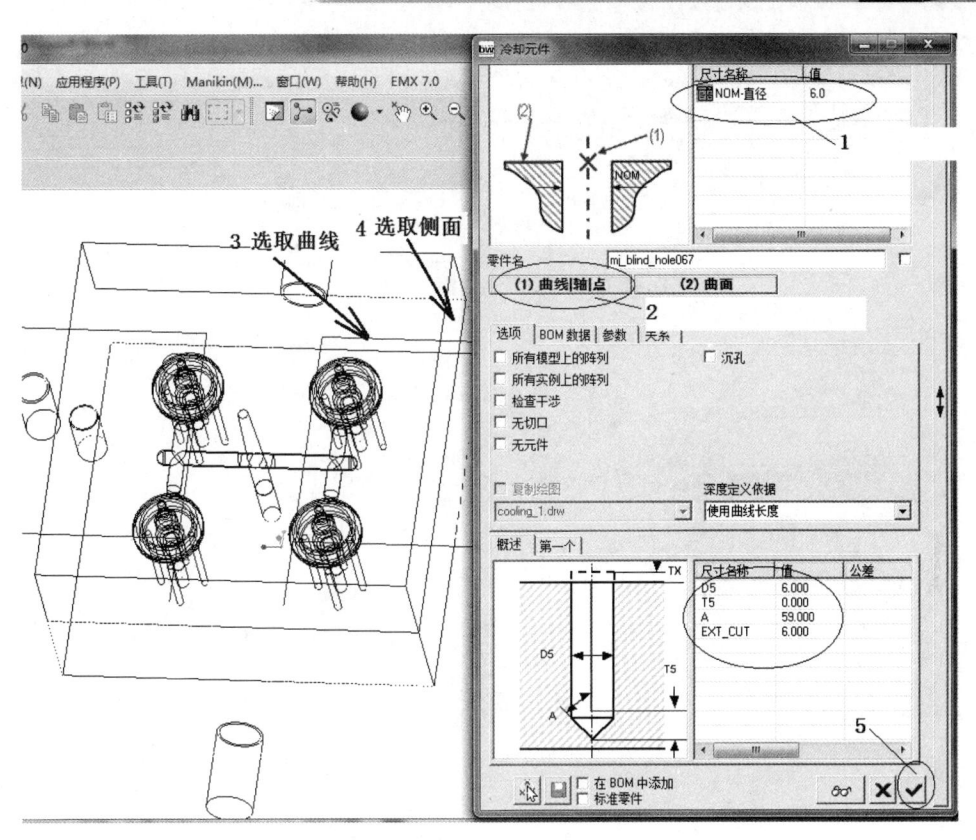

图 5-37 定义盲孔

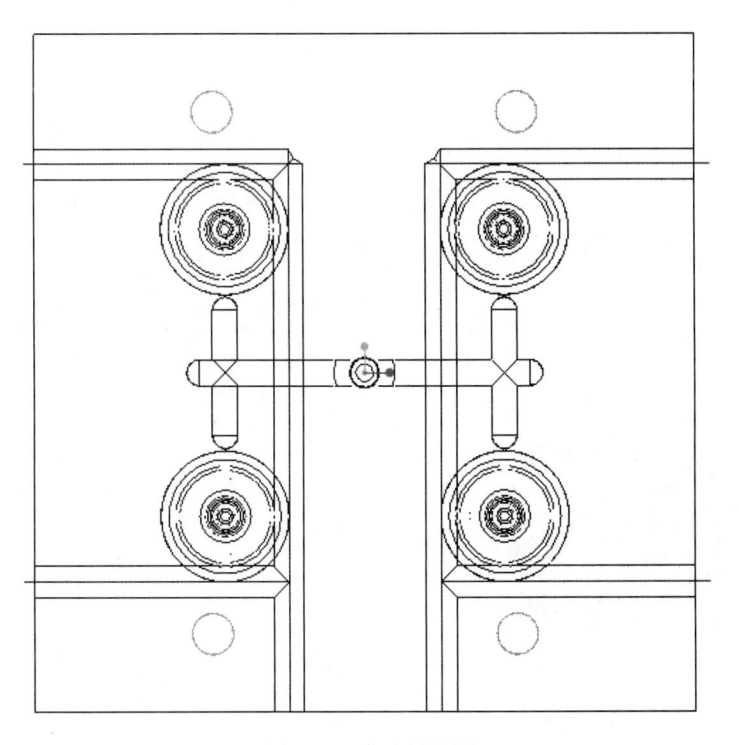

图 5-38 盲孔效果图

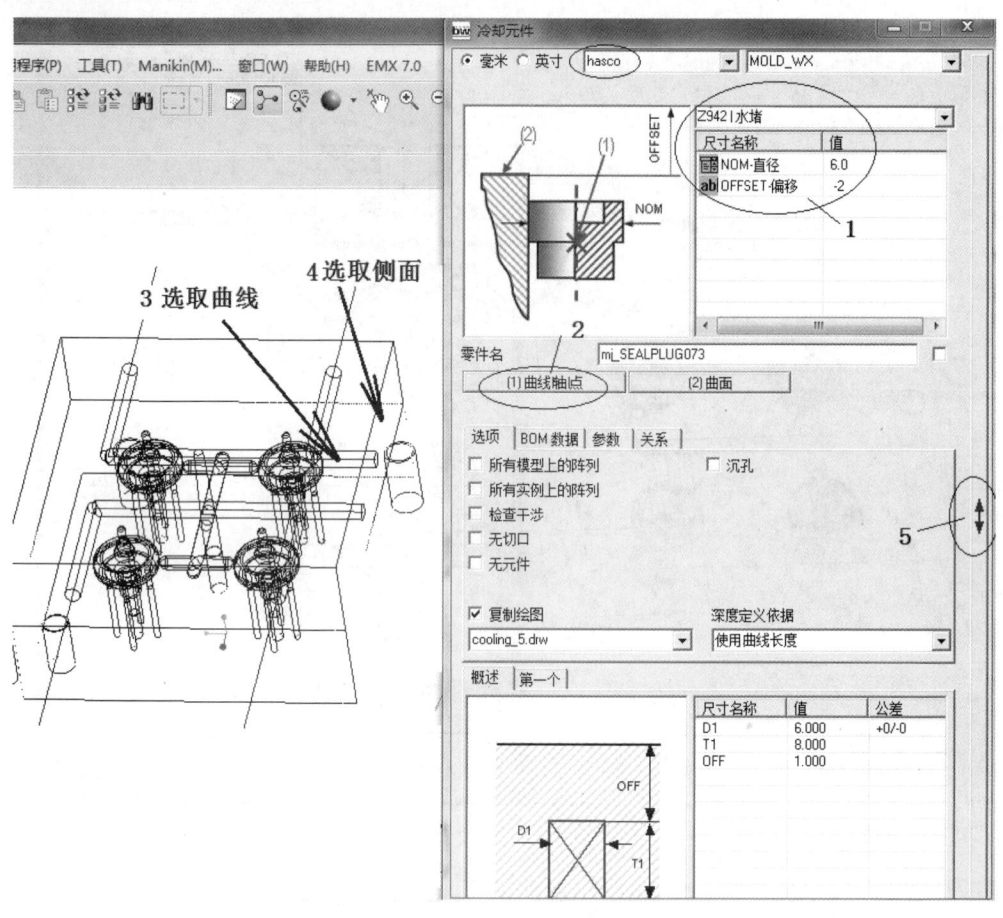

图 5-39　定义水堵规格

（17）创建动模冷却系统。单击工具栏中的 ▱ （平面）按钮，创建 B 板上表面向下偏移 15 的基准面，如图 5-40 所示；单击工具栏中的 ～ （草绘）按钮，默认在刚刚创建的平面上草绘，绘制与第（16）步中相同的水线（如图 5-33 所示的水线），单击 ✓ 按钮完成草绘；重复第（16）步中的创建步骤，完成相同规格的水嘴、水堵、盲孔的创建。

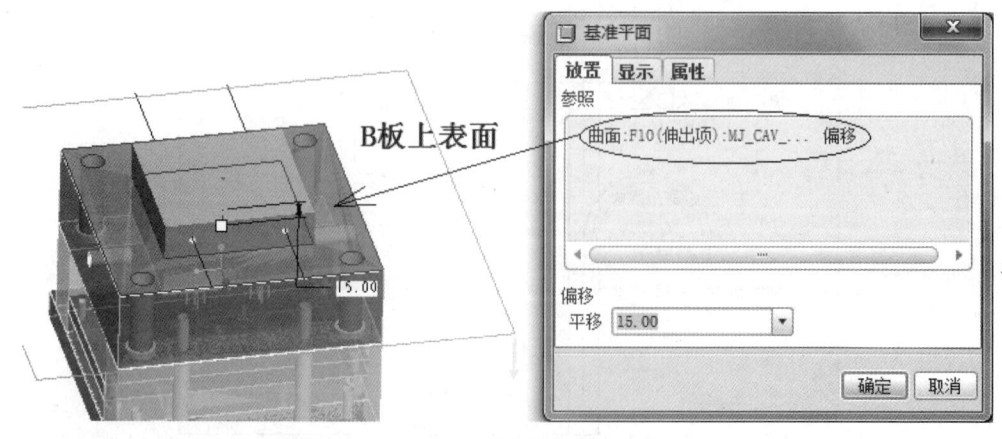

图 5-40　创建基准面

（18）在菜单管理器中选择"EMX 7.0"→"模架"→"元件状态"命令，在"元件状态"对话框中单击 ![](全选）按钮，单击 ![](确定）按钮，如图 5-41 所示，完成模具元件的状态显示设置，随后加载元件，加载完成后的模具如图 5-42 所示。

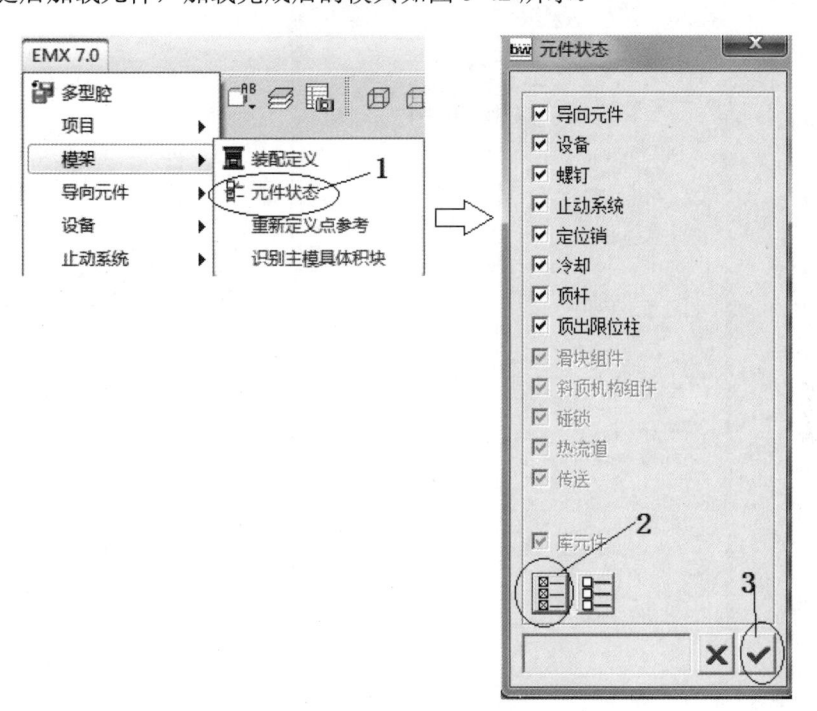

图 5-41　定义元件状态

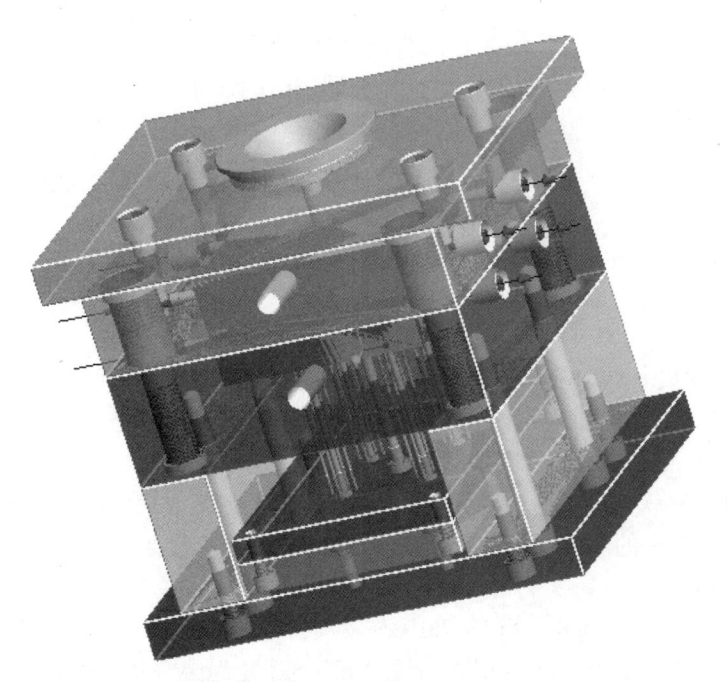

图 5-42　模具元件全部加载后的效果

（19）在菜单管理器中选择"EMX 7.0"→"模架开模模拟"命令，在弹出的"模架开模模拟"对话框中进行开模模拟设置，如图 5-43 所示，随后进行模架开模模拟。

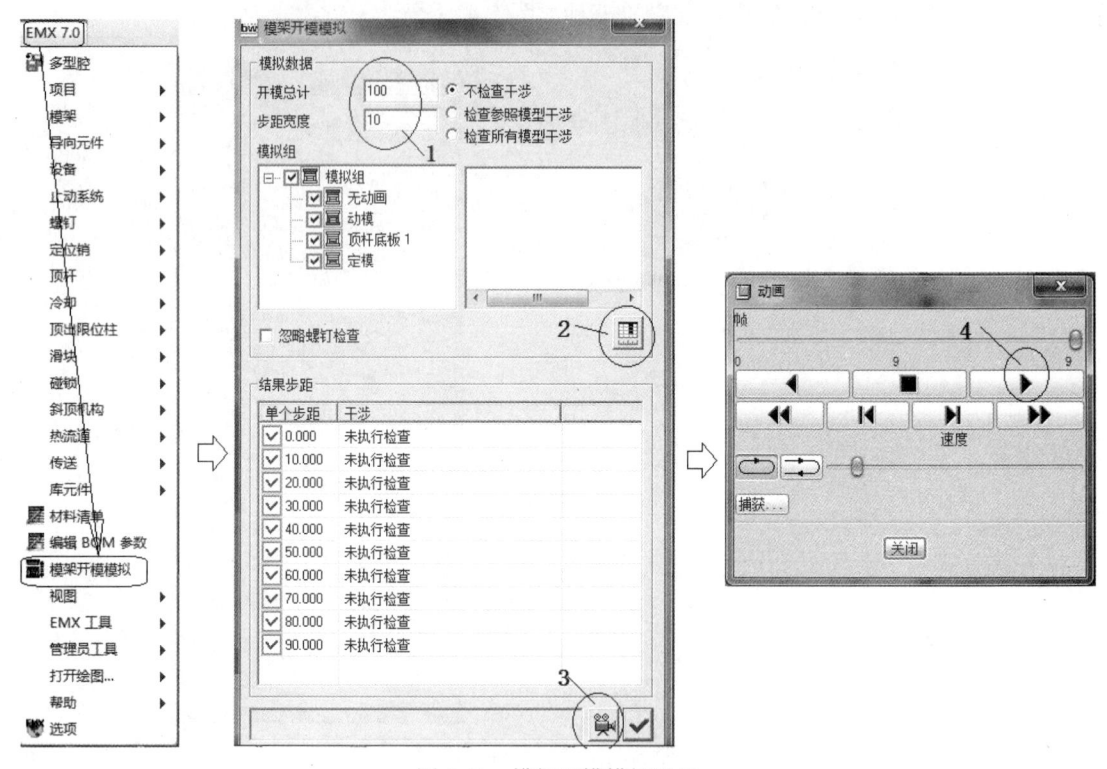

图 5-43　模架开模模拟设置

（20）单击工具栏中的 □（保存）按钮，保存文件。

（21）模具零件的后续细节设计，如拉料杆端部结构设计、浇口套底部结构设计、模座顶杆孔设计等，因主要为零件建模内容，本文限于教学篇幅不再赘述，有兴趣的读者可以自行设计完善。

5.2　方盒零件斜抽芯模具模架组件设计

本节重点：调用 EMX 模块；创建侧抽芯滑块组件；编辑命令。

（1）新建文件夹 mold_box，放置模具设计的全部文件。

（2）请将本书配套资料（可从网站下载或者自建模型）CH5\源文件\box_mold 文件夹下的文件全部复制到 mold_box 文件夹下。

（3）启动 EMX 软件（本平台用到的是 EMX 7.0），在菜单栏中选择"文件"→"设置工作目录"命令，在弹出的对话框中选择"mold_box"文件夹为要设置的工作目录，启动后的设计界面如图 5-44 所示。

（4）在菜单管理器中选择"EMX 7.0"→"项目"→"新建"命令，打开"项目"窗口。在对话框中输入项目名称"mold_box"、前缀"mj"、后缀"qzy"等，如图 5-45 所示，单击 ☑（确定）按钮，完成项目创建。

图 5-44 含 EMX 7.0 的 Pro/ENGINEER 程序界面

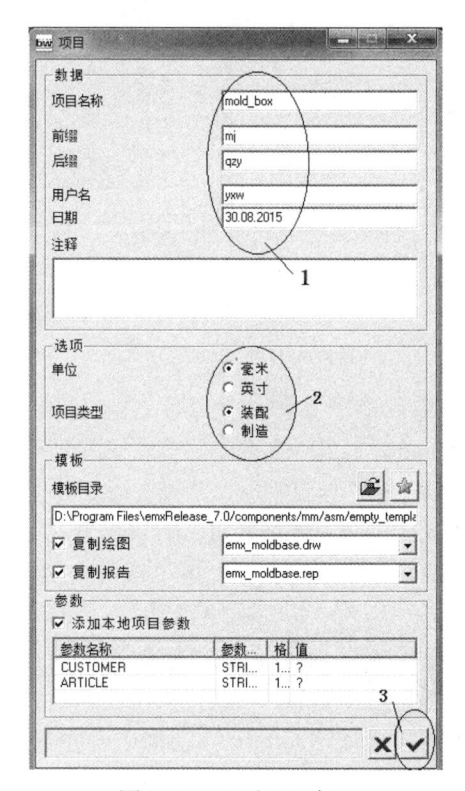

图 5-45 "项目"窗口

（5）在菜单管理器中选择"EMX 7.0"→"模架"→"装配定义"命令，在"模架定义"对话框中选择模架商家"lkm_side_gate"与尺寸"200×230"，在弹出的"EMX 问题"框中单击✔按钮，单击对话框下部的 ☐（文件加载）按钮，在模架型式中选择"AI-Type"，单击 ☐（文件加载）按钮进行装配，单击✔（确定）按钮完成模架型式加载。在"模架定义"对话框中，修改 A 板厚度为 50，如图 5-46 所示；单击 ☐（型腔切槽）按钮，在弹出的对话框中选择"单型腔""矩形""动模切槽尺寸 10×120×80""定模切槽尺寸 30×120×80"，单击✔（确定）按钮，如图 5-47 所示，完成标准模架的加载。

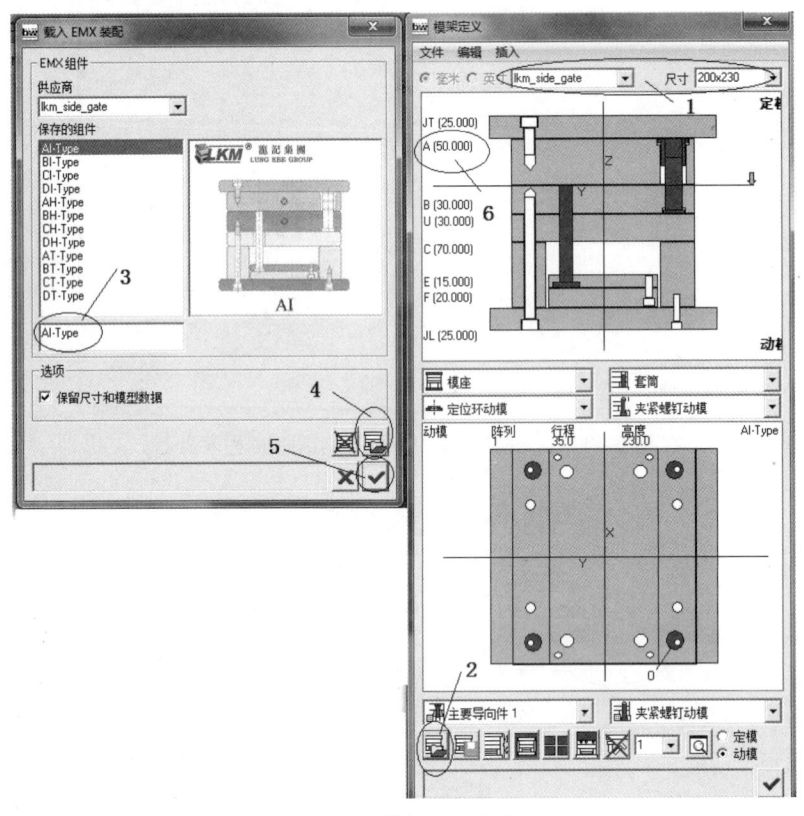

图 5-46　模架选型定义

（6）隐藏定模座板及 A 板，单击工具栏中的 ☐（装配）按钮，从"MOLD_BOX"文件夹中找到文件 box_emx_mold.asm 进行约束装配，将模仁安装到模架动模板中，如图 5-48 所示；在菜单管理器中选择"EMX 7.0"→"项目"→"分类"命令，按模仁中零件的类型进行分类，如图 5-49 所示，单击✔（确定）按钮，完成模具零件的分类。

（7）在菜单栏中选择"视图"→"可见性"→"取消全部隐藏"命令。

（8）在菜单管理器中选择"EMX 7.0"→"模架"→"装配定义"命令，在"模架定义"对话框中选择"模座""定位环定模"，在弹出的"定位环"窗口中选择商家"hasico"，选择"K100"定位环的直径 60，单击✔（确定）按钮，如图 5-50 所示；在"模架定义"对话框中选择"主流道衬套"，在弹出的"主流道衬套"对话框中选择商家"misumi"，定义主流道衬套的长度 30，偏移-5，单击✔（确定）按钮，如图 5-51 所示；在"模架定义"对话框中选择"模座""定位环动模"，在弹出的"定位环"对话框中选择商家"misumi"，选择"LRBS"定位环的偏移-10，单击✔（确定）按钮，如图 5-52 所示；单击✔（确定）按钮，完成定位环及主流道衬套的装配。

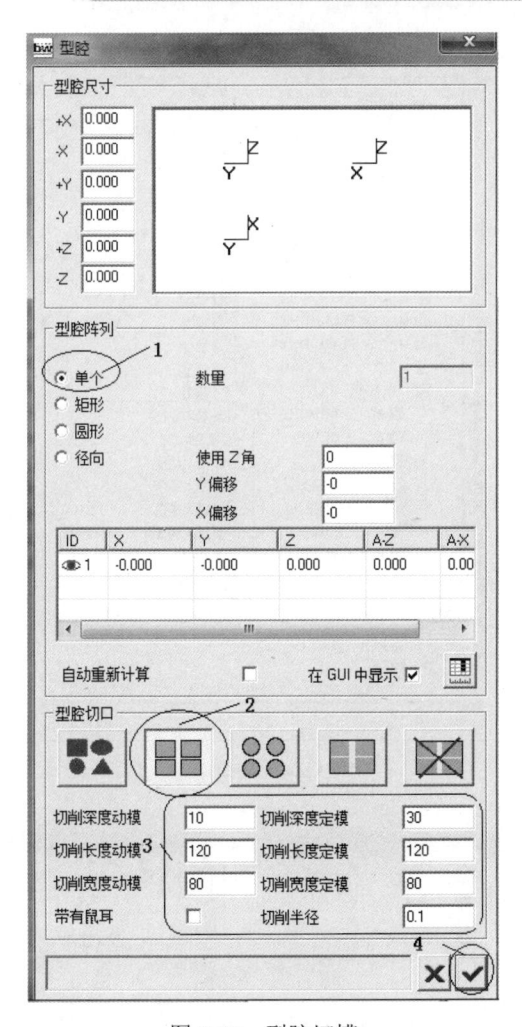

图 5-47 型腔切槽

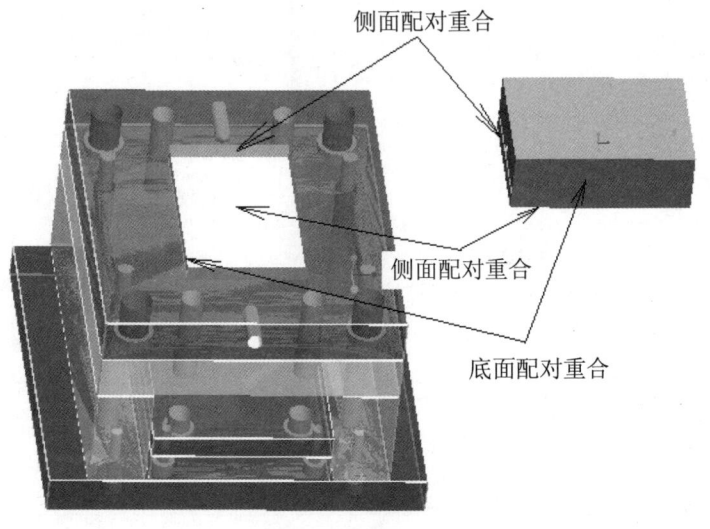

图 5-48 装配模仁

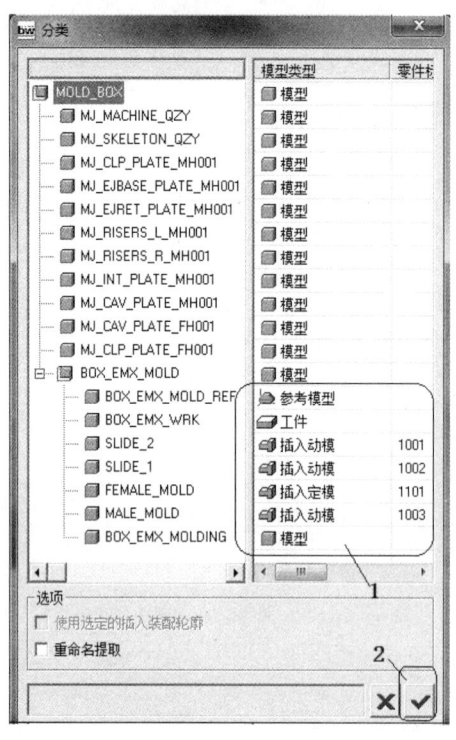

图 5-49　项目分类

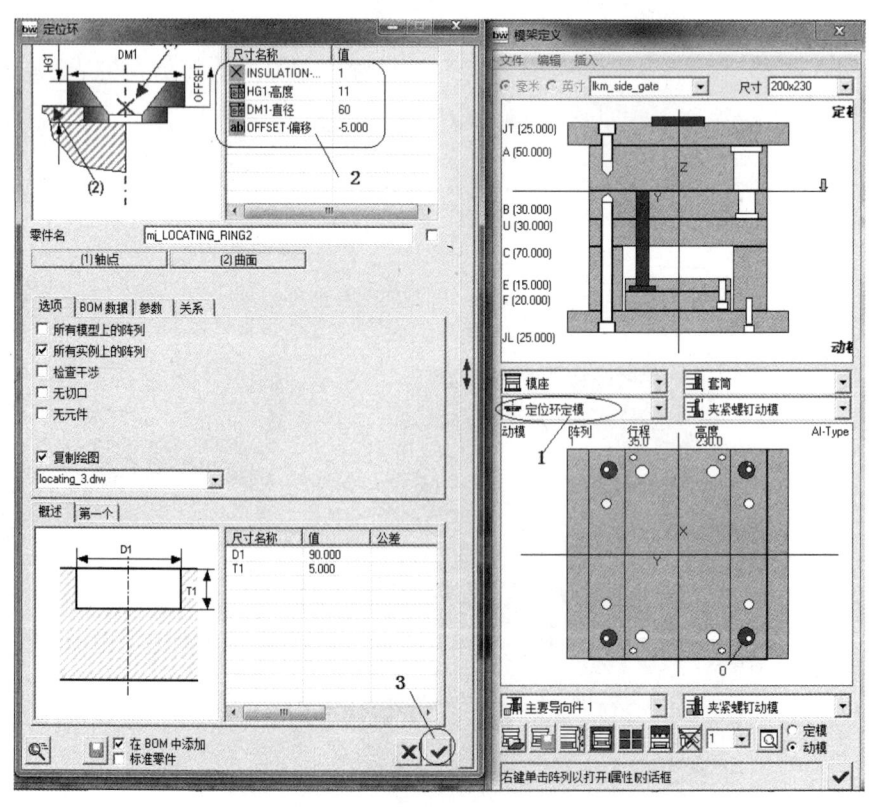

图 5-50　定模定位板装配定义

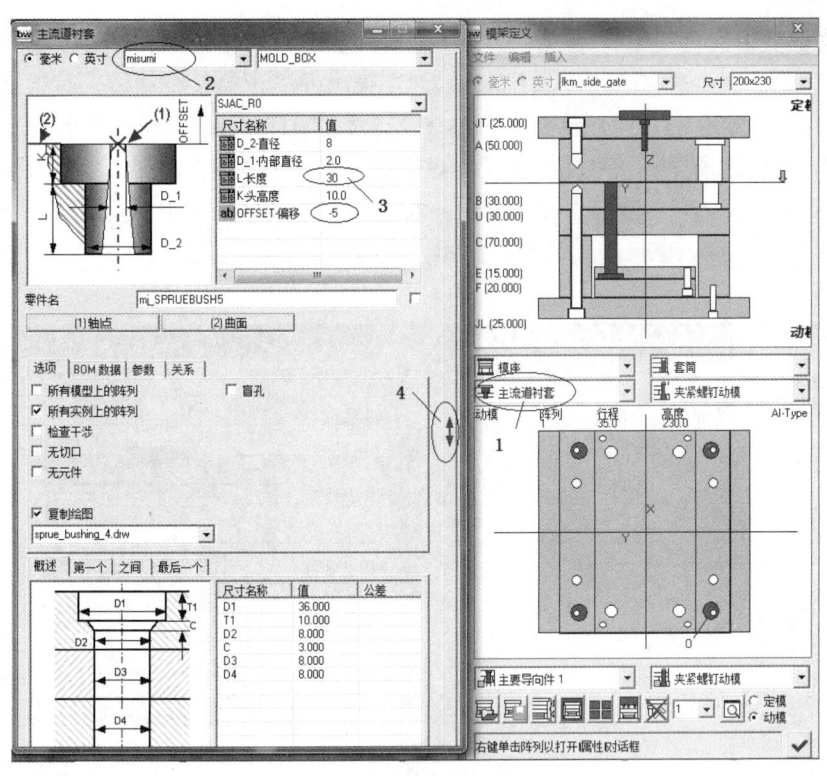

图 5-51 主流道衬套装配定义

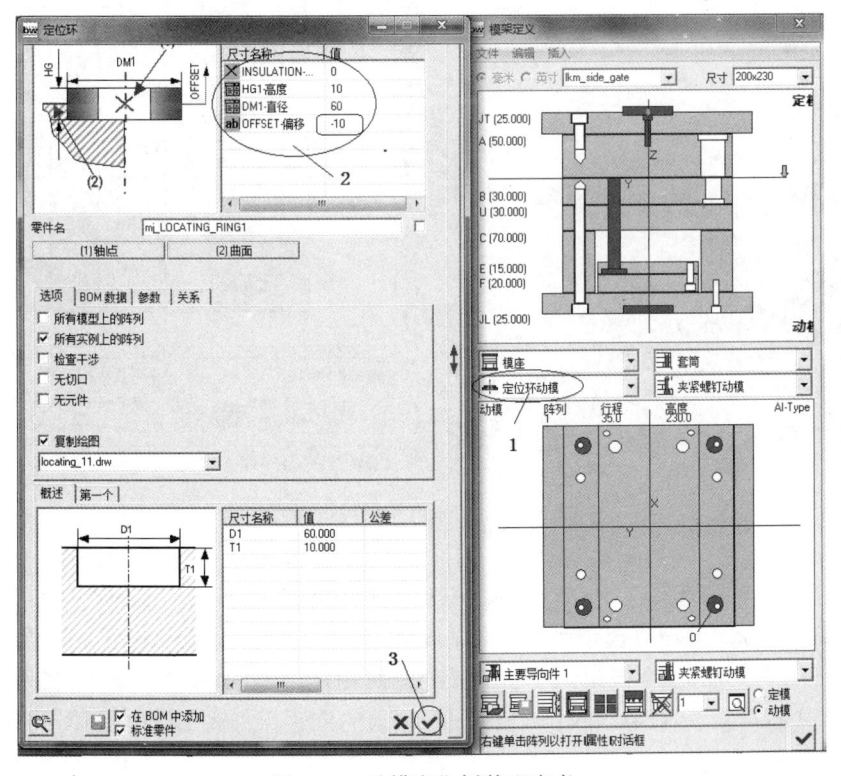

图 5-52 动模定位板装配定义

(9) 隐藏底板。在菜单管理器中选择"EMX 7.0"→"模架"→"装配定义"命令，在"模架定义"对话框中选择"止动系统动模"，在弹出的"止动系统动模"对话框中设置阵列尺寸 2 行 2 列，X 方向 80，Y 方向 80，单击 ▦（计算）图标，计算阵列位置尺寸，单击 ✔（确定）按钮，如图 5-53 所示；在"模架定义"对话框中选择"垃圾钉动模"，在弹出的"垃圾钉"窗口中选择商家"hasco"，单击"（2）曲面"按钮，在绘图区选取 F 板底面，单击 ✔（确定）按钮，如图 5-54 所示，单击 ✔（确定）按钮，完成垃圾钉的装配。

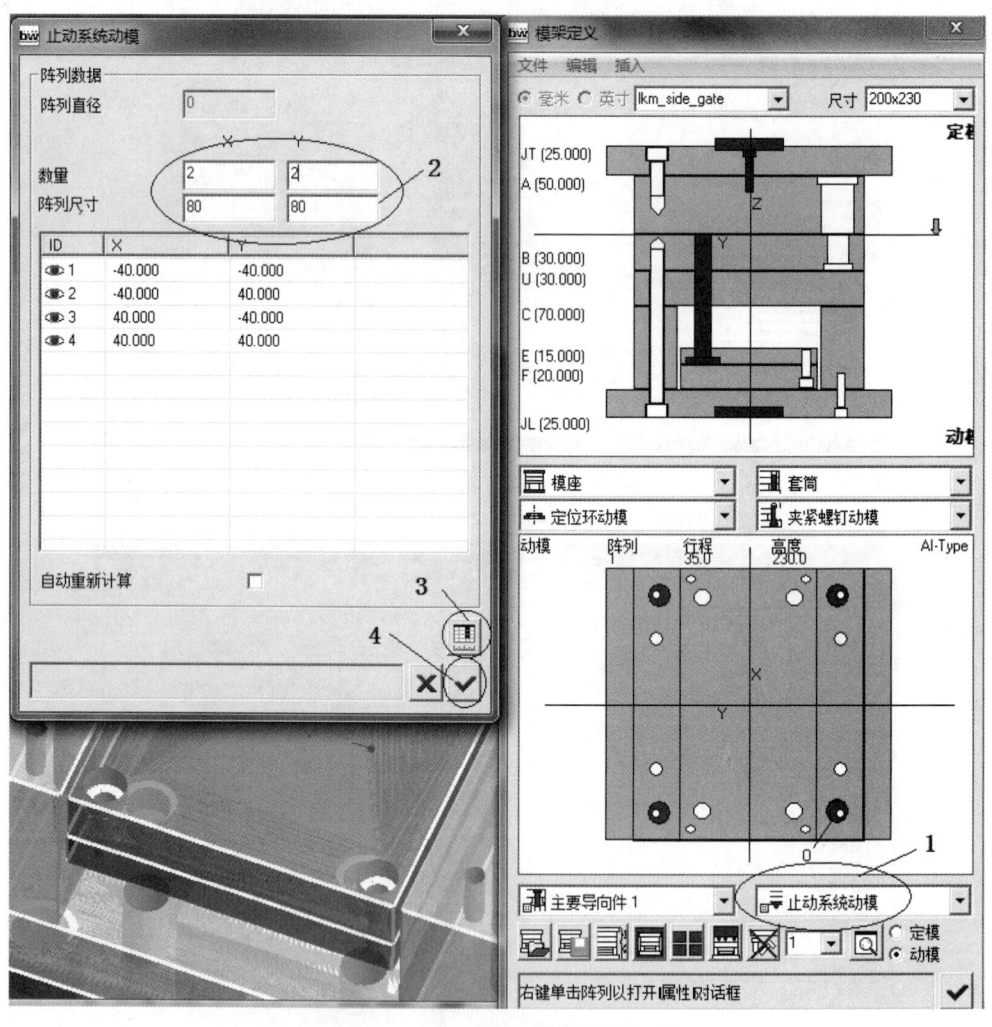

图 5-53 止动系统动模垃圾钉阵列

(10) 在模型树中选择"BOX_EMX_MOLDING.PRT"并右击，选择"打开"命令；在菜单管理器中选择"插入"→"模型基准"→"偏移平面"命令，默认创建三个偏移为 0 的平面；单击工具栏中的 ⨯⨯（基准点）按钮，打开"基准点"对话框，创建如图 5-55 所示的基准点 PNT0、PNT1、PNT2、PNT3、PNT4、PNT5 作为顶杆顶出的位置，关闭 BOX_EMX_MOLDING.PRT 窗口。

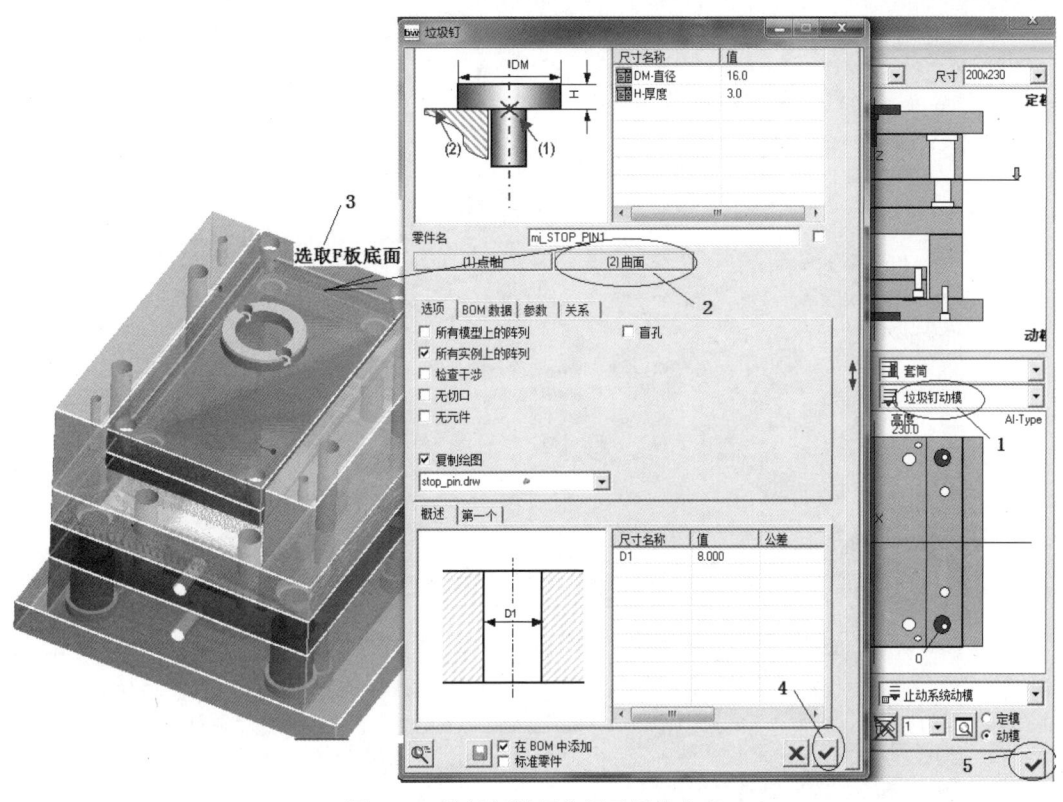

图 5-54 垃圾钉放置位置及规格定义

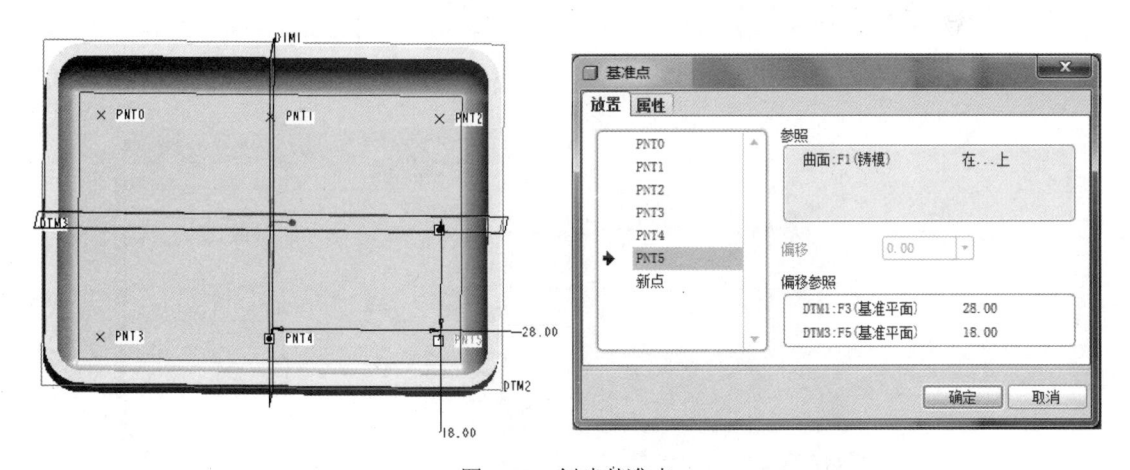

图 5-55 创建基准点

(11) 在菜单管理器中选择"EMX 7.0"→"顶杆"→"顶杆定义"命令,在"顶杆"窗口中选择"hasco""Z40|柱头",设置顶杆直径 4,勾选"自动长度"复选框,单击"(1 点)"按钮,从绘图区选择"PNT0"(或六个中的任一个),单击✓(确定)按钮,如图 5-56 所示,完成六个顶杆的创建。

(12) 创建定模冷却系统。单击工具栏中的 ▱(平面)按钮,创建模仁上表面向下偏移 10 的基准面,如图 5-57 所示;单击工具栏中的 ⌇(草绘)按钮,系统默认在刚刚创建的平面上草绘如图 5-58 所示的水线,单击✓按钮完成草绘。

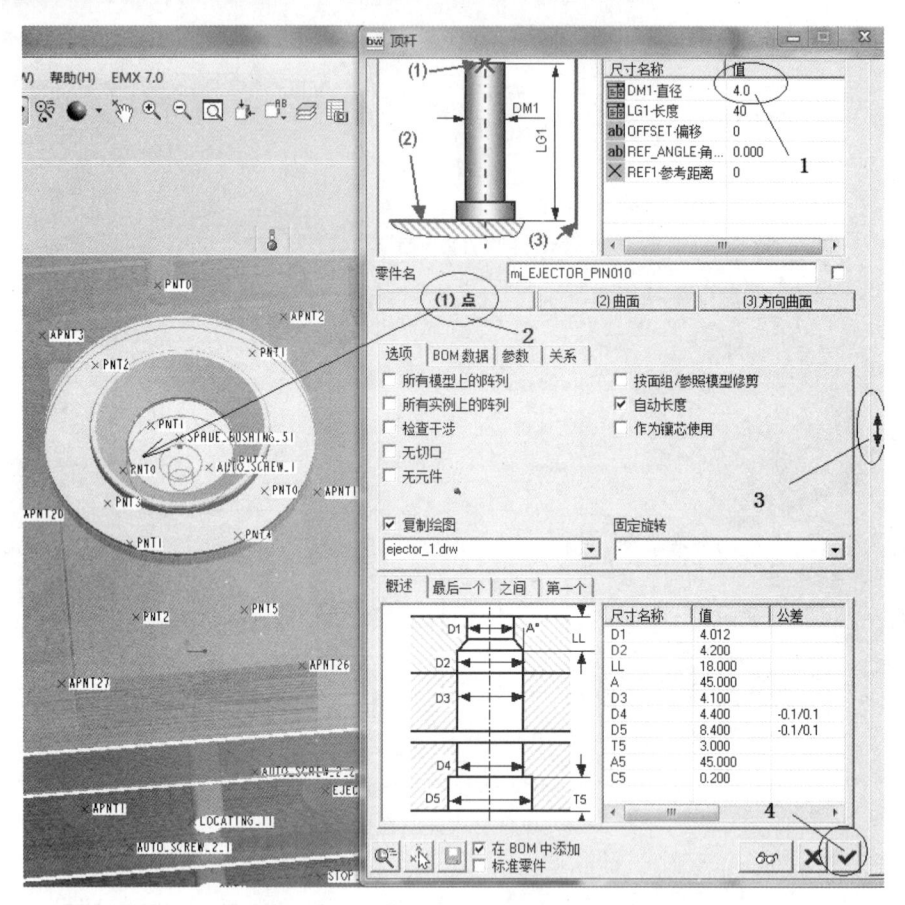

图 5-56 顶杆定义

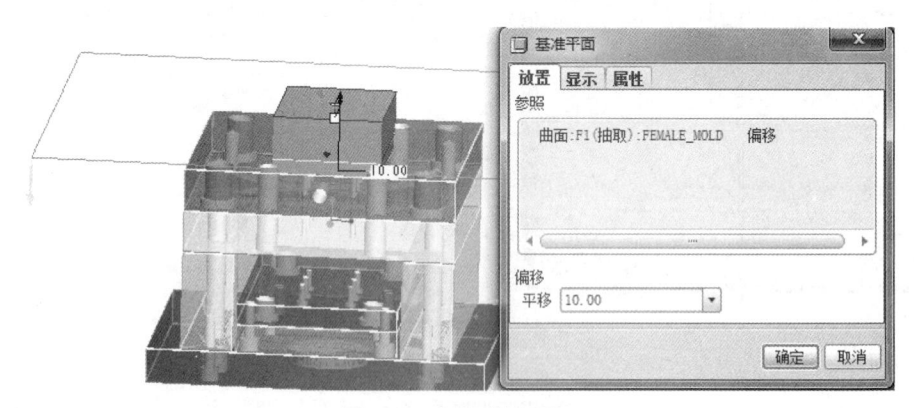

图 5-57 创建基准面

（13）在菜单管理器中选择"EMX 7.0"→"冷却"→"定义"命令，在"冷却元件"窗口中选择"hasco""Z81|水嘴"型号，设置水孔直径 D5 为 6，如图 5-59 所示，单击☑（确定）按钮，完成水嘴的创建；按同样的尺寸创建其余三个水嘴；隐藏 A 板，在模仁创建水道。在菜单管理器中选择"EMX 7.0"→"冷却"→"定义"命令，在"冷却元件"窗口中选择"盲孔"，设置水孔直径 6，如图 5-60 所示，单击☑（确定）按钮，完成盲孔的创建；按同样的尺寸创建其余盲孔。

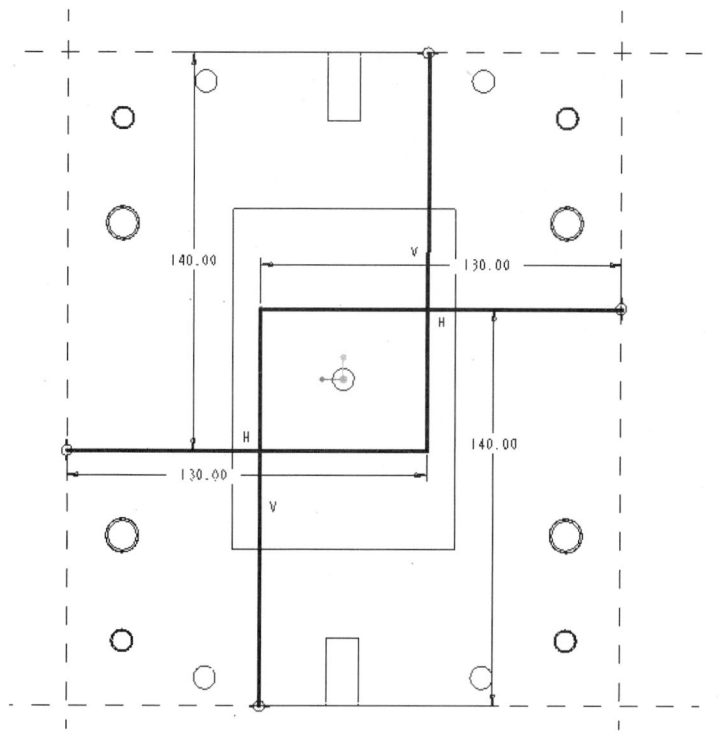

图 5-58 草绘水线

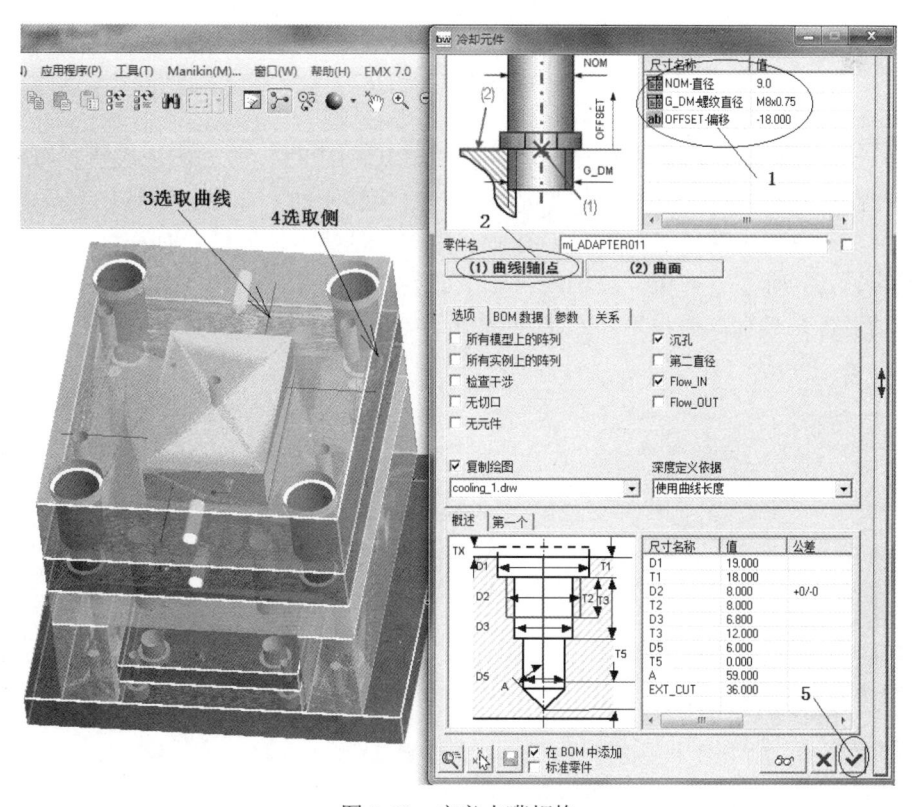

图 5-59 定义水嘴规格

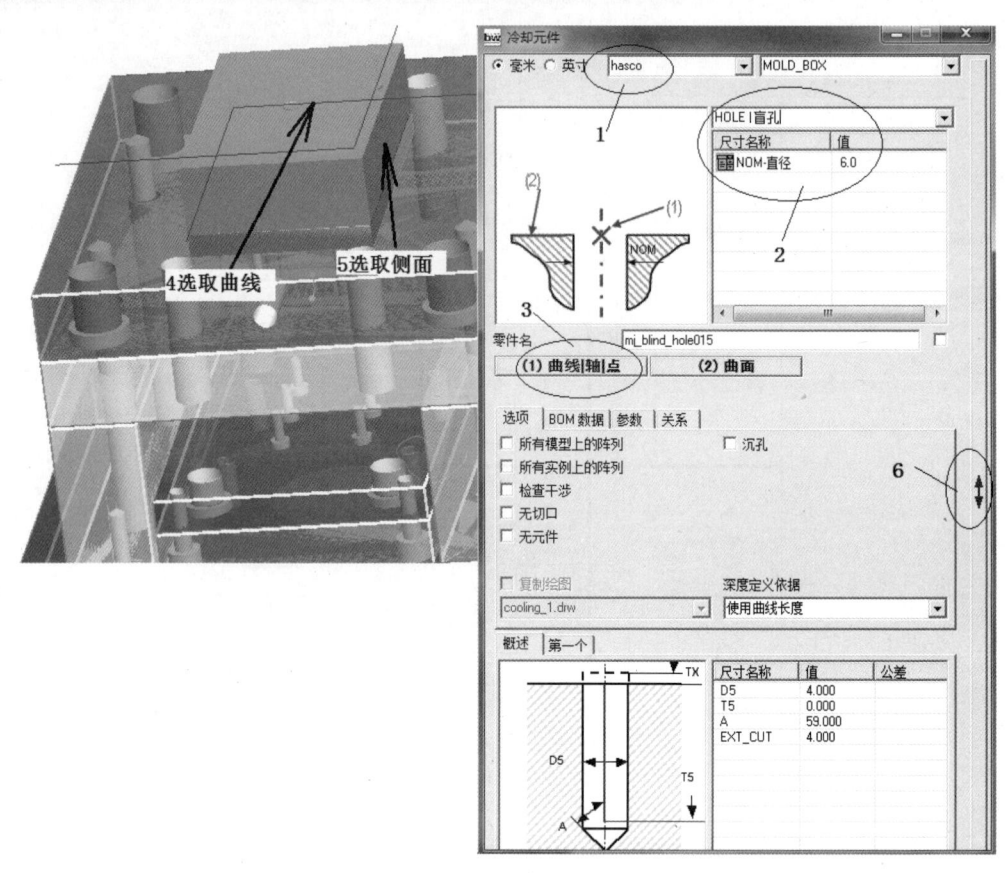

图 5-60 定义盲孔

（14）创建侧抽芯滑块。在模型树中选择"SLIDE1.PRT"并右击，选择"打开"命令；在菜单管理器中选择"插入"→"模型基准"→"偏移平面"命令，默认创建三个偏移为 0 的平面；单击工具栏中的 ∕（基准轴）按钮，为圆柱创建一个轴线，如图 5-61 所示；单击工具栏中的 ※（坐标系）按钮，以轴线与轴端面创建坐标系，如图 5-62 所示；打开"方向"选项卡，对坐标系进行方向设定，Z 方向为开模方向，X 方向为滑块运动方向，如图 5-63 所示。

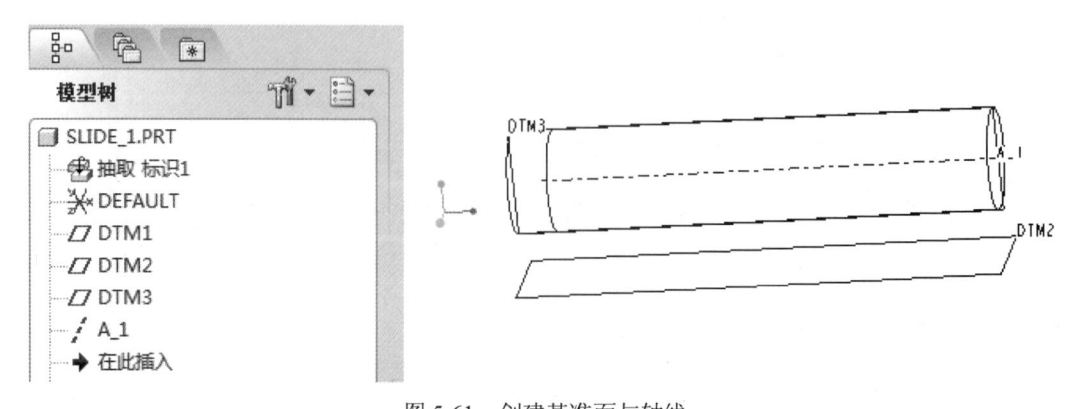

图 5-61 创建基准面与轴线

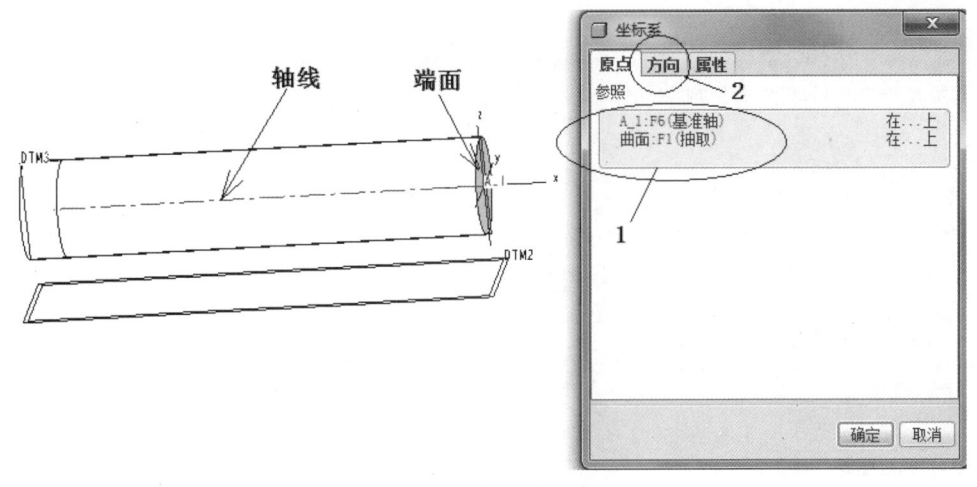

图 5-62 创建坐标系

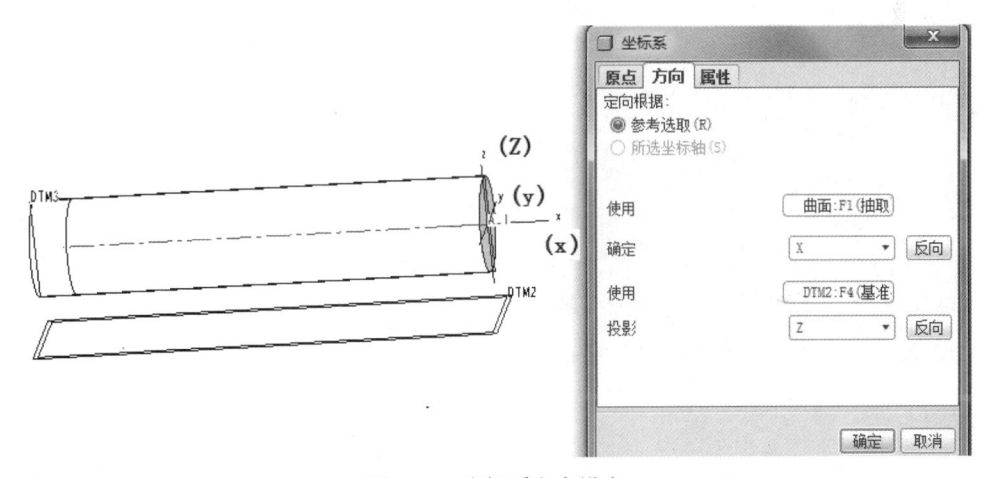

图 5-63 坐标系方向设定

(15) 在菜单管理器中选择 "EMX 7.0" → "滑块" → "定义" 命令，在 "滑块" 窗口中选择 "hasco"，规格尺寸选择 "12×40×45" 型号，单击 "坐标系" 按钮，选择上一步创建的坐标系 CS0，如图 5-64 所示，单击 ✓（确定）按钮，完成滑块定义。

(16) 在模型树中选取滑块组件，如图 5-65 所示，单击工具栏中的 ▦（阵列）按钮，在阵列操作对话框中选择 "轴"，选择 A_1 作为阵列轴，180°全阵列 2 个，如图 5-66 所示（此步也可以按上两步的方法，先建坐标系，再创建滑块组件）。

(17) 在菜单管理器中选择 "EMX 7.0" → "模架" → "元件状态" 命令，在 "元件状态" 对话框中单击 ▤（全选）按钮，单击 ✓（确定）按钮，完成模具元件的状态显示设置，随后加载元件，加载完成后的模具如图 5-67 所示。

(18) 在菜单管理器中选择 "EMX 7.0" → "模架开模模拟" 命令，在弹出的 "模架开模模拟" 对话框中进行开模模拟设置，随后进行模架开模模拟。

(19) 单击工具栏中的 ▯（保存）按钮，保存文件。

模具零件的后续细节设计，有兴趣的读者可以自行设计完善。

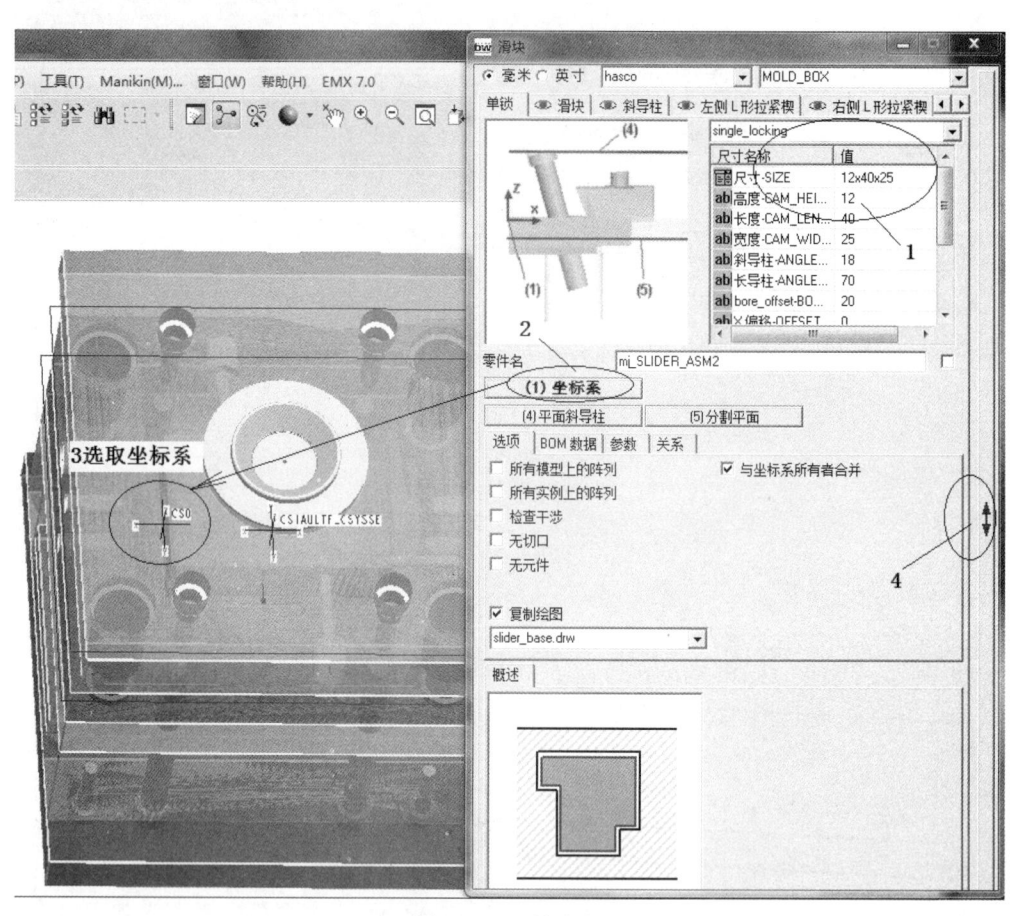

图 5-64 滑块定义

图 5-65 选取滑块组件

图 5-66 滑块阵列后的效果

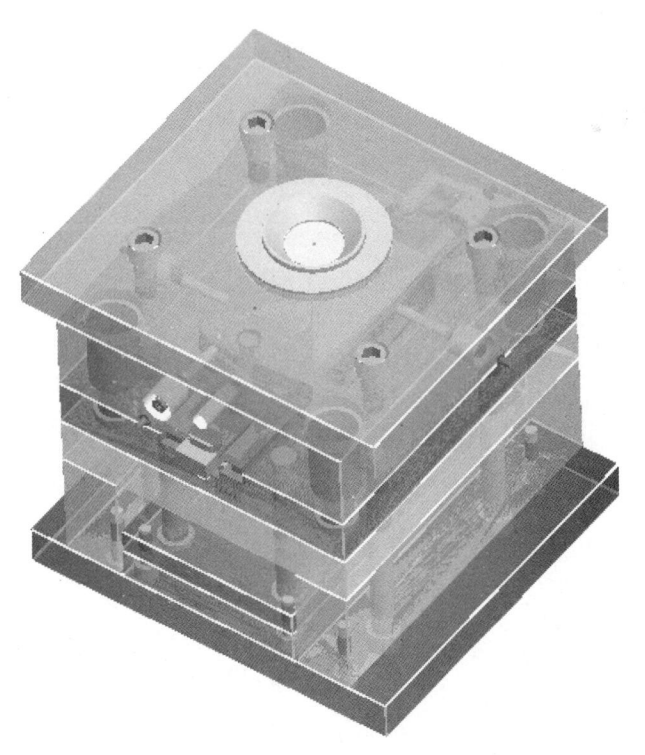

图 5-67 模具元件全部加载后的效果

参考文献

[1] 杨晓伟，翁惠清．Pro/ENGINEER Wildfire 5.0 项目化教程[M]．北京：中国水利水电出版社，2014．

[2] 王匀，许桢英，王荣茂．Pro/ENGINEER Wildfire 5.0 模具设计实例[M]．北京：国防工业出版社，2012．

[3] 王红春，余立华，王伟．Pro/E 项目式教程·模具设计篇[M]．武汉：华中科技大学出版社，2011．

[4] 陈晓勇，胡宗政．模具 CAD/CAM 应用基础：Pro/ENGINEER Wildfire 5.0[M]．大连：大连理工大学出版社，2012．